对口支援系列

口述上海

对口援三峡

Duikou
Yuan Sanxia

政协上海市委员会文史资料委员会
中共上海市委党史研究室
上海市人民政府合作交流办公室　编著
上海市农业委员会

上海教育出版社
SHANGHAI EDUCATIONAL
PUBLISHING HOUSE

图书在版编目(CIP)数据

对口援三峡 / 政协上海市委员会文史资料委员会等编著.
—上海:上海教育出版社,2018.1
(口述上海)
ISBN 978-7-5444-8089-5

Ⅰ.①对… Ⅱ.①政… Ⅲ.①三峡水利工程—史料
Ⅳ.①TV632

中国版本图书馆CIP数据核字(2017)第310719号

责任编辑 储德天
封面设计 周　吉

口述上海

对口援三峡
政协上海市委员会文史资料委员会
中共上海市委党史研究室
上海市人民政府合作交流办公室　编著
上海市农业委员会

出版发行　上海教育出版社有限公司
官　　网　www.seph.com.cn
地　　址　上海市永福路 123 号
邮　　编　200031
印　　刷　上海昌鑫龙印务有限公司
开　　本　700×1000　1/16　印张 33.75　插页 2
字　　数　442 千字
版　　次　2018 年 1 月第 1 版
印　　次　2018 年 1 月第 1 次印刷
书　　号　ISBN 978-7-5444-8089-5/D·0104
定　　价　88.00 元

如发现质量问题,请向本社调换　电话 021-64377165

《口述上海　对口援三峡》编委会

主　编：马建勋　冯小敏　徐建刚
　　　　姚　海　张国坤
副主编：祝君波　方　城　谢黎萍
　　　　王建华　潘晓岗　陈德明
成　员：涂美龙　邢　宪　郝宗绪
　　　　包红英　孙海燕　周奕韵
　　　　白璇煜　夏红军　柳春杰
　　　　姚志峰　余立云　莫云华
　　　　包代红　吉　睿　周文吉

目 录

Contents

冯国勤,1948 年 9 月生。1996 年 10 月至 2008 年 1 月,先后担任上海市副市长,市委常委、常务副市长等职。2008 年 1 月至 2013 年 1 月,任上海市政协主席、党组书记。现任第十二届全国政协常委、上海市慈善基金会理事长。

上海的合作交流文化就是服务文化

口述：冯国勤

整理：李　晔

　　我是从 2003 年下半年开始分管市合作交流与对口支援工作的，但事实上我从 1998 年起就提前进入了"角色"。为什么这样说呢？因为 1998 年时我分管农业，而上海安置三峡移民工作由农委负责，所以市委、市政府安排让我牵头主抓上海接收安置三峡移民工作。也就是从那时候起，我和合作交流与对口支援工作产生了越来越多的交集，从中深切感到，这是一项对上海而言十分重要、非常有意义的工作。

三峡移民扎根"第二故乡"

　　从 2000 年到 2004 年，上海分 4 批安置了来自三峡库区云阳县和重庆市万州区 1800 余户移民，我记得很清楚，总共 7519 名。如此大规模的移民安置应该是 1949 年后的上海所不曾有过的，这是中央交给上海的一项艰巨的政治任务。对上海而言，要在土地资源、城市空间十分有限的情况下，接收数量如此巨大的移民，的确是件了不起的事。当时，全市上下都有这样一种清醒的认识——广大移民舍小家、为大家,作出了巨大牺牲,上海必须用实际行动、尽最大努力,帮助来沪移民安居乐业,让他们同全国人民共享改革与发展的成果,让他们真切感受到社会主义大家庭的温暖。

因此,在市委、市政府的高度重视下,全市各界万众一心,本着高度的使命感、责任感,发扬社会主义大协作精神,做到思想上重视、组织有保障、责任有落实。我当时的要求是,务必做到"两个确保",即确保移民搬迁入户不受任何损失,确保不发生任何安全事故。此外,要切实做到"五个落实",即落实移民承包地和自留地的管理和种植工作、落实移民日用品的准备工作、落实移民子女上学准备工作、落实移民生产生活帮扶工作、落实对移民的培训和法制宣传工作。

当时,全市专门成立了市、区两级移民安置工作小组,成立了三峡移民办,相关部门和区县进行了大量细致的调查研究,拟定了三峡库区移民试点安置方案,制定了试点安置的若干政策,确定了一系列工作原则——一是"以农为本,以土为本",要让移民"迁得进、稳得住、逐步能致富",移民迁入上海后不改变农民身份,每人都拥有不少于当地农民平均水平的一块耕地,落户后即可获得土地承包权证;二是"政府组织,分散安置,相对集中",即大分散、小集中;三是方便移民生产生活,在选择安置点的时候,充分考虑交通、就医和移民子女上学等因素;四是要有利于移民与当地社会融通、融合、融化,因此安置点都选择村风、民风好,村级经济和农民收入水平在当地乡镇属中等以上的村组。全市上下的高度重视和精心组织,给予了上海三峡移民安置工作极大的保障。2000 年到 2002 年,上海分 3 批共接收了来自重庆市云阳县的南溪、龙洞、人和、双江 4 个镇的移民共5509 人,分别安置在崇明县和金山、奉贤、南汇、青浦、松江、嘉定区的 69 个镇、337 个村组。2004 年 7 月下旬开始,本市新增也是最后接收的重庆市万州区2000 余名移民,主要安置在上海 7 个区县的 43 个镇、173 个村组。

移民安置涉及生产、生活、就业、就学、医疗社会保障、语言的沟通及日常生

活习惯的适应等,事无巨细,而且还有许多后续工作。对此,上海尽最大可能,把方方面面的问题都考虑周全了。2000 年 8 月 17 日,满载着首批 150 户 639 名三峡移民的"江渝 9 号"轮船抵达崇明南门港码头。有记者亲眼见证了热烈欢迎的场面——移民们一下船,就有从未谋面的新乡邻上前帮着提行李、抱孩子、介绍新家园。崇明县已为每户移民落实好了承包田,每人不少于 1 亩,专门编写了《移民生产生活指南》《农用实用技术手册》,分送到了每户移民手中;为确保移民们到达新居后能正常生活,崇明县还周到地为每户移民家庭准备了 1 个月的口粮和一定数量的蔬菜、油盐酱醋等。当时,有一位中年汉子竟流下热泪,他说:"刚刚在故乡离别亲人,想不到才踏上崇明岛,又遇到了胜似亲人的好邻居,真有一种回家的感觉。"

此外,考虑到移民故土难离、到沪后人生地疏的情况,上海移民安置工作从情感上润物细无声,各区县纷纷建立了镇领导挂钩到村、村干部联系到点、当地农户结对到户的关怀网络,定期召开座谈会,了解移民思想动态,帮助移民扎根"第二故乡"。我们为移民提供一份社会保障,根据移民安置地的不同情况,划定最低扶贫线,凡是移民收入低于扶贫线的就给予补助,移民子女入学两年内减免部分费用;我们通过举办农业技术培训班,把本地农作物和蔬菜的播种技术传授给移民,让移民们掌握新的生产技能,提高自身收入水平;我们力争为每户移民联系一人外出打工,由接收地的乡镇村委会负责落实,通过外出打工增加移民家庭收入……

而今,这些移民的子女应该都早已大学毕业、成家立业了吧。听说不少三峡移民与上海本地人结了婚。可以说,他们已经真正融入上海,真正成了上海的新市民。

特别让我感动和难忘的是,整个移民安置过程中,全市 550 余名各级安置移民干部忘我的工作状态和精神。当我们回放这段历史,处处可见他们辛劳的身

2001年7月，冯国勤（左一）在奉贤区洪庙镇看望三峡移民

影——他们曾在库区跋山涉水，走家串户，访问移民，建立档案；他们曾在上海精心规划选点，认真监督建房的每一道程序，保证移民的住房质量；他们主动在移民的自留地、承包地种上粮食、蔬菜，确保移民落户后有粮有菜；他们在搬迁运输的过程中一丝不苟，全过程没有伤一人，丢一物；他们积极组织培训，千方百计帮助移民走上非农就业岗位……

我想，上海合作交流与对口支援工作之所以蒸蒸日上，正是因为这股精气神吧！

"三个服务"全面开花

我在 2003 年下半年正式分管合作交流工作后,和同志们一起,主要做了以下七件事。

一是 2003 年,正值机构改革,根据当时上海的发展情况,市协作办与市政府接待办合并成立为上海市合作交流办,还成立了合作交流党委,给了几十个编制。这在国内是第一个,也是非常符合中央对上海"三个服务"指导思想的,即上海要服务长三角、服务长江流域、服务全国。当时,上海人均 GDP 已达到 5000 美元,而全国人均 GDP 刚刚突破 1000 美元,区域间发展很不平衡,因此上海的合作交流工作必须是面向全国的。成立市政府合作交流办,同时也是顺应国内经济一体化的需求。应该说,它的成立正逢其时。

二是对口支援有亮点。市合作交流办完善了本市区(县)对口支援资金统筹管理意见,使得援助资金和援建项目不断创历史新高。尤其值得一提的是,2005 年左右,上海率先引导企业到对口地区开展经济合作。当时,上海长发集团、国际港务、纺织控股、锦江国际以及均瑶集团、昌信集团等大企业进入三峡库区,充实库区产业,在当地的投资项目数量和资金大幅增长,受到国务院领导的表彰。与此同时,随着信息技术的快速发展,上海还特别注重利用信息网络引导更多的海内外投资者到三峡库区投资办厂。上海帮助对口的重庆万州五桥和湖北宜昌县建立库区项目信息库,通过上海市政府的"白玉兰"网滚动播出,逐步把库区其他地方的项目也输入该信息库中,扩大招商面。上海还通过长江开发沪港促进会等组织,在香港、欧美等地向海外投资者积极推介库区招商项目,引起欧盟及美国中西部地区的中小企业的浓厚兴趣。上海组织长江沿岸城市投资项目推介会,会议期间,有 2000 多家境内外企业参会,而重庆、湖北库区企业免费参会。据不完全统计,通过网上洽谈和现场推介,重庆市万州区所属企业分别与瑞典、日本、美国以及国内东部地区企业签订了基础设施建设、现代农业、食品、服装等合作项目意向协议,总额达十多亿元。

此外,上海向库区输出种养殖技术,投资建立高效生态农业示范基地;在库区设立白玉兰远程教育网,对接上海优秀的医疗和教育资源。这些工作都开展得有声有色,成绩斐然。上海市政府合作交流办、闵行区劳动保障局等上海 4 家单位和 5 名个人,被评为全国对口支援三峡库区先进。市科委和静安区被国家科技部评为全国科技系统对口支援三峡库区突出贡献单位。

三是在 2004 年出台了《关于进一步服务全国加强上海国内合作交流工作的若干意见》,由上海市委办公厅、市政府办公厅正式印发。该意见共 15 条,上海国内合作的浓浓新意,尽在字里行间,主要体现在六个方面:一是确立了合作交流工作的重要地位,把"融入全国、服务全国"提到上海建设发展重要战略的高度,以合作交流工作为重要抓手,学兄弟省市之长,补上海之短,创上海之新。二是提出了"立足全局,扩大开放,服务全国,互融共进"新的 16 字工作方针。三是明确了"政府引导,企业主导,市场运作,社会参与"推进合作交流工作的运作机制。四是明确了合作交流工作的主要任务。从对口支援、长三角联动发展、参与西部开发、支持东北老工业基地振兴、加强与其他地区合作五个方面明确了工作思路、形式和举措。五是扩大了有关政策的享受范围,增加了合作交流专项资金,引导鼓励企业"走出去"的政策对所有企业将一视同仁,无论是上海本地企业还是各地在沪企业,无论国有还是民营企业,凡符合有关政策规定和导向的,都可同等享受。六是强调了要形成合作交流工作的合力,明确要建立市、区(县)两级政府合作交流联席会议制度。此前,上海已在 1998 年制订并于 2001 年修订推出过《关于进一步服务全国扩大对内开放若干政策的意见》,简称"24 条政策",主要为各地大企业来沪投资提供更为开放、平等、优化的环境。2000 年,上海又制订了《关于上海服务参与西部大开发的实施意见》,简称"17 条意

见"。而 2004 年出台的《若干意见》则在更高层次对上海立足全局服务全国提出了更高的要求。意见出台后,在 2006 年,各地来沪设立全资或控股企业(注册资金 100 万元以上)达 10313 户,注册资金 422.91 亿元,且吸引内资质量也有了进一步提高。

四是对市政府国内兄弟省市的办事处在调查研究基础上作了调整,成立了上海市驻西藏、新疆、内蒙古办事处。尤其上海市驻西藏办事处,是全国各省市在西藏设立的第一个办事处。上海是真心实意地要把上海自身建设与推进西部大开发等国家战略实现联动,在大力推进与西部地区交流合作中求双赢、共繁荣,为促进区域协调发展作出应有贡献。同时,这也是上海进一步加大力度、不折不扣地完成好中央交办的对口支援任务的体现。

五是促进长三角联动发展,主要有四个特点。首先,加强了各层次合作机制的衔接,设立或完善了长三角区域合作三省市书记、省(市)长会晤机制、沪苏浙经济合作与发展座谈会、长三角城市经济协调会和部门合作机制等几个层面的协调机制,确定了"体制上分工、机制上互补、工作上融合、成果上共享"的合作原则。其次,加强了各区域组织间的互动。长三角城市经济协调会、泛珠三角区域合作行政首长联席会议、环渤海地区经济联合市长联席会等三大区域组织签订了合作协议,在工作互访和交流、互邀参与区域组织重大活动、信息资料交流以及调查研究等四方面开展区域的、组织间的合作。再次,探索部门间跨区域合作新途径,上海与长三角兄弟省市共同开展《长江三角洲城镇群规划》《长三角区域旅游发展规划》《长三角"十一五"科技发展规划》等区域专项规划编制,共同发布"十一五"期间苏浙皖赣沪质量技术监督合作互认行动纲领等。最后,加强了专题课题工作的同步推进。如交通专题,建立了长三角 16 城市港口管理部门联席会议制度。区域信息资源共享专题,上海超级计算机中心面向长三角城市开放,"信用长三角"信息共享平台在沪启动。区域旅游合作专题,两省一市旅游部门按照《长江三角洲地区主要旅游景点道路交通指引标志设置技术细则（试行）》，在各城市全面开展主要旅游景点道路交通指引标志设置工作，同时长三角地区在国内外联合推广沪苏浙精品旅游线路。区域人力资源合作专题，推进了城市间专业技术资格的互认等。另外，长三角海关启动区域通关改革试点，开展了上海、南京、杭州、宁波4个海关（及其下辖的海关）和24家企业首批参与的"属地申报，口岸验放"模式试点。

六是由上海发起、由上海市政府合作交流办开展"长江黄金水道"的破题。长江黄金水道的水运优势是无可比拟的，如果说公路成本是以元计算的话，铁路就是以角计算，水运则是以分计算。但多年来，长江航运效率低下，并未充分发挥作用。在这方面，上海完全应该主动牵头，把在长江布置生产力和上海正在进行的国际航运中心建设挂钩，通过黄金水道将长三角沿海港口串联起来，搞江海联运、江铁联运，为兄弟省市服务，这是上海服务长三角、服务长江流域、服务全国的一个很好的抓手。2005年5月，上港集团与南京港签订合作协议，入股25%共同经营南京龙潭集装箱码头；同年7月，上海港又参与武汉港务集团整体改制；2006年，上海港和重庆港达成战略合作协议，双方共同投资经营重庆寸滩码头；2007年6月，上海又与九江签署《港口合作意向书》……如此合作步伐，令人目不暇接。联动实现共赢，武汉港自"牵手"上海港之后，集装箱运量一直保持30%以上的增速，后来南京也坐不住了，他们不再满足于与上海在龙潭集装箱码头进行单项合作，又向上港集团伸来"整体合资"的橄榄枝。上海港当然也获益匪浅，自实施"长江战略"以来，从长江流域出发到上海港中转出海的集装箱量，年增长率都在35%以上。

七是结合上海自身特点，加强与中西部和东北地区的合作。上海与包括中西部地区在内的15个省32个地区建立了劳务输出协作关系，规范劳务输出行为，组织实施外来从业人员综合保险。利用上海的农业科技优势，南汇的8424

西瓜在海拔 4000 多米的西藏拉孜成功引种,当年就产出 10 万斤,参与的农牧民人均增收 3000 元至 12000 元。奉贤区在哈尔滨市木兰县推进"沪哈南北水稻合作联社",新建农业园区,发展"两头在沪一地在外农业",品种研发和市场销售在上海、种植在外地,上海现代农业园区在外地设立分区,并享受省级农业园区待遇,这在国内尚属首例。上海还主动作为,自觉服务,凭借上海农副产品大市场和重要集散地的优势,仅 2006 年一年,上海就主办或协办了 12 个大型农产品展销会、博览会,全国 31 个省区市和港台地区来沪参展参会,成交金额 200 多亿元。其中,单单通过新春农产品大联展这个平台,新疆阿克苏的苹果就在沪销售了 30 万箱……

申城发展要靠"服务"

我在本市多次国内合作交流工作会议上都曾强调,上海要进一步拓展服务领域、扩大服务主体、提高服务层次、创新服务方式、研究服务政策,真正做到服务全国、服务长江流域、服务长三角。这绝不是说说而已。

上海要发展,就要靠"服务"。举最简单的例子,没有江海联运,没有长江战略,没有广阔腹地对上海港的喂给,就没有上海港一日千里的迅猛发展。上海的精彩,时时处处都折射着全国的滋养和支撑。上海是全国的上海,在中央和各地的大力支持下,包括证券市场、期货市场、黄金交易市场等在内的上海各类资本市场正迅速提升能级,其金融服务功能也日长夜大。所以,只有服务,才能让上海更精彩;只有在服务中,上海才能发展自己。习近平总书记曾讲过,"赠人玫瑰,手有余香",在服务兄弟省区市的过程中,上海也是得益者。因此,西部开发、中部崛起、东北振兴、沿海快速发展,每一个板块,上海都要参与并做好服务。

我认为,上海国内合作交流工作的文化,就是服务文化。国内合作交流的宗旨,就是服务。这个"服务",既要服务于上海企业走出去,又要服务于外地企业

2005 年 1 月，上海市对口支援领导小组联席会议

到上海落户、扎根；既要服务于上海对口支援地区的精准扶贫，又要服务于这些地区在经济发展过程中对市场开拓的需要，扎扎实实为两地做更多双赢、共赢的事情。而且，上海合作交流的党委和行政是对口的，我认为应该充分利用这个体制优势。

如果要谈问题的话，其实有一个问题是无法回避的，那就是我们的国内交流合作中尚缺乏协同作战的能力。既然是协同、协调，就不能都做红花不当绿叶，双方在合作过程中的观念、技术、标准壁垒一定要打破。我认为，三峡移民工作是个很好的范例，当时是举全市之力来完成的，接纳地出地出力，非接纳地则有的出钱，有的出情，关心、照顾、帮助，大家都尽到自己的责任和义务。我们在奥

运会上已经打破了"个人项目行，团体项目不行"的传统，拿到了许多团体金牌。上海与各地的合作，也应该发扬这样的"奥运精神"，倡导大服务、大协同、大合作，为落实国家统筹区域协调发展总体战略、促进兄弟省区市和上海联动和谐发展作出更大贡献。

漆林,1943年10月生。1973年至1987年,任湖北省蕲春县委书记、黄冈地区司法局局长、黄冈地区行署专员。1988年至1993年,历任湖北省计委第一副主任、计委主任、党组书记。1993年至1996年,任国务院三峡工程建设委员会办公室副主任、党组成员、湖北省委委员。1996年至2002年,任国务院三峡工程建设委员会办公室副主任、党组成员兼移民开发局局长、党组书记。2002年至2005年,任国务院三峡工程建设委员会办公室副主任、党组副书记。第八届全国人民代表大会代表,第十届全国政协委员、全国政协人口资源环境委员会委员。

三峡工程重大民生问题怎么破

口述：漆　林

采访：方　城　夏红军　周文吉　任俊锰

整理：周文吉　任俊锰

时间：2017 年 8 月 4 日

　　"更立西江石壁,截断巫山云雨,高峡出平湖……"三峡工程,是世界上综合规模最大和功能最多的水利水电工程,可谓在人类以工程科学技术改造自然的征途中迈出的重要一步。

　　人们常常将"三峡枢纽工程"简称为"三峡工程",实际上三峡工程包含枢纽工程、移民工程和输变电工程三部分。其中,百万移民搬迁安置是重点和难点,可以说是整个三峡工程成败的关键之一,对此国务院采取既积极又慎重的方针。根据三峡工程移民安置及调整规划,三峡工程共计搬迁安置 129.64 万人,而实际搬迁人数逾 130 万人,移民人数之多、工作之艰巨,堪称史无前例。

　　1993 年到 2005 年间,我参与到三峡工程的建设中,任国务院三峡工程建设委员会办公室副主任兼移民开发局局长,见证了三峡工程从论证、表决到开工建设的历史;也秉持着对社会负责、对移民负责的态度,陪伴着可爱可敬的三峡移民走了一路。十多年的移民路，让我比一般人看到更多、思考更多，也收获更多。

半个多世纪的等待

"是谁最先提出建三峡？"

当年欧美等地记者追问"中国为什么要建三峡"时，我曾反问过他们这个问题。事实上，在场的许多人并不了解三峡工程的由来。

早在1919年，孙中山以英文发表《国际共同发展中国实业计划——补助世界战后整顿实业之方法》一文，就提出在三峡河段修建闸坝、改善航运并发展水电的设想。朱执信、廖仲恺等人将其译成中文，改名为《建国方略》。

1944年，美国垦务局设计总工程师萨凡奇受邀来中国，勘察水力资源。9月，他冒着日军的炮火，由军舰护送前往三峡，进行了为期10天的考察，提出了《扬子江三峡计划初步报告》。随后美国拨款2000万美元支持三峡工程的前期工作，让很多有志于报效祖国水利事业的技术人才前往美国学习，为之后的三峡建设培养了大量科技骨干。

新中国成立后，毛主席正式提出过修建三峡工程、治理长江水患的初步设想。1954年，被毛主席戏称为"长江王"的长江水利委员会主任林一山对长江上游进行了地质勘察，目的是为三峡找到理想的坝址。1958年，周恩来总理召集100多位专家考察三峡坝址。经过长时期的勘测、比较和研究，1979年一致通过：初步设计经复核仍选用三斗坪坝址。三斗坪坝址几乎集中了国内外高坝坝址的所有优点，"是一个难得的好坝址"。

由此可见，建设三峡并不是中国政府的心血来潮，我们并没有违背自然规律，盲目上马兴建三峡工程。恰恰相反，兴建三峡工程是几代志士仁人和无数专家、学者、工程技术人员竭尽心力的结果，是我们充分尊重科学、尊重历史的结

果。三峡工程从首倡到全面系统的设计研究,历时半个多世纪,积累了浩瀚的基本资料和研究成果。

在三峡工程论证中,争论时间最长、国内外舆论聚焦最多的是移民。事关重大民生,这个难题怎么破,一直被党和国家最高决策者摆在重中之重的位置。对组建什么样的机构来组织领导三峡工程建设和百万移民的搬迁安置,更是站在人民的立场,考虑周密。

20世纪80年代,为了保证三峡工程的顺利建成,妥善安置库区移民,加快三峡地区的经济开发,中央曾考虑筹建"三峡省",省会定在宜昌市。李伯宁上任三峡省筹备组组长后不久,便翻山越岭实地考察,拍摄了一部真实反映三峡地区人民生存状况的电视纪录片《穷山在呼唤》,片中的百姓食不果腹、衣不暖体、住房不蔽风雨。纪录片送进了中南海,邓小平、王震等领导人观看后大为震动、潸然泪下。

哪怕三峡工程的兴建不能一蹴而就,但全力支持三峡地区脱贫致富已刻不容缓,国务院贫困地区经济开发领导小组迅速成立,全国有组织、有计划、大规模的扶贫开发正式启动。

中央主要出于两点考虑,把三峡省筹备组改建为国务院三峡地区经济开发办公室,负责指导和帮助这一地区的经济开发与移民试点工作:一是设想中的"三峡省"所在大多是贫困地区,建省后也是个实实在在的"穷省",不如保持原有的行政区划;二是建省后会有相当长的磨合期,不利于工程的开展,甚至会拖慢工程进度。

做好三峡库区移民工作,不仅是湖北、四川两省的任务,1992年3月,国务院发布了《关于开展对三峡工程库区移民工作对口支援的通知》,明确由国务院三峡工程移民试点工作领导小组负责对口支援的协调工作。

一周后,第七届全国人民代表大会第五次会议审议了《国务院关于提请审议兴建长江三峡工程的议案》,并根据全国人民代表大会财政经济委员会的审查报告,决定批准将兴建长江三峡工程列入国民经济和社会发展十年规划。我作为大会监票人亲眼目睹了投票结果,这一刻,三峡的命运迎来了历史性的转折——当时出席会议的代表 2633 人,其中 1767 票赞成,177 票反对,664 票弃权,25 人未按表决器。时任全国人大常委会委员长万里宣布:议案通过。这也是迄今为止唯一经过我国最高权力机关全国人民代表大会审议和投票表决的工程。

1993 年国务院一号文件下达,设立了三峡工程的高层次决策机构——国务院三峡工程建设委员会,下设国务院三峡地区经济开发办公室,具体负责工程建设的日常工作。党中央、国务院领导对三峡移民工作非常关心。江泽民、李鹏曾多次考察三峡库区,对移民工作做了许多重要指示。三峡工程情况通报会议基本上每周召开两到三次。我的办公室和住处均安装了保密直线电话——"红机",以方便工作沟通和指示下达。

在三峡工程建设初期,关于移民安置的做法是"就地后靠"和"原样复建",即移民由山下的良田熟地退到陡坡荒地上去,企业在新址按照原来的规模重建。这样做的初衷是力争当地解决,不给全国人民添麻烦。

1998 年,朱镕基担任国务院三峡建设委员会主任后,对三峡枢纽工程和库区移民工作进行了专项调查和视察,发现三峡库区山高坡陡、环境容量有限,如继续就近后靠安置移民,势必开垦陡坡,毁坏植被,造成新的水土流失,破坏生态环境。第二年,国务院三峡工程移民工作会议适时提出了"两个调整"的方针,即移民工作由"就地后靠"改为"异地搬迁",企业由"原样复建"改为"打散重来、重新组合"。如今回过头来看这个决定,我只能用"实践出真知"来形容。实践证明,采取多种方式安置移民,尤其是鼓励农村移民外迁安置,加大库区企业结构调整力度,非常符合三峡库区实际。在迁出、迁入地各级党委、政府和广大移民的共同努力下,外迁移民安置总体情况良好。

三峡大坝五级船闸

有种力量让人感动

1994 年，我率团出访美国。在交流过程中，一位美国官员对三峡工程移民能否妥善搬迁表示担忧：这是惊天动地的大动作，在美国，不要说搬迁几十万、上百万人，即使只是几十人的搬迁，都要花费很大力气，周期可能需要很多年。

我回答他，兴建三峡工程是造福中华民族千秋万代的伟业，是圆几代国人的世纪梦。一方面是三峡移民"舍小家、为大家、顾国家"的爱国情怀；另一方面，全国对口支援三峡移民，"一方有难，八方支援"，为我们破解难题提供了巨大的力量源泉。

三峡大坝坝址在湖北省宜昌县境内，百万大移民首先从这里开始。移民就意味着"扯根"，他们告别祖祖辈辈居住的故土，选择前往人地两生的新家园，为民族大计让路,为国家建设搬迁,这本身就是一种力量。在负责移民工作的十多年中,我始终坚持与移民在一起,他们处在爱国家与爱故土的两难境地,有过矛盾和痛苦,有过纠结和无奈,有过计较和宽容,我完全理解,也充分体会到这种力量有多么让人感动。

重庆奉节县搬迁的一幕,我至今记得。那是一户姓夏的大家庭,离家别祖前,一个个都到祖宗坟前去磕头、上香、烧纸钱、放鞭炮。年龄最长的村民用朴实的语言说了一段话:"父老乡亲们、先人们,为了我们国家的建设,为了防止水患,保障长江中下游的发展,我们要离开你们了,请你们谅解……"村民们的哭泣久久不能停歇,我们在旁边也跟着流泪。

三峡的一山一水、一草一木,早已融入血脉。移民除了就近后靠搬迁外,有的甚至远赴江西、上海、广东、新疆等省市自治区,开始接受并习惯新的生活,一时找不到归属感是很正常的事情。落地就要生根,谈何容易。"一切为了移民",在我们移民干部心中,三峡梦不仅仅是一个梦想,更是一种责任。到移民新村走一走,亲眼看看他们的安顿情况,总能让我的心里更踏实一些。

某次调研途中,我们被300多名移民群众围住了,其中一位叫二毛的村民一把抱住我,要我替他做主。县里干部提出调派警察来维持秩序,我坚决反对,这样容易激化矛盾。我当过公社书记,善于与老百姓交流沟通,决定自己来解决分内之事。二毛告诉我,他从外县搬迁到这里,在住房面积上却没有享受到应有的待遇。他因气不过而与村民打架,结果被行政拘留,刚从公安局里出来。我向支书了解情况,弄明白了事情的来龙去脉。随后,我与他们分别进行了谈话,使双方都认识到自己的错误,以调解他们之间的矛盾。考察完其他几个地方,几天后我再次回到这个村,特地去看望二毛,看到他家的住房、房子周围的自留地以及果树等都已安排妥当。二毛拉着我到他家吃饭,并找来邻居作陪。看到他与村民相处融洽,我心里非常欣慰。后来,作为第一批外迁移民的二毛,主动担任了

移民义务宣传员,以自身经历号召群众支持搬迁工作,成了"移民模范"。

"移民无小事",很多移民知道我的手机号码,有困难就给我打电话,我也借此了解一线的真实情况,实事求是地解决问题。在移民搬迁工作的执行方面,当时遵循两个原则:一是突出正面教育,表彰为主,第一批移民中出现了许多如二毛那样的模范典型,他们由被动移民变成了主动移民,为搬迁工作打下了很好的群众基础;二是完善政策配套措施,保障搬迁工作顺利进行。比如,作为三峡移民搬迁补偿,老百姓只需要付出很少的资金即可获得国家援建的、具备较高居住水准的新房,此外,包括土地、农具、果树等生产资料也由国家配套补偿。

有一次调研移民小区时,在充满新气象的楼房旁,我不经意地瞥见一栋矮屋。当地移民干部告诉我,房子里住着的一家四口也是搬迁至此的移民。移民补偿款难以满足两兄弟建两套新房的需求,因此,哥哥带着妻子和两个女儿住进这间矮屋,将自己的建房款全部给了弟弟,让他获得更好的生活环境来奉养年迈的父母。哥哥的孝心打动了在场的所有人,我决定发起募捐,并带头捐款。我们一行人的捐款,再加上移民协调工作余下的一点资金,帮他凑足了建设新房及简单粉刷的费用,让这家人住进了上下两层的新家。第二次我又去探访,发现他们住的是毛坯房,两个女儿也因贫辍学。我又与他们订了协议,只要孩子们想读书,基本生活费和学费都由我来承担。最终,大女儿中学毕业,小女儿也取得了中专学历。

与三峡移民同呼吸共命运的那些年,移民群众悲过、怨过、怀恋过;我们干部哭过、笑过、叹息过……种种情绪汇聚在一起,化作了割舍不断的乡情。

有种大爱超越亲情

三峡是全国人民的三峡。全国 20 个省(区、市)、10 个大城市及国家 50 多个部门和单位开展对口支援三峡工程库区移民工作,有力地推动了三峡百万移民顺利搬迁和妥善安置,体现了社会主义制度的优越性。在移民工作中,各省市都温暖援手,从实际出发,摸索和总结出许多行之有效的做法和经验。我们在调研和考察中,尤其感受到上海市委、市政府领导的高度重视。上海市对口支援工作高潮迭起,始终走在兄弟省市前列,多次受到国务院三峡建委的表彰。

立足库区经济社会发展的特殊性和长期性,上海按照"优势互补、互惠互利、长期合作、共同发展"的指导思想,派出年纪轻、身体好、懂经济和有组织协调能力的干部到重庆市万州区和湖北省宜昌市夷陵区挂职,像关心自己的区县发展一样关心支持当地的建设发展,切实把对口支援工作深入持久地开展下去。

"科技是第一生产力",上海充分发挥现代农业技术优势,与当地共同投资建设高效生态农业示范基地,将优质种苗、食用菌栽培技术和反季节蔬菜种植技术逐步向移民安置试点村推广,帮助对口地区发展农业,加快移民走科技致富的步伐。

从求发展的要求出发,上海把对口支援工作融入西部大开发战略中统筹考虑。在"筑巢引凤"方面,不单单是抓住国有企业,上海还把目光投向民营企业,致力于把更多的名优企业和名牌产品引入三峡库区落户。上海企业界也行动起来,考察投资环境,洽谈合作项目,在经济合作上显示出很大的优势和潜力,对口支援也由政府行为向企业行为转化。

更让我感慨的是,上海在对口支援三峡工作中的精细化操作,这种无微不至的关怀,对离开故土的三峡移民来说是那么温暖、那么珍贵。

1998 年,上海创造性地和当地一起援建以"五个一工程"为内容的库区移民安置试点村:一所学校、一个卫生室、一所幼儿园(或养老院)、一个文化广播站、一个农业技术推广站。这"五个一"看得见、摸得着,直接服务移民,也确实有实效——让移民能就近上学、就医,能听广播、看电视,更能就近学习农业技术。试点村中,还逐步配套建设了方便移民生活、生产的道路和桥梁。

进入世纪之交,除了在无偿援助、经济合作等方面稳步推进外,异地安置移民也成为上海对口支援三峡的重头戏。移民要舍弃熟悉的家园和亲情,背井离乡,到一个陌生的环境生存发展,如何让他们"搬得出、稳得住、逐步能致富"?一江连两地,上海人的这份精细,在紧锣密鼓的大移民中被发挥得淋漓尽致。

按照国务院提出的"开发性移民"方针,上海坚持"以人为本",多做调查研究,真心实意地帮助库区安置移民,细心负责地做好每一阶段的工作。从2000年8月起的五年间,共7519名移民在上海市7个区县的62个乡镇、520个村组里安家落户。每批三峡移民搬迁前,上海市移民办都要专门召开公安、交通、港务、海事等部门负责人联席会议,细化每个环节,落实各方责任;对运送移民的车辆和船舶给予各种优惠待遇,降低成本;在确保安全方面,做到了未伤、未亡一人,未丢一物,安全事故为零。

安居乐业是移民最大的心愿,因此住房和就业就成为上海移民安置的首要工作。

上海的移民安置点都有一些共性——村风、民风较好,有一定经济实力,交通出行方便,就医、入学较近且有一定的土地容量。

在住房建设上,上海用"一、两、三、四"来确保质量:选好"一"个施工队,把好建材采购和竣工质量验收"两"个关,抓好打地基、上楼板、封屋顶"三"个环节,全程实施"四"个层面质量监管。在基本生活用品配备上,地方政府为移民家庭准备了液化气灶和一个月的口粮,社会各界赠送了各式各样的生活必备品,大到餐桌、板凳,小到油盐酱醋、蚊香火柴、洗衣肥皂,满足了移民"初来乍到"时的基本生活需求,使移民进入新居就有到家的感觉。

上海还给每人分配一亩责任田和一分自留地,让移民能在新家"把根留住"。为了不误农时,上海发动安置地的村民帮助耕种。等移民们抵达时,每户的自留地上,辣椒、青菜、茄子等蔬菜都已经种好了;承包地里,水稻也种上了,秧苗已经拔得很高。由村干部、技术人员组成的种植指导小组手把手地教,春耕帮播、秋收帮收,使移民很快掌握了上海市郊农业种植技巧,有了比较稳定的生活来源。在保障移民耕地的同时,上海还积极帮助、推荐他们到第二产业和第三产业就业,通过外出打工增加家庭收入。

2001 年 12 月,漆林(左一)看望在南汇区落户的三峡移民

2002 年,联合国人权组织、世界银行、亚洲银行等外国专家来沪实地考察,他们看了移民住上的新房,对比了在库区旧房的照片,看了移民承包地里茂盛的庄稼、自留地里绿油油的蔬菜,纷纷竖起大拇指说:"OK! 只有中国政府才能做得到。"

"小百科全书"是上海移民安置工作的又一个贴心举动,让外迁移民能够尽快与当地生活"融通、融合"。这是一本生产、生活指南小册子,里面详细介绍了

安置点所在地的自然气候条件、重要农产品、农时季节，工商、农资供应、金融机构、邮电通信、劳动职业介绍等部门的办公地点、联系电话、办公制度和办事程序，告诉移民有事应找什么部门，什么时候去办事，怎么去办事等等。

考虑到移民故土难离、抵沪后又人生地疏的情况，上海移民安置工作从思想情感上"润物细无声"。各区县纷纷建立了镇里领导挂钩到村、村里干部联系到点、当地农户结对到户的"关怀"网络，定期召开座谈会了解移民思想动态，帮助移民扎根"第二故乡"。

如今，数以千计的三峡移民在上海有了自己的新家。他们的新家不光有故土的温情，还有变迁带来的新希望，"是一个真正的家"。安居、安心、安稳、安康，对于未来，"新上海人"满怀着期望。在政府部门的帮扶下，通过自身的创业创新，他们的日子过得越来越红火，他们在移民小康路上也越走越起劲。

移民、脱贫、发展……对口支援的大爱，已经超越了亲情。

　　黄建国,1954年4月生。1993年11月至2001年12月,先后担任国务院三峡工程建设委员会移民开发局局长办公室副主任、经济技术合作司副司长兼处长。机构精简合并后,于2002年1月至2014年4月,先后担任国务院三峡工程建设委员会办公室经济技术合作司经济技术合作处处长、副巡视员、副司长,资金计划司巡视员。从事三峡工程移民开发与管理工作达二十余年。

生命里那些难以忘怀的人与事

——记上海市对口支援三峡库区移民工作点滴

口述：黄建国

采访：方　城　夏红军　周文吉　任俊锰

整理：周文吉　任俊锰

时间：2017 年 8 月 4 日

　　在全国人大正式通过三峡工程兴建议案的第二年，我调入国务院三峡工程建设委员会办公室工作。按照国务院的部署，三峡建委办公室负责全国对口支援三峡工程库区移民工作的组织、协调工作，下设经济技术合作司，具体负责全国对口支援三峡工程库区移民工作的推进与实施。

　　在"全国一盘棋"的发展大局中，对口支援是三峡工程库区移民"搬得出、稳得住、逐步能致富"的重要支撑与坚强后盾，也充分展示了中国社会主义制度的优越性和体制的伟大力量。

　　1992 年至 1994 年，国务院先后两次发文号召全国对口支援三峡工程库区移民工作。工程初始，考虑到国情民情以及库区百万移民的巨大挑战，本着"谁受益，谁支援"的基调，国务院最终确定当时经济社会发展较好的 21 个省市、10

个计划单列市对口支援三峡工程库区移民。其后提出的"优势互补、互惠互利、长期合作、共同发展"的 16 字方针,在"集中力量办大事"的践行中,不断被对口支援双方全面认知与诠释,并被逐步推广到其他领域和地区。可以这样说,20世纪 90 年代初国家提出的对口支援 16 字方针,起源于对口支援三峡工程库区移民,继而延伸拓展于这之后的相关省市援藏、援疆、援滇,以及汶川等地的抗震救灾。

充分发挥社会主义制度的优越性,举全国之力对口支援三峡库区移民搬迁、企业迁建,促进库区经济社会发展是对口支援三峡库区移民工作的初衷与根本,也是历史赋予我们的神圣使命与职责。二十多年来,从三峡工程开工建设到通航发电,从大江截流到 175 米蓄水试验,从 130 余万移民顺利完成搬迁到世界上最大的升船机投入运营,从库区新开垦出的柑橘园终于泛出一片金黄到万州、宜昌重镇新落成的工业园区里传出的机器轰鸣……我亲历了全国对口支援三峡工程移民工作的兴起与辉煌,目睹了库区经济社会发展的日新月异,见证了上海市与全国对口支援省市的肝胆相照、相濡以沫。我为自己能够全程参与三峡工程建设感到无上的自豪与荣光,更为上海人民在对口支援三峡库区移民工作中的真情实意、无私奉献而感动折服。

经济技术合作司是国务院三峡办的窗口单位,负责联络全国各对口支援三峡的省市。在参与对口支援的兄弟省市中,上海是我去得最多的地方。20 世纪60 年代末,我就在位于吴淞口狮子林的空军地空导弹部队服兵役,从此与上海结下不解之缘。军营十八年,让我意想不到的是在我解甲归田之后,因对口支援再与上海重续前缘,且持续二十年之久。二十年里,我出差行程近 30 万公里,经常奔波于万州、宜昌,而这两地的对口支援方正好就是上海。这不就是缘分所致吗? 我只能说这就是缘分!

因三峡工程论证时间跨度较长,三峡库区经济社会的发展受到了很大的制约。

三峡工程开工之始,库区人民的生产生活仍处在一个十分低下的水平。相比较于上海来说,当时库区的农村称得上是刀耕火种,城镇为数不多的企业也半数濒临倒闭。都说百万移民是三峡工程的重中之重、难中之难,这话一点不假。我想凡是工程前期到过三峡、了解三峡的人一定也会认同这个观点。万事开头难,三峡工程之初,难就难在千头万绪无章可循,难在百事待兴无从下手。庆幸的是在这艰难之时,万州、宜昌双双与上海结对,从此三地佳话不断、佳音频传。

2011年4月,黄建国(后排右五)参加上海市对口支援三峡库区移民工作第四次联席会议

都说上海人过日子精打细算讲究实惠,其实上海市在对口支援库区移民时也是巧妇上厨有节有俭、有米有面,总能恰如其分地处理好轻重缓急。三峡库区移民是随着工程进展与水位上升分期进行的,不同的阶段,工作的重心和要求也大不相同。在库区分段搬迁移民的初期,上海发动全系统开展"一对一结对帮

扶",拿出真金白银,实打实地无偿援助。随着工程的进展,上海又及时地调整工作方向与力度。待移民有序搬入新居时,一批花钱不多、难得虚名却能缓解移民行路难、就学难、就医难、就业难、致富难的"五小工程"适时落地。库区产业逐渐显现"空心化"时,上海援建万州、宜昌的工业园、园中园又恰逢其时地投产运营。筑巢又引凤,安居又乐业,支援又双赢。如此这般,由此及彼,总能让人感到上海工作的计划性、前瞻性、示范性无时不在、无处不在。

上海开展对口支援工作在大事上不含糊,在小事上也不敷衍,时常在细微处可见大手笔。我曾去上海援建万州的上海中学参观考察,发现学校计算机机房的电脑配置完全不输于国家部委办公的配置水平。有一年,我同三峡库区市县和部门的领导前往上海招商引资。主会场设在虹桥宾馆,700多平方米的大厅座无虚席,晚来的企业家有序地在门口排着队。这情形内行人都不难看出,邀约对口支援企业是不可简单从事的,而是要在充分了解两地行业、企业的发展状况的基础上综合考量,遴选出适合在万州和宜昌发展的行业、企业。由此可见,上海市政府合作交流办等部门的同志们在前期筹备中投入了多大的精力与心血。上海组织保障系统的行之有效,给我留下了十分深刻的印象。

"看得见、摸得着、有实效",上海人的这种求实进取精神,既体现在派驻三峡的援外干部身上,也体现在上海市政府合作交流办一丝不苟的工作作风里。我时常感慨对口支援事无巨细,但他们无论是大事小情都能履职尽责、落到实处。

在对口支援三峡库区移民初期,大多数省市采取的方法是以一定的资金与物资形式展开的。但资金与物资的支援毕竟是有限的。探索一种可以持续发展的、使对口支援双方都能受益的、都有热情并可持之以恒的方法与路径,是上海市对口支援的又一精彩之笔。他们在较短的时间周期里,寻找到了能够发挥双方优势所在的契入点。从总体比例上看,三峡库区移民还是以农村移民居多。

就地后靠、以土为本、以农为主是其主要的生存发展形态。如何将这部分人从"温饱"中解脱出来,上海选择了从提高农民的基本素质和推广农业科学技术入手。他们在宜昌市夷陵区太平溪镇许家冲村这个被称为"三峡大坝坝首第一村"的地方设立了创业服务站,广泛开展技术、技能培训,巧用政策扶持,拓展了库区农村移民的生存生活空间,让他们从"等、靠、要"的期盼中走出来,转而以自己所掌握的信息、技能逐渐地过上了富裕的日子,无形中也增强了农村移民对新生活的向往与追求。

当然,无论对口支援省市的支援力度有多大,对口支援毕竟是双方的,况且还需要通过库区人民自身的努力,才能把支援转化为生产力。上海是深谙这个道理的。他们详细分析了自身与库区的资源禀赋,认为三峡库区有市场、区位、资源与劳动力的优势;沿海发达地区有人才、技术、管理和资本的优势。只有把二者有机地结合起来,才能促进沿海地区的品牌、技术、人才和资本加速向库区汇聚。

支援不是替代,也无法替代,否则支援就会因错位、越位而大打折扣。但凡来上海参观考察学习过的库区人,无论是领导还是企业家,无论你抱着什么样的初衷来,上海市政府合作交流办总能让人乘兴而来、满意而归。就连我去上海也不例外。在我去过的注重养成教育于平常的青少年基地、尚未形成深水良港时的洋山镇、当时初见雏形的新天地,哪怕是偶尔路过的一个项目甚至是一处寓所,都能被有心、用心的上海人植入许多库区看不到的新事物、新观念、新行为。他们就是这样在人声鼎沸的都市里悄无声息地转变着人们的行为观念,为三峡即将到来的开拓与腾飞做着精神、理念上的前期准备。

上海万商云集,要动员企业奔赴当时仍十分闭塞落后的库区安家兴业,没有广泛的宣传与号召、没有很好的政策引导是很难实现预期的效果和目标的。好在上海市政府合作交流办心知肚明,也早有准备。他们用三峡库区丰富的资源与良好的未来吸引投资者;以自己对库区经济发展足够的认知与把握来动员决心未定的企业家;用满腔的热情与缜密周到的服务留住落户企业。他们将心比心、以诚相待,为企业解决一时之难、随时之急,终于赢得了企业家的认同。仅为本地企业赴库区考察签约,上海市政府合作交流办就多次为组团的企业家买好往返机票,专人全程提供服务。在国家给予名优企业落户项目20%资本金支持的政策出台后,上海又拿出同等的财政资金予以支持。

三峡库区移民进入攻坚阶段时,上海又率先在三峡工程的坝首及库区的腹心地带,不失时机地开展援建移民就业基地,向外向内大力度地转移过剩的农村劳动力;援助标准厂房建设,开发"园中园",极大地增强了地方政府和企业招商引资、产业转型升级的自信与底气。及时建成交付的标准厂房,由当地工业园区通过无偿提供或有偿租赁的形式,迅速吸引了一批较为高端优质的企业和项目落户扎根。

上海市援建的三峡移民就业基地标准厂房

　　尤其值得称道的是先期落户万州的上海白猫集团与当时的万县五一日化的重组,形成的"白猫效应"在库区成了产业资本运作的范例,被业内广为称颂的佳话。说到这里,我又情不自禁地想起了已经故去的均瑶集团原董事长王均瑶。这位被我和我的同仁们称为"体制外的在编人员"的董事长,以对三峡工程的高度认同与满腔热情的投入,一直深深地感动着我和我周围的人们,我们因此成为知心朋友。记得我曾经为了力劝均瑶放弃收购三峡机场与他执拗了整整一个晚上,而最终均瑶却以他过人的胆识与睿智说服了我,也赢得了我发自内心的敬重。

　　当一批又一批包括上海在内的龙头企业在库区落户,分享市场带来的红利时;当库区产业结构调整、产品升级换代逐步迈入良性循环时,历时二十余年的对口支援三峡库区移民工作也不断换档升级。对口支援于不觉间由无偿支援过渡到合作共赢;"输血"转化为"造血";政府间的主导也让渡为市场调配。随之而来的是对口支援进而突破了"一对一"的支援限制;突破了所有制的限制,一大批非公有经济、民营企业成了支援的主力军;突破了对口支援企业迁建的单一性,支援与合作的领域不断扩展到生态农业、环保产业、旅游开发与保护等更为广阔的领域。众多的创新与突破,使对口支援逐步变被动为主动,终于走出了一条良性循环、互动互助、有序发展的路子。

　　真是无巧不成书,今天一大早我在浏览早间新闻时,看到了浙江师范大学非洲研究院研究员 Michael Ehizuelen 博士在 2017 年 IPP 国际会议上的发言。他在文中用较大的篇幅说到了对口支援。这让我感到振奋,对口支援居然走向了国外,走向了非洲。他说:"美国国会有一条法律,美国国际援助署不能让国家援助进行工厂建造,中国采取一个不同的模式,叫对口支援。中国国内的富裕省份对口支援贫困的省份,这就是中国的模式。每个中国人都朝着共同繁荣的目标努力,同样的系统也纳入到中非合作的框架中。中国的对非援助也引入了这个系统。重庆对口支援坦桑尼亚,湖北对口支援莫桑比克……他们来正是迎合了非洲的需求。"

这位博士用了很长的篇幅来介绍、探讨对口支援,让我顿时有种亲切感,但又觉得他的许多认知还有待进一步升华。心中有种想引见的冲动,想让博士去上海市政府合作交流办公室走一趟,一定会让他从雾里看花的朦胧里走入深度认知对口支援、掌握其要的佳境。之所以有这样的自信,正是上海二十年来对此进行了一系列卓有成效的探索与实践,为我们提供了一套行之有效的能够推而广之的经验。

上海市对口支援三峡库区移民所取得的成就在业内、在库区早已是有口皆碑、令人称道。作为亲历亲为亲眼所见的同行人,我最看重的反倒不是上海投入了多少资金与项目,而是这些资金与项目在投入过程中为其呕心沥血、殚精竭虑的对口支援人!他们以三峡作故乡,以支援为己任,把自己的满腔热情倾注于那片热土,用生命中最为宝贵的青春年华筑就了库区今天的繁华似锦。

履职三峡二十余年,之所以对上海合作交流办的大事小情多持以肯定、支持的态度,与其说是尊重,不如说是对他们尽忠职守的赞同。几任领导班子的轮换更替,并没有让林湘、振球改变既定的初衷;实盘操作的方城、红军也没有在踏上援疆的旅途时脱下服务三峡的"马甲"。更多的不为我熟识的上海对口支援人,此时此刻一定正为项目进入库区而举棋落子,为政策的配套和服务与企业家相伴相随。

令人欣慰的是,由支援三峡工程库区移民而诞生的对口支援,在其后的日子里,不仅造福三峡,而且还走出了三峡,走向了援藏、援疆、援滇与汶川抗震救灾、精准扶贫等国家级工程,如今又以国家的名义走向了国际。

如今,我已离开工作岗位多年。许多旧事被这次"口述上海——对口援三峡"的采访勾起来,比之前的记忆更清晰、更鲜亮,仿若就在眼前。回顾往昔,经

过长期探索实践,对口支援已成为相关省市与三峡库区相互联系的纽带、合作共赢的桥梁,"高峡出平湖"的"三峡梦""中国梦"已经成为一道亮丽的风景。我深信三峡的前景定会更加明媚,三峡人的未来也会更加美满。今生今世,三峡已经让我心无旁骛,希望余生还能常去三峡看看库区的日新月异,常去上海与老友新朋诉说久别的思念,分享重逢时的欢乐。

姚海，1962 年 4 月生。2011 年 10 月至 2014 年 9 月，先后担任上海市合作交流纪工委书记、上海市合作交流工作党委副书记。现任上海市合作交流工作党委书记、上海市政府合作交流办公室主任。

回望支援廿五载　合作发展谋新篇

口述：姚　海
整理：姚志峰
时间：2017 年 7 月 28 日

　　说起改革开放后的上海对口支援工作，对口支援三峡库区是浓墨重彩的一笔。

　　对口支援三峡工作，在上海的东西部扶贫协作和对口支援工作中是比较特殊的。第一是它因三峡工程移民而生；因国家重大工程而由中央组织各省市开展对口支援的，只有援三峡库区。第二是它持续的时间最长，从 1992 年中央明确上海对口支援四川省万县（现重庆市万州区）和湖北省宜昌县（现湖北省宜昌市夷陵区）以来，已经走过了二十五个年头，上海先后有 14 批 46 名干部前赴后继，到三峡库区奉献了青春和智慧。

开对口支援之先

　　1992 年，国务院下发《关于开展对三峡工程库区移民工作对口支援的通知》，正式确定上海对口支援四川万县（现重庆市万州区）和湖北省宜昌县（现湖北省宜昌市夷陵区）。上海市委、市政府高度重视,要求把全力支援三峡库区移民工作作为服务长三角、服务长江流域、服务全国工作的重要内容,把帮助移民安稳致富作为上海义不容辞的责任。

当年底,在市领导的指示下成立了"上海市对口支援三峡工程库区移民工作领导小组",由时任副市长庄晓天任组长,副组长是时任市政府副秘书长孟建柱、市计委副主任吴俊国、市政府协作办主任孙明良。

1993年1月19日,上海出台了《关于上海对口支援三峡工程库区移民工作的意见》,确定黄浦区、嘉定区、卢湾区、宝山区对口支援四川万县,闵行区、静安区对口支援湖北省宜昌县。后来,结对关系有所调整。2013年起,由黄浦区对口万州区、静安区对口夷陵区,确定了目前"一区对一区"的结对关系。

上海与万州、夷陵三地之间探索建立了密切的高层互访机制和联席会议机制。历届市委、市政府主要领导都高度重视援三峡工作,亲赴库区调研推动工作。2009年7月,时任市委书记俞正声同志、市长韩正同志率上海市党政代表团赴重庆、湖北学习考察,慰问当地移民群众,带去了上海人民的深情厚谊,高位推进对口支援三峡工作;2015年10月,时任市委副书记应勇同志率上海市代表团赴三峡考察,指导察看上海援建项目,慰问上海援三峡干部,共商两地合作。此外,上海市人大、政协领导也分别率团赴三峡库区,形成了全市各方积极参与援三峡工作的良好氛围。从2008年开始,沪万夷三地坚持每年召开一次联席会议,三地交流沟通信息,明确年度重点任务,并邀请国务院三峡办领导到场指导,取得了很好的效果。沪万夷对口支援工作联席会议至今已开到了第十次。

从中可以看到,上海对口支援三峡工作在开始之初,就非常注重制度体系建设。如,在政策上出台总体性的指导意见,在组织架构上建立市一级的工作领导小组,建立了区县结对的模式等,这些做法一直影响至今,为现在东西部扶贫协作和对口支援工作"四梁八柱"的形成打下了很好的基础。在对口支援三峡过

程中摸索出对口支援的工作规律,逐渐形成了具有上海鲜明特点的对口支援工作模式,这为后来一系列的援藏、援疆、援青以及东西部扶贫协作积累了经验、开辟了路径。

2016年3月,姚海(后排左四)参加在夷陵区召开的沪万夷对口支援工作第九次联席会议

急移民安置之切

据统计,三峡移民共有129.64万人,整个建设期间共需搬迁建设2座城市、10座县城、106座集镇,可以说移民安置工作压力之大、任务之重前所未有。如何能够让移民"搬得出、稳得住、逐步能致富",一直都是国家和库区政府密切关注、急盼解决的问题,自然也是上海对口支援三峡工作的头等重要任务。即便是当前所处的"后三峡时期",国务院三峡办强调的"移民小区综合帮扶"仍然是对

这个问题的延续与深化。

　　要回答和解决这个根本性问题,就必须改善广大移民的基本生产生活条件,让他们有获得感。上海一直高度重视这些方面的工作,无论是在农村的移民集中村还是城里的移民小区,在对口支援项目和资金安排上都有持续投入。从一开始在移民安置点实施"五个一"工程(一所希望小学、一所幼儿园、一个文化站、一个卫生所、一个农技站),发展到现阶段的安全饮水、污水处理、公共服务中心、文化活动中心(广场)、养老院、福利院、菜市场、卫生院(室)、小区学校、集中区移民就业培训等多个方面。

　　在农村移民集中村帮扶上,比较典型的有夷陵区许家冲村帮扶项目。从2007年起,上海帮助该村全面开展了村域环境、道路、饮水等改造工程,又援建了村级服务中心,内设农技站、卫生室、图书室、调解室等,极大地改善了广大移民的生产生活条件。

　　在城镇移民小区综合帮扶上,近几年来主要体现在以下几个方面:一是建成了一批各类公共服务设施项目,使移民不出社区就能办事,如万州区百安新村社区便民服务中心、夷陵区小溪塔街道营盘社区便民服务中心等。二是支持了一批福利机构的建设,改善移民养老问题,如夷陵区社会福利院、万州区武陵镇敬老院等项目。三是建设和改造了一批公用设施、公建配套,改善了移民生活,比较典型的是万州区燕山乡长柏村210户村民污水管网和垃圾回收项目、夷陵区三斗坪镇安全饮水工程以及菜场、农贸市场的项目。四是创造了一批移民就业岗位,方便移民就近就业,如营盘社区移民创业就业服务中心、官庄柑橘交易中心等项目。

　　2016年,全国对口支援三峡库区及小区综合帮扶现场推进会在湖北宜昌举办,上海援建的夷陵区营盘社区和官庄村作为现场示范点,得到了与会代表的肯定。通过这些援建,移民小区的基本公共服务设施有了明显改善,基本生活、生

产条件有了显著提升,这为下一步的可持续发展打下了良好基础。

补库区产业之短

因为三峡工程建设和环境保护的需要,库区原有的很多工厂等生产设施被拆除,很多环境压力大的产业被停顿,库区产业发展一度面临"空心化"之痛。面对这个影响移民"能致富"的短板,上海积极响应中央的号召、结合库区的实际和特色,开动脑筋,多措并举。在坚持以市场为导向、企业为主体的前提下,努力加大政府引导力度,搭建综合服务平台,助推库区产业发展。

支持移民就业基地标准化厂房建设。在万州,上海共无偿援助资金 1.27 亿元,援建 23 万多平方米标准厂房,帮助引进法国施耐德等一批知名企业落户万州;在夷陵,援助 7600 万元建设移民就业示范基地标准厂房、乐天溪三峡移民生态工业园,吸引天宇食品等 7 家企业落户投产,实现年产值 5 亿多元,新增税收近亿元,3000 多名移民在家门口就业。

支持发展特色农业。近年来,结合库区环保要求和特色农特产品等资源优势,加大农业产业化和农贸市场建设帮扶力度。在万州,援建了甘宁农业产业园、太龙和黄柏古红橘、长岭中药材种植基地等农业开发项目;在夷陵,重点援建柑橘、茶叶、食用菌等种植基地,支持官庄柑橘交易市场等,通过支持特色农业产业化,助推库区现代农业发展,帮助移民就业提高收入。安排资金建设夷陵长江商贸市场农副产品展示点,帮助万州建设上海西郊国际万州区农特产品展示展销中心,支持农特产品商贸流通渠道建设。多次举办对口支援地区农特产品博览会、展销会等,向三峡库区免费提供展位展台,进一步为当地农特产品进入上海及周边市场拓宽门路。

支持库区对外经贸合作。为了让库区产品走出山,打开市场,上海支持库区在沪举办各种招商促销活动。近年来,先后协助万州在上海成功举办"万州晚熟柑橘上海促销活动",推动开通上海—万州航线,成功举办"新三峡、新万州、新起点"旅游推介会,启动万人游三峡、游万州活动。协助宜昌市和夷陵区在上海举办"第20届上海国际茶文化旅游节""宜昌(上海)招商推介会""晓曦红·宜昌蜜橘上海推介月"和"夷陵农产品、旅游、文化'三进静安'"等活动。通过一系列"节、会"平台,宣传了库区投资环境和投资政策,提升了万州、宜昌夷陵的知名度和影响力。

推动上海企业到库区投资兴业。上海市、区政府积极牵线搭桥,推动爱登堡电梯、红星美凯龙、老凤祥等一批知名企业落户库区,有力地助推了库区产业升级转型。这几年,上海企业赴三峡库区投资发展呈现方兴未艾之势,仅在2016年全国对口支援三峡库区生态产业合作开发座谈会上就有7个项目签约,项目金额达到57.8亿元。

助库区腾飞之力

授人以鱼,不如授人以渔。从"输血式"扶贫到"造血式"发展,需要将库区"人力"转化为"智力",把库区的人口数量优势转化为"人力资源优势",需要对口支援工作站在打基础、利长远的高度,充分重视人力资源开发与培训工作。

上海历来重视人力资源培训工作,把为库区"打造一支带不走的队伍"作为对口支援三峡的一项重要任务。按照"急需、实用、见效"的原则,上海采取来沪办班、组织专家赴当地讲学和安排干部人才来沪挂职等方式,有计划地分期、分批组织库区乡村基层干部、专业技术人员和农村致富带头人等到上海进行脱产培训和挂职锻炼,通过输入新知识、新思想、新观念,为库区培训了许多急需人才。

针对库区教育、医疗等社会公益事业发展薄弱的情况,上海通过两地学校、医疗机构"结对"方式,积极发挥上海在教育、医疗方面的优势,长期以来持之以

恒、久久为功地支援库区学校和医院,努力提升当地教育医疗水平,使上海对口支援的成果惠及更多的库区群众。如今,库区的教育、卫生事业取得了长足的进步。教育方面,上海援建的万州区新田中学,已成为重庆市唯一一所农村重点高中;援建的夷陵区东湖初中,是目前夷陵区设施设备条件最好的初中。卫生方面,上海援建的万州上海医院顺利通过了国家二级甲等综合医院评审,由原来的乡镇卫生院跃升为年住院病人 9.1 万余床日、年门诊量 27 万余人次的二甲综合医院;万州区双河口卫生服务中心随着设施完善、功能提升,就诊人次在短短几年就翻了 10 倍,惠及了周边十几万移民;通过硬件改造、软件提升,夷陵妇女儿童保健院成为宜昌市乃至湖北省排名前列的优秀妇幼保健机构。

只有实现充分就业,移民才能安稳致富。上海的对口支援十分注重打基础、谋长远,千方百计帮助移民提升职业技能。近年来,上海积极推进与库区的中职教育联合办学,招收库区学生来沪就读中职学校,为库区培养了一批适应库区经济建设亟需的实用型技能人才,仅在上海各行各业实现就业的就有 5000 余人,回到库区投身当地建设的更是数不胜数。在万州,原来有个职业教育中心,上海累计投入资金 1500 余万元,帮助它建设了实习实训基地,改善了办学能力。现在,万州职教中心已经由中职学校升格成为重庆安全技术职业学院。

谋支援合作之新

二十五年的对口支援三峡,上海坚持"动真情、办实事、求实效",切实帮助三峡库区解决移民生产生活中的急难愁问题。聚沙成塔,集腋成裘。截至 2017 年底,上海市区财政累计为三峡库区提供无偿援助资金 10.2 亿元,援建项目 1300 多个;援建标准厂房 20 多万平方米,签订经济合作项目近 200 个,协议资金近 300 亿元;培训各类人员 1.6 万人次;分 4 批安置三峡移民 1835 户 7519 人,有力地促进了移民的安稳致富。

2017 年 6 月，上海召开对口支援与合作交流工作会议暨东西部扶贫协作动员大会

随着三峡工程建设任务的如期完成，对口支援工作也进入"后三峡"时代。国务院出台了《三峡后续工作规划》，发布了《全国对口支援三峡库区合作规划纲要(2014—2020 年)》。规划纲要的名称里加了"合作"二字，意义深远。这标志着国家对对口支援三峡工作提出了新的要求，在原有的基础上更强调合作共赢。2017 年 6 月 29 日，全市召开对口支援与合作交流工作会议暨东西部扶贫协作动员大会，提出上海东西部扶贫协作和对口支援工作要"作示范、当标杆、走前列"，为对口支援三峡工作进一步指明了方向。上海一定要牢固树立大局意识、责任意识、服务意识、合作意识，认真贯彻落实对口支援三峡工作的新要求，在国务院三峡办的指导下，以更高的标准、更有力的举措，全力推进对口支援三峡库区移民工作。下一步，要重点从以下三个方面来着力：

一是聚焦提升库区基层公共服务能力的目标,加大移民小区综合帮扶力度。移民小区综合帮扶是国务院三峡办确定的工作重点,上海一定要加强与库区的协调,围绕当地街道、乡(镇)、村、社区发展规划,科学合理确定重点帮扶小区,从硬件和软件同时入手,帮助完善一批移民小区的公共服务设施的配套建设,强化教育、卫生、旅游、文化等领域的合作与交流,争取再打造像夷陵营盘社区这样的若干移民小区综合帮扶示范点,帮助库区进一步提升公共服务能力,使移民群众直接得实惠。

二是聚焦加快库区产业转型和升级的目标,促进产业合作发展。结合万州、夷陵资源禀赋和现有产业基础,加大农业产业化发展帮扶力度,重点支持发展茶叶、水果等农业特色产业,鼓励移民就业与创业。继续发挥上海市对口支援与合作交流专项资金的政策引导作用,积极引导企业到库区投资兴业。搭建农副产品展会展销平台和产业合作平台,加大两地农超、农商对接力度,帮助三峡特色产品开拓上海市场和长三角市场。

三是聚焦可持续发展目标,加强人力资源开发和环保支持力度。在开展对口支援的工作中,要不折不扣地贯彻中央对长江流域"共抓大保护、不搞大开发"的精神,牢固树立五大发展理念,帮助库区大力发展低碳经济、循环经济,努力使生态环境保护与产业转型发展相统一。同时,支持库区开展各种职业教育、技能培养和各类"引智"项目,帮助库区实现可持续发展目标。

二十五载光阴,筚路蓝缕。回首上海对口支援三峡库区的点点滴滴,我们为一波又一波参与这些工作的人们的殚精竭虑和默默奉献而敬佩,为库区翻天覆地的巨变与欣欣向荣的发展而鼓舞,为社会主义制度优越性的巨大潜力而震撼,为自己能够服务"中国三峡"这项世纪伟大工程的建设而自豪!

回望支援廿五载,合作发展谋新篇。我坚信,上海对口支援三峡库区工作在新的历史征程中,一定会谱写新的更加灿烂的篇章。

　　孙雷,1957年11月生。1998年3月至2001年8月,先后担任松江县委常委、县纪委书记、县监委主任兼松江工业区管委会主任,松江县委常委、副县长,松江区副区长。2001年8月至2003年1月,任南汇区委副书记。2003年1月至2008年2月,先后担任崇明县委副书记、崇明县县长、崇明县委书记。2008年2月至2016年2月,任市农委主任、党组书记、市委农办主任等职。现任市人大常委会委员、市人大农业与农村委员会主任委员。

让来沪三峡移民"把根留住"

口述：孙　雷

整理：欧阳蕾昵

时间：2016 年 12 月 30 日

2003 年初,我到崇明当县长,面对的重要工作之一就是接收和安置好来自三峡库区的移民。2008 年 3 月,我离开崇明担任市农委主任,开始面向全市的三峡移民工作。接收安置三峡移民的时候,上海市委、市政府明确表示,要坚决服从大局、服务全国,切实做好三峡移民工作。我想从这两个时期分别来谈一谈我所经历的三峡移民工作。

住房和就业是头等大事

接收安置三峡移民,是一项政策性、思想性、群众性很强的工作,它涉及面广,工作量大,工作内容牵涉到许多地方、部门和单位。在外迁移民安置工作方面,上海始终坚持"服从大局,执行有力"的原则。一是专门成立由副市长挂帅、政府有关部门组成的安置三峡库区移民工作领导小组和工作班子,各区县也成立相应的工作机构,全面开展接收安置移民的工作。二是开展试点,在崇明探索路子,以点带面,做好安置工作。三是深入思想发动,统一干部群众思想,形成有利于做好三峡移民安置工作的良好环境。市领导直接到码头迎接移民、到居住点看望移民、召开座谈会听取移民意见。各级分管领导更是全力以赴,直接参与各项具体工作,及时分析出现的新情况,解决新问题,为移民接收安置工作提供了强有力的领导和组织保证。

2003 年,我到崇明县工作时,崇明已经先后安置了两批三峡移民,我过去的时候已经是第三批了。移民到达崇明当天,我们组织力量到南门码头去迎接。为了让移民来到崇明后有归属感,崇明县有关方面和承担移民安置任务的镇村组织,已经按相关要求,腾出了给三峡移民的承包地,建好了新房,就连厨房用具也备好了,自留地还种上了蔬菜秧苗,让移民来了以后就有了家的感觉。

安居乐业是移民的头等大事。市委、市政府提出,移民的房屋标准不能低于本地老百姓。那时,移民的房子按统一标准建设,为了确保移民建房质量,有关方面选择优秀施工队,把好材料关,并实行专人监理。移民的房子根据人口多少有五种户型;造价标准为 550 元/平方米;建房资金采取政府补贴与移民自筹以及政府提供无息贷款解决,有效减轻了移民在建房过程中的经济负担。这种做法得到了移民的支持和认可。移民抵达时,当地政府还赠送了他们多种生活用品,满足他们初来乍到的生活需要。从液化气灶具、气罐,油盐酱醋,到蚊香火柴、洗衣肥皂一应俱全。当时,上海的移民安置严格按照"相对集中、合理分布"的特点,为了减轻分配土地的负担,移民被分散到各个村去安置,每4—5 户集中在一个组,移民之间还可以相互照应。

为了让移民尽快在崇明投入农业生产,适应新生活,按照市里的统一要求,原则上一户人家有夫妻两个劳动力,至少把其中一个安排到乡镇企业或者政府购买服务的地方实行非农就业。我们还开辟"绿色通道",优先帮他们办理户口、房屋移交、子女上学等手续。同时,发放《生产生活指南》,搞好移民点的环

境美化和卫生整治,开办各类培训班,鼓励移民自主创业,帮助他们把握商机,使移民尽快融入当地社会。

三峡移民来到崇明竖新镇落户安家并有了稳定的工作

当时,推进移民非农就业的步子还是迈得比较大的,不少移民通过从事经商、开店、运输等,生活水平有了明显的提高。孩子身上寄托着移民的希望,为此,上海专门出台了扶持移民子女受教育的特殊政策。移民子女在两年过渡期内,可以免付学杂费等费用。体谅到移民故土难离、到沪后人生地不熟的情况,移民安置工作从思想情感上"润物细无声"。崇明建立了乡镇领导挂钩到村、村里干部联系到点的"关怀"网络,定期召开座谈会,了解移民的思想动态,帮助移民扎根"第二故乡"。我还记得,有一位落户崇明的移民名叫徐继波,他从重庆市云阳县南溪镇迁移到崇明侯家镇横河村,来到崇明不久,他和妻子就在乡镇企业找到了工作,大女儿在浦东外高桥保税区工作,小女儿也顺利地在当地上了学,一家四口住在 150 平方米的房子里,生活得其乐融融。建设镇东浜村的谭瑞荣一家,从重庆市五桥开发区搬迁过来,一来便在自家的地里种上了青菜、辣椒和花生,儿子上高中的事情也很快解决了,这让他们心里很踏实。那些年,各移民安置村通过建立帮扶小组等多种方式,帮助移民熟悉、掌握上海的农业生产技能,解决生产生活中遇到的实际困难,部分移民已经成为当地农村致富的带头人,促进了移民与当地村民的融合,基本完成了移民工作的既定目标。

让移民都能看上有线电视

记得有一年过年,我去看望崇明建设镇的移民,当时该镇安置了约 30 户移民。有一户人家向我反映:"到了崇明,电视节目却不如在老家的好!"原来,这些移民都是从重庆市云阳县过来的,云阳县经济条件较好,已经有了有线电视。而到了崇明,却发现有线电视并没有到户。是因为崇明当时财力薄弱,还是其他原因?经过调查,我发现当时建设镇的有线电视光缆已经到村了,但却没有全部接到户,原来是有的生产队不愿意通有线电视。究其原因,还是因为当时每月 15 元的月租费让村民宁可弄个天线装在房顶,收看 6—7 个频道,也舍不得支付有线电视费用。深入调查才知道,在崇明,当时有线电视的确没有做到"村村通、户户通"。当时的情况对我的触动很大,进入新世纪,上海中心城区的生活水平已经很高了,但在农村地区还存在这些问题,难怪移民对我们不满意。于是,我督促县里有关部门加快推进农村有线电视进村入户的工作,三年后,有线电视光缆终于实现了全覆盖。

"移民是特殊的群体,但不是特殊的公民"

有件事让我印象很深。当时有些移民为了挣钱,开着无牌无证的农用车装

东西,出了事故后,交通管理部门处理时遇到的阻力很大。其实,这种农用车是他们从外省市采购来的,根本不能上牌,而且还无证驾驶,后来交通管理部门把这种车子扣了。没想到,这件事情在处理中却触动了众多移民的情绪,他们提出,车子扣了等于断了生活来源,他们就集体到县里来上访。其实,这件事情从另一个侧面反映了移民的特点,他们来到人生地不熟的地方,特别怕受欺负,一旦发生事情就容易"抱团"。后来,我在县里召开会议,专门研究如何处理这件事情。移民到了崇明想增加收入,这个想法合情,但方法不合理。一方面,我们要求交警加强执法,坚持严查此类农用车,另一方面,在全县进行宣传教育,引导移民通过正规渠道购买正规的车子,杜绝无证驾驶。经此事件后,我觉得要加大对移民就业的扶持力度,移民的目的还是想多挣钱。我的观点是,移民是特殊的群体,但不是特殊的公民。他们来到崇明,要遵守法律,不能被特殊对待。对待移民,既要关心,更要教育引导好。尽管当时崇明就业的条件并不是很好,崇明还是上海安置移民数量最多的地区,但是我在崇明工作的那些年,崇明的三峡移民没有一例要求迁回去,也没有一例非正常进京上访。2003年,崇明县移民办还被评为移民信访工作先进单位。

移民安置"以人为本"

2008年3月,我离开崇明,任市农委主任,开始面向全市的三峡移民工作。一直以来,上海严格执行国务院提出的"以农为主、以土为本"的安置原则,确定了"相对集中到县乡、分散安置到村组"的安置方式,选好定好移民安置点,既能方便移民生产生活,又能使移民与当地村民融通、融合、融化。我们十分重视对三峡移民的关心和关爱。对移民住房、承包地、自留地、宅基地、养老、医疗、子女教育、户籍管理等社会保障以及发展生产、非农就业、税费减免方面都制定了具体的政策措施。遵照国务院三峡建委关于"迁得出、稳得住、逐步能致富"的移民安置方针,为使落户上海的三峡移民尽快与当地社会融通、融合、融化,我在任期间,处理了几件比较重要的事情。

第一件事情:农村产权制度改革中移民的身份认定。移民来到上海,也应享受产权制度的改革成果,但他们的农龄要如何界定和计算呢? 对此,我们谨慎研究,既要让移民享受当地的改革成果,也要核实成员是否符合条件。比如有没有户口,劳动年龄段从何时开始,有没有生产资料等等。移民到上海之前在老家享受过的待遇,不能重复计算。为此,我们派员特地去当地调查,比如 175 米以下水要淹掉的地区,之前对移民已经做过一次补偿;还有些地方水未淹到的,有些移民的集体资产仍然在当地保留。对于在当地没有拿到补偿的移民是可以提出诉求,而老家的集体资产保留的,就不能"两头都拿"。我们与国务院三峡建委进行沟通后,得到了他们的支持,并统一了政策,"不能因为移民而特殊化,但要维护好移民的合法权益"。这件事情在当时处理得比较妥当,也加速了农村产权制度改革的进程。

第二件事情:当时南汇有一位移民准备卖掉自己的房子回老家。得知这一情况后,我责成相关部门的同志去实地调查,多方了解下来才知道,原来这位移民想卖掉房子拿一笔钱再回乡就业,因为当时重庆那边的经济发展不错,移民觉得回去也蛮好。但是,根据相关法律法规,移民虽然拥有房子的产权,但住房的土地,也就是农民的宅基地是用益物权,是不能卖的。经过沟通疏导,这位移民打消了卖房回乡的念头。这件事情当时如果处理不好,也许就会引起其他移民效仿,不利于大局稳定。

第三件事情:移民资金的管理问题是一项非常重要的工作,如果处理不当,就是一个大问题,所以我们必须严格把关,做到正确使用,专款专用,科学用钱,既要勤俭节约,防止铺张浪费,又要争取少花钱多办事。2009 年,某省向移民发放了一项后补项目资金。当时移民得知这个消息都来上访,希望资金能直接发放到个人。

我们的态度很明确,严格按照政策来办事,资金的使用必须以项目的形式分发下去。为了让移民理解这一点,我们组织力量做他们的思想工作,耐心向移民解释后补资金的用途主要为了解决移民的实际困难和需求,同时还要用于当地的发展。这个政策先在崇明试点,然后逐步在全市推开,这个做法得到了国务院三峡建委的肯定。2015 年该项目通过了审计,2016 年通过验收,受到了中央的高度肯定。

这些年,来到上海的三峡移民渐渐融入了当地,移民是为了大家舍小家,作出了巨大的牺牲,他们来到了陌生的地方,理应得到当地的关怀。通过生活、生产和思想上帮扶,使移民感受到成为上海新市民的关爱和光荣,又使他们认识自我,激发投身新生活的积极性和创造力。随着移民与村民通婚,有的移民成了家庭农场主,有的还当上了村委会主任、人大代表,他们入团入党,受到各类表彰,他们的政治待遇和生活待遇与上海市民一样,渐渐成为"新上海人"。

全市"一盘棋"通力合作

回顾移民工作的点点滴滴,全市各级移民干部坚持"以人为本",细心负责好每一阶段的工作。当我们回放这段历史时,处处可见安置干部辛劳的身影:他们曾在库区跋山涉水,走家串户,访问移民,建立档案;他们曾在上海精心规划选点,认真监督建房的每道程序,保证移民的住房质量;他们主动在移民的自留地、承包地上种上粮食蔬菜,保证移民落户后有粮有菜;他们在搬迁运输过程中一丝不苟,保证全过程没有伤到一人丢下一物;他们积极组织培训,千方百计帮助移民走上非农就业之路。移民工作顺利开展,源于市委、市政府、区委、区政府等各级领导的高度重视,将此当作一项重要的政治任务来完成,严格执行政策,发挥上海经济优势。移民工作还离不开基层组织的高度重视和上海百姓的海纳百川,他们与移民和睦相处,打成一片。这些年,来到上海的三峡移民,没有一人因为"失地"而上访,没有发生一例大的冲突。

孙雷(左三)走家串户,访问移民,关心他们的生产生活

我认为,上海的移民政策有特点、有针对性,我们制定了符合上海农村实际情况的安置方案和政策措施。当初说要接收三峡移民,大家都没有经验,在酝酿方案时有不同的设想,有集中安置、农场安置、分散安置等多种方案,到底哪种好?经过综合考虑并在崇明试点成功的基础上,确定了"大分散、小集中"的安置方案,同时对建造移民的住房,安排承包地、自留地、宅基地,对移民的养老、医疗、子女教育、户籍管理等社会保障以及发展生产、非农就业、税费减免等方面都制定了具体的配套政策措施。正是这些安置方案和配套政策,既考虑了移民的要求和承受能力,又兼顾了当地农民的利益和政府财力的支付能力,使移民安置在离集镇较近、基层组织较强、村民民风较好的地方,方便了移民的生产生活,为移民的长期稳定打下了扎实基础。

在推进产权制度改革过程中,项目资金的使用力求做到合情合理,以此来调节移民与当地老百姓的关系。这些资金以项目的形式进行使用,不仅移民得益,

当地村民也能得益。有些资金用于修建老年活动室,为村里所有的老百姓提供了公共服务,促使移民与村民更好地建立"一家亲"。当发生冲突和矛盾时,我们在处理移民问题时有政策、有原则,移民是特殊群体,但不是特殊公民,我们有着自己的底线和观点。对于移民的合理诉求坚决采纳,最大限度地妥善处理好;但对于违法违规的事情绝不姑息,不迁就,做到公平公正。

对于移民在就业中遇到的问题和生活实际困难,我们通过基层组织和政府力量及时有效地帮助解决。很多事情不是用钱就能解决,还要靠政策、靠领导重视、靠耐心细致的教育疏导工作。对于一些个案处理,我们在法律允许的范围内尽量做到人性化处理。移民工作只有起点,没有终点。上海从1999年底开始接收安置重庆市三峡库区农村外迁移民,历届市委、市政府都高度重视这项工作,讲政治、顾大局,把安置好三峡移民作为上海支援三峡建设、参与西部大开发和服务全国的重要任务,不折不扣地坚决完成好。

【口述前记】

汤志平,1965年11月生。2001年8月至2015年1月,先后担任市城市规划管理局副局长,徐汇区委常委、副区长,市发展改革委副主任,市物价局局长,市城乡建设和交通委员会主任,市城乡建设和管理委员会主任等职。2015年1月起,先后担任黄浦区委副书记、副区长,代理区长,区长。现任中共黄浦区委书记。

黄浦万州心连心，合作共赢促发展

口述：汤志平

整理：游　盛　许　沁

时间：2017 年 4 月 24 日

　　1992 年，党中央、国务院作出开展全国对口支援三峡库区移民工作的重大决策。同年，上海市委、市政府确定黄浦、嘉定区对口支援万县市，卢湾、宝山区对口支援万县。2013 年起，上海根据对口支援工作的实际需要，确定由黄浦区继续承担对口支援重庆万州的任务。万州位于三峡库区腹心，是移民安置任务最重的地区。二十五年过去了，万州城乡面貌发生了翻天覆地的变化，库区移民已从搬迁安置转入安稳致富的新阶段。这二十五年，同样也见证了黄浦人民与万州人民齐心协力、并肩奋斗的历程，无论外界环境怎样变化，无论自身发展任务多么繁重，黄浦始终把对口支援万州作为重大政治任务，按照党中央和上海市委、市政府的部署要求，用心用情做好对口支援工作。截至 2016 年底，已累计援助万州各类项目 200 个、资金 22399 万元。在新农村建设、产业发展、社会事业和移民小区综合帮扶、人力资源开发等领域，都留下了黄浦人的足迹，万州也成了黄浦对口支援时间最长、范围最广、成果最多、感情最深的地区。

把支援送到万州最需要的地方

三峡库区移民是一项全国性、历史性的浩大工程,任务异常复杂艰巨。市领导明确要求,扎实做好对口支援万州工作,促进三峡库区和谐发展。作为对口支援的一分子,黄浦怎么才能帮得好、帮得到位,把有限的资金用在刀刃上,这是我们始终在思考的问题。为此,在领受对口支援任务之后,我们在市有关部门的组织协调下,多次派出工作组,到万州开展实地调研,深入了解库区移民最迫切需要什么。我们的态度很明确,库区和群众最急需的,就是我们要竭尽全力去支援的。2009 年前,我们对口支援的重心是库区企业迁建和移民工作,我们广泛筹集各方面的资金、物资和技术,尽我们所能,让库区的移民搬得出、安得稳,让库区的企业有新产品、新市场。2009 年,百万移民安置任务全面完成后,我们对口支援的重点就转到了让库区移民安稳致富、增强库区经济发展的活力上。

万州是国家级贫困地区,2015 年,万州还有 168 个贫困村、3.4 万多贫困户、10.6 万多贫困人口。党中央发出坚决打赢脱贫攻坚战的号召后,我们不断加大对万州贫困山区的投入,援建公共卫生服务中心,支持 50 个行政村卫生室标准化建设,每年拿出资金培训乡村医生,支持农村水利道路等基础设施建设,大大改善了当地群众的生产生活条件。2016 年,在脱贫攻坚的冲刺阶段,我们特地安排了当年一半的对口支援资金共计 2100 万元,用于万州 4 个镇、10 个村 47 公里的农村道路建设,惠及贫困人口 2889 人。如今,受援村的基础设施条件变好,主导产业规模扩大,农村面貌明显改善,农民家庭收入也稳步增加。2017 年初,我们得到喜讯,万州脱贫攻坚工作顺利通过重庆市验收,所有贫困村都实现了整村脱贫。

库区移民搬迁后的生活状况,始终是我们最牵挂的。2013 年 10 月,国务院

三峡办召开了深化三峡工程重庆库区对口支援和经济协作工作座谈会,提出开展移民小区帮扶。我们感到,移民小区是库区群众新的生活家园,开展移民小区帮扶,是找准了关键、帮到了群众的心坎上。我们率先启动针对万州移民安置小区帮扶项目的调研和规划,集中力量改善移民小区的居住、养老、医疗、教育、就业等条件。从 2014 年起,累计安排资金 3229 万元,帮扶武陵镇、燕山乡、黄柏乡、百安坝街道、双河口街道移民安置小区完善基础设施和公共服务配套,改善居住环境,让当地群众真正有获得感和幸福感。比如,武陵镇是万州区最大的一个全淹全迁的移民乡镇,对口支援武陵镇的是黄浦区南京东路街道。双方聚焦移民小区帮扶这个重点,一起调研、一起商量,梳理形成五年帮扶项目库,一年接着一年干,参与建设的一所医院、一所敬老院、两个社区文化广场相继落成,四个便民服务中心功能更加完善,群众的生活条件得到了实实在在的改善。

拿出最优质的资源支持万州

我们深知,对口支援万州是国家和上海交给黄浦的光荣任务,是对黄浦的高度信任,我们必须拿出最优质的资源、发挥最独特的优势,千方百计支持库区建设发展。黄浦作为上海中心城区的核心区,除了经济发展的优势外,社会事业资源最为丰富、基础最为深厚。因此,我们把发挥黄浦社会事业发展的优势,提高万州的教育医疗条件和水平,作为近年来对口支援工作的重中之重。事实证明,这个方向是正确的,教育、医疗领域的对口支援,成效最显著,最受当地群众欢迎。

在医疗支援方面,有两个事例比较典型。一个是万州区上海医院,位于五桥百安坝三峡移民新城中心,原先是一所乡镇卫生院,1993 年前后被列为上海市对口支援重点项目后,黄浦区(包括原卢湾区)积极参与医院软硬件建设。2013年,该院已成为集医疗、康复、教学和社区卫生服务为一体的二级甲等综合医院,目前承担着三峡库区 10 万余移民和万州江南片区及周边地区近 200 万人的医疗急救、防病治病及对基层卫生院的业务指导任务。另一个是双河口街道的项目，双河口街道是万州区规模最大的三峡移民安置小区，是典型的城乡接合部，医疗卫生服务设施落后，当时辖区 7 万多人还没有一所二级医院。我们重点支持街道社区卫生服务中心建设，自 2013 年起，连续三年累计投入 700 万元，用于改善医疗设施环境、新建医疗科室以及提高诊疗技术。当地居民说，以前看病经常要费尽周折到主城区，现在家门口的医院技术提高了，看病方便多了。2016 年，中心就诊人次比改造前增长 48%，诊疗次均费用减少 8%，住院次均费用下降 13%。这一援建模式，得到国务院三峡办和上海市领导的高度肯定，该中心成为国务院三峡办指定的小区帮扶示范点。

黄浦区援建的双河口街道社区卫生服务中心

在教育支援方面,也有很多亮点。万州上海中学,原来是万州第五中学,既是三峡工程二期水位全淹学校,又是万州公认的最为薄弱的以初中为主的完中。2009 年,上海市实验性示范性学校卢湾高级中学与该校"联姻",开展点对点帮扶共建。两校约定,万州上海中学每年派两批教师赴卢湾高级中学培训学习,卢湾高级中学每年派专家组到万州上海中学示范指导。卢湾高级中学还不定期通过名师录像课、互联网远程课程等方式,保持与对方的密切交流。短短十年间,该校实现了从一所薄弱学校到万州区级重点学校、再到重庆市级重点学校的跨越式发展。2016 年,学校高考和中考等各项指标再次创造历史最好成绩。大家觉得,学校不仅教学质量突飞猛进,更重要的是吸收借鉴了上海现代化国际大都市先进的教育和管理理念,启发了学生的心灵和思想,对孩子未来的成长成才影响深远。近年来,双方在教育领域的合作又结出了许多新的成果。万州高级中学与上海市大同中学、万州清泉中学与卢湾高级中学、万州新田中学与上海市第

卢湾高级中学专家组赴万州讲学

八中学都建立了合作共建关系。特别是新田中学，在各方面的支持下，办学规模逐年壮大，教学质量不断提高，从一所农村普通中学，一步步发展成重庆市重点中学，近年来为全国各类高校培养输送了万余名合格新生，其中不少优秀学子被清华大学、浙江大学、上海财经大学等著名高等学府录取。孩子的教育是家庭的头等大事，是最重要的民生工程、民心工程，对库区群众来讲更是如此。通过对口支援，既让黄浦的优质资源发挥了更大作用，又带动了万州教育事业的发展。看到共建学校蓬勃向上的发展势头，我们感到由衷的欣慰，也坚定了进一步深化交流合作的信心和决心。

坚持"输血"和"造血"相结合

这些年的对口支援工作，我们有一个深刻的体会，就是一定要找准路子、构建好的体制机制，在精准施策上出实招、在精准推进上下实功、在精准落地上见实效。当前，对口支援库区的工作重心已从帮助搬迁安置转到帮助安稳致富上，相应地，对口支援的理念和方法也需要不断创新，从过去侧重物质帮扶的"输血"转到"输血"与"造血"相结合、更加注重"造血"机制建设。2014 年，《全国对口支援三峡库区合作规划（2014—2020 年）》发布，提出了支持库区特色优势产业发展、基本公共服务能力建设、就业培训和就业服务、生态环境保护和治理等方面的重点任务，核心是提升库区自我发展能力。为此，我们按照市委、市政府的统一部署，重点在产业扶持和人才支持方面下功夫。

移民安稳致富，产业发展至关重要。在移民迁建过程中，库区原有的工矿企业大量被关停。三峡移民就业基地是为了重建库区产业体系、带动移民就业的重点项目，我们每年拿出资金支持基地建设，先后修建了 23 万平方米的标准厂房，帮助他们筑巢引凤。目前，该基地年销售额超过 80 亿元，每年贡献地方财政收入近 3 亿元，提供就业岗位 1 万多个。同时，我们从黄浦与万州经济社会发展

实际出发,引导万州需要的企业到万州发展。2014 年,我们动员优质区属企业、全国珠宝首饰行业龙头企业上海老凤祥有限公司进入万州,并于次年将公司西南地区总部设在万州,现在已布局了 50 余家网点,带动了上下游产业发展和当地群众就业。目前,我们正积极与万州沟通,努力发挥黄浦旅游在市场、资源、信息和渠道等方面的优势,促进万州旅游业提升发展。

移民安稳致富,人才资源是重要保障。近年来,我们采取多种渠道和形式,累计为万州培训党政干部、教师、医师、社区管理人员等 2855 人次,每年选派教育卫生系统多名专家到万州讲学、巡诊,选派 6 批 12 名优秀青年干部到万州挂职。比如,黄浦和万州的卫生监督所和疾控中心、黄浦香山医院与万州中西医结合医院结对,每年组织由骨科、内科、外科、眼科、妇产科、中医伤科等科室专家组成的医疗专家组,赴万州开展健康体检、医疗救助、健康档案、学术讲座等,通过面对面的培训交流,提高万州医务人员的专业水平。又比如,我们把与万州的对口支援工作细化落实到各街道,通过街道与街镇的合作共建,让双方更深入地交流在创新社会治理、加强基层建设等方面的经验做法,相互学习、取长补短,共同提高社区治理能力。万州学子是未来建设万州的中坚力量,我们特别关注当地贫困学生的教育问题。2006 年起,我们每年都积极参与万州区"爱心助学圆梦行动",2013 年后还发动区属企业每年捐资 100 万元设立专项资金。截至 2016 年,已资助了 2036 名万州籍贫困移民家庭子女圆了大学梦。近期,我们还进一步完善了爱心助学的相关制度,确保这项工作长效常态化开展。

从直接"输血"到帮助"造血",还有很长的路要走。我们正在积极研究制定对口支援的目标任务考核机制和绩效评估办法,让支援项目的效益真正看得见、当地群众感受得到。

是对口支援，更是合作共赢

"一次万州行，一生万州情"，这是黄浦很多挂职万州干部写在日记中的心声。万州四面环山，空气扩散条件比较差，到了夏天就异常湿热，如同火炉一般。同时，万州多崎岖的山路，一些边远山区的交通条件很差。在这样的地理气候条件下，我们的援万干部们依然坚持每年下基层时间不少于三分之一，顶着烈日、冒着酷暑、翻山越岭、深入一线，通过"听、看、问、推"等方法，了解群众生产生活的实际需求，跟踪协调保障支援项目落地见效，动足脑筋、想方设法为当地群众排忧解难、增收致富。这些年来，援万的干部们一棒棒接力，延续着黄浦对万州的真情，许多援万干部跟我讲，在万州挂职的几年虽然辛苦，也付出了很多，但是从当地干部群众身上学到的更多，这段经历将终生难忘！

确实如此，无论是去万州考察援建项目，还是万州的干部到黄浦学习交流，我们都能深刻地感受到当地干部群众骨子里的那股精气神。当年，国家建设三峡工程，库区人民无私奉献，毅然"舍小家、顾大家、为国家"，一部分移民离开肥沃的土地，把新家建在瘠薄的山地上，更有百万移民离乡背土，揖别祖祖辈辈居住的故园，远赴举目无亲的异乡，重新安家立业。近年来，我们目睹万州日新月异的变化，经济社会稳步发展，民生得到持续改善，移民"稳得住、逐步能致富"的目标，正在一步步实现，这离不开全国各地的有力支援，更离不开当地干部群众的自身努力和艰苦奋斗。万州干部群众身上集聚了太多优秀的品质，无论是国家意识、大局观念、奉献精神，还是创业精神、拼搏作风、克难勇气，都是当前黄浦建设世界最具影响力的国际大都市中心城区、努力打造"四个标杆"、实现"四个前列"所需要的精气神。我想，这是我们这些年对口支援万州收获的最宝贵的精神财富。

中央提出，新形势下对口支援三峡库区，要坚持"优势互补、互惠互利、长期

合作、共同发展"的思路,积极探索建立新型区域合作关系。这一点我们感受很深,我们的优质教育医疗资源支援万州,不仅丰富了医疗教学的经验,而且提升了影响力和美誉度;我们的优质企业支援万州,在带去资金、技术和品牌的同时,也开拓了潜力巨大的西部市场,提升了企业知名度;我们的优秀青年干部支援万州,不仅在艰苦的环境中磨炼了意志品格,更重要的是强化了宗旨意识,提高了群众工作能力。"互动发展、合作共赢"是我们这些年开展对口支援工作的一条重要经验,也将是今后始终遵循的一项重要原则。

2016年,习近平总书记在银川召开的东西部扶贫协作座谈会上指出,东西部扶贫协作和对口支援,是推动区域协调发展、协同发展、共同发展的大战略,是加强区域合作、优化产业布局、拓展对内对外开放新空间的大布局,是实现先富帮后富、最终实现共同富裕目标的大举措。这在世界上只有我们党和国家能够做到,充分彰显了我们的政治优势和制度优势,东西部扶贫协作和对口支援必须长期坚持下去。时任市委书记韩正要求,始终服务于"十三五"时期国家全面建成小康社会、打赢脱贫攻坚战的大局,以当好排头兵、先行者的担当责任,努力在对口支援与合作交流工作上继续走在前列。我们感到,全力支援三峡库区移民工作是上海服务长三角、服务长江流域、服务全国工作的重要内容,帮助万州移民安稳致富是黄浦义不容辞的责任。同时,加强与万州的合作,也是黄浦把握国家"一带一路"建设和长江经济带发展机遇的重要举措。我们一定会深刻领会总书记的讲话精神,按照市委、市政府的部署要求,进一步增强政治意识、大局意识和责任意识,像谋划黄浦发展那样帮助谋划万州发展,用心做好每一项援助项目,用情帮助万州群众实现小康致富,促进两地合作交流结出更加丰硕的成果,努力把对口支援工作提升到一个新台阶。

安路生，1965 年 11 月生。2013 年 4 月至 2015 年 11 月，先后担任闸北区委副书记、副区长、代区长、区政府党组书记、区长、区委书记等职。现任中共静安区委书记。

"用心、用情、用力"
做好对口支援三峡工作

口述：安路生

整理：张梁峰　邓瑛钧

时间：2017 年 7 月 26 日

　　对口支援三峡工作是国家战略,湖北省宜昌市夷陵区是三峡工程的坝区、库区、核心区,与夷陵开展对口支援是国家和上海赋予静安的使命和责任。自1992 年党中央、国务院号召全国对口支援三峡库区以来,静安区按照国务院《关于开展对三峡工程库区移民工作对口支援的通知》要求,根据市委、市政府的统一部署,坚持把对口支援夷陵作为一项重点工作放在全区工作的重要位置抓紧、抓好、抓实。二十五年来,静安区累计援助夷陵资金 2.56 亿元、项目 169 个,有力促进了夷陵区经济社会发展。对静安来说,对口支援夷陵首先是国家和上海交办的一项光荣的政治任务,是我们义不容辞的责任。为了三峡工程建设,坝区、库区有大量群众离开了世代生活的家园,作出了很大牺牲,夷陵则承担了工程建设、移民安置等工作的巨大压力。上海是先发展起来的地区,又是三峡工程的直接受益地区,静安作为上海的中心城区,理所应当尽自己最大的努力支持三峡工程建设,不遗余力地帮助安置三峡移民和推动夷陵发展。同时,我们也认识到,夷陵不同于老少边穷地区,所以,静安与夷陵不是简单的支援方和受援方的关系,不是单纯的输入和输出,而是支援式的合作,双方资源共享、优势互补、合作共赢,共同担负起对口支援三峡的光荣任务和国家使命。

用更大力气改善当地民生

改善和保障民生,是对口支援夷陵的出发点和落脚点。对口支援夷陵,首先必须安置好移民,解决好移民群众最关心、最直接、最现实的利益问题。移民安稳了,做好对口支援三峡工作就有了基础和保证。静安始终立足于国计民生,认真听取、充分尊重当地意见,大力实施教育、卫生、文化等民生项目援建,着力提高当地的生活质量和水平,努力让夷陵群众可以共享改革发展的成果。我们主要实施了"五大工程":一是"希望工程",捐资 1000 多万元,援建黄花乡静安小学、三斗坪园艺希望小学、太平溪九四中学、区委党校等 12 所教育机构,改善了教学条件,提高了学校教学质量。二是"健康工程",捐资 1000万元,援建妇幼保健院、三斗坪卫生院、乐天溪卫生院等卫生医疗服务机构,改善了患者群众就医条件。其中,夷陵妇幼保健院是静安重点支援项目之一。十多年前,它还是一所设施简陋、人才匮乏的小医院。在静安的大力援助下,夷陵妇幼保健院相继实施了业务楼改建、医用仪器设备更新改造和妇保中心、儿保中心建设,添置了进口先进诊疗设备 30 多台,医院诊疗环境大大改善。同时,静安持续不断帮助妇幼保健院加强队伍建设,开展人才培训、业务交流,培养了一大批医疗业务骨干,有效提升了医疗服务能力。目前,夷陵妇幼保健院已经建成经湖北省卫生厅评定的"二级优秀妇幼保健院",医院的软硬件都达到一流水平,先后荣获包括"中国县市级优秀妇幼保健院"在内的多项国家

级和省级荣誉,成为当地一块响当当的牌子。随着名气的增长,加上夷陵近年来的快速发展,妇幼保健院的业务量大大增加,医院床位明显不够用。2016年,在上海的援助下,夷陵又正式开工建设新的夷陵妇女儿童医院。该项目按照全国先进、全省标杆专业妇幼保健医疗机构设计,总建筑面积8.2万平方米、床位500张,预计2019年投入使用,是夷陵区投资规模最大、面积最大的卫生项目,也是社会资本参与民生事业建设,首个采用PPP模式兴建的项目。建成后,该医院将为宜昌市乃至川东鄂西的广大妇女儿童提供专业化、人性化、特色化的医疗保健服务,对于带动城市发展、完善城市功能,推动夷陵区社会事业的不断改善和提升具有重大意义。三是"福星工程",兴建了区社会福利院老年宿舍楼,改善了老年人居住条件,提高了福利院供养水平。四是"菜篮子工程",捐资852万元,兴建了罗河路中心菜市场,方便了城区居民的日常生活,解决了移民卖菜难的问题。五是"安全饮水工程",捐资400万元新建了龙泉镇水厂,解决了集镇群众饮水困难问题。

上海援建的乐天溪初级中学

着力提升当地产业发展能力

夷陵自然资源富集,享有"矿产之乡""中国奇石之乡""石头王国"等美誉;生态环境优美,旅游资源丰富,被评为"湖北旅游强县(区)",辖区内建成对外开放景区景点 17 处,其中 5A 级景区 2 个;文化底蕴深厚,是巴楚文化发祥地之一,"宜昌丝竹""宜昌版画""下堡坪民间故事""峡江号子"等被列入国家非物质文化遗产名录;产业特色鲜明,被认定为国家现代化农业示范区,柑橘、茶叶、畜牧三大优势农业综合实力全省领先。总的来说,夷陵人杰地灵,发展空间、发展潜力都非常大。多年来,我们坚持"输血"与"造血"并举、近期成效与长远发展并重的理念,多途径帮助夷陵开发特色资源、发展壮大特色产业、培育经济增长的内生动力。一方面,我们加强项目援建、资金援助。先后无偿援助资金 770 万元,帮助三斗坪镇秋千坪村复垦土地 643 亩,帮助太平溪镇许家冲村复垦土地 375 亩、龙潭坪村复垦土地 85.5 亩,发展柑橘 2 万亩、茶叶 360 亩、食用菌 2 万平方米,使坝区 200 多户移民直接受益。同时,投入 300 多万元,推动太平溪镇生态茶园建设、茶树良种穴盘繁育基地建设,还投入 200 万元推动乐天溪镇王家坪村发展奇石产业,拉动了当地的经济发展。另一方面,我们更加注重提升夷陵自身造血功能。多次组织专家深入夷陵进行实地考察、调查研究,为夷陵的新一轮发展出谋划策。先后援助 2000 多万元帮助建设乐天溪生态移民工业园和太平溪镇产业园标准化厂房。其中,乐天溪生态移民工业园已入驻企业 13 家,投产企业 8 家,提供就业岗位 2500 多个,就业 1200 多人,其中大部分都是附近乡镇的移民。如今,这些园区正逐步成为移民的安稳致富点。此外,我们还帮助太平溪镇移民谢蓉创办公司,带动坝区移民妇女 300 多人就业,成为移民创业的典型。谢蓉原来在 2013 年成立了一个专业合作社,想把当地移民生产的手工花绣产品卖出去,但因是初次创业,经验不足,尤其缺乏市场推广意识。我们援三峡

干部知道这件事后,便有针对性地联系上海的社会组织到村里调研,指导帮助他们成立旅游合作社、培训社员,又注册了"峡江绣女""三峡·艾"等商标,开发了10多种工艺产品。不到两年,合作社便在宜昌旅游大赛中获得银奖。同时,我们还注重发挥静安作为上海市中心城区的区位和市场优势,为夷陵来沪推介产品、设立贸易基地乃至开拓国际市场提供便利,全力帮助夷陵企业搭上"长江经济带"发展快车。

强化人才培训与交流

人才聚,事业兴。夷陵的发展需要资金、需要项目,更需要人才。我们把培训工作作为对口支援夷陵的一项基础性工作常抓不懈,紧紧围绕夷陵的发展需要,认真分析所需人才的结构、素质和数量,通过"请过来""走过去",加大人才培训力度,将上海、静安先进的管理理念、发展模式、科技成果、实践经验等转化为推进夷陵经济社会发展的内生动力。包括前面提到的,帮助夷陵妇幼保健院选送医务人员赴上海进修学习、培养医疗业务骨干。又比如,通过静安区社会组织联合会和上海乐创益公平贸易发展中心,开展坝区移民创业带头人创业培训,深受好评。同时,我们加强干部培训和交流,为夷陵开设"菜单式"培训班,先后举办各类培训班50多期,分层分类组织干部到上海参加培训,邀请专家讲师团赴夷陵授课,累计培训2500多人次,有效地拓宽了当地干部的视野,提升了整体素质。最近,静安举办了夷陵区党政办公室主任培训班,安排来自夷陵区各单位的50名学员到上海参加了为期15天的培训。我们围绕办公室工作、生态文明建设、党性修养等多个专题,采取理论辅导与务实讲解相结合、课堂教育与户外参观相结合等方式,聘请多位知名专家教授为学员授课。其间,我们安排了机关公文写作、突发事件防范和处置等一些较为专业的课程,还组织了临汾街道社区事务受理中心、社区文化活动中心、静安苏河湾变迁等现场教学和上海航运中心建设、崇明生态经济建设等地区的参观考察,以及淞沪抗战纪念馆、国歌展示馆、四行仓库等爱国主义历史教育基地的参观学习。学员们都表示,通过这次学习,进一步开阔了视野、拓展了思路,提升了理论水平和工作能力。此外,静安先后派出13名优秀年轻干部到夷陵区挂职,直接参与夷陵经济社会建设,在与夷陵干部的同甘共苦中,增进了两区之间的友谊。这些干部在艰苦的工作中得到了锻炼,返回静安后,都成了静安发展的骨干力量。比如,曾到夷陵挂职担任区委副书记的李永波同志,返回静安后先后担任了区委宣传部副部长、宝山路街道办事处主任等重要职务。今年,他又积极参与援疆,目前担任上海援疆前指巴楚分指挥部指挥长、巴楚县委副书记,继续为对口支援事业奉献自己的青春和汗水。可以说,夷陵已经成为我们年轻优秀干部成长锻炼的一个重要基地。

推动合作交流持续深化

二十五年来,静安和夷陵携手共进,不断加强两地间的党政交流、企业交流、民间交流,每年组织互访、开展各类活动,始终保持密切沟通。我们在中央的新要求下,更大范围地加强动员、更大范围地扩大知情,采取多种方式动员、鼓励、引导各方力量广泛参与,努力让更多的人一起来关注、参与对口支援夷陵。在两地区级党政互访交流不断深化的基础上,我们先后组织区机关党工委、区卫计委、区科委、区商务委、区旅游局、区投资办、区民政局、区规土局、区工商联、区残联等10个部门、5个街道与夷陵的10个对口部门、5个街镇结为"友好单位",建立了良好的对口协作机制,实施了一批具有部门特色的对口协作项目,进一步深化了两地间的合作。比如,区卫计委从人员培训、资金帮扶等方面给予夷陵大力支持,除了协调安排华山医院、市儿童医院、市第一妇婴保健院等进修学习单位外,还建立专项资金为学员在上海进修期间提供学习生活上的便利,并多次组织专家团赴夷陵开展教学查房、巡回义诊、专题讲座等活动,让夷陵群众在家门口

就能享受到高端的医疗卫生服务。又比如,曹家渡街道和夷陵小溪塔街道结对后,加强了交流互访。街道党工委书记多次带队赴夷陵帮助小溪塔培训社区干部,交流学习街道工作经验,并组织辖区企业和商会代表赴小溪塔街道考察调研。每年安排小溪塔街道一批机关干部、社区干部到上海进行跟班培训,直接进驻曹家渡街道的各个社区、参加社区工作,在实践中学习提高。此外,曹家渡街道还在平湖社区居委会办公楼、营盘社区群众文化服务中心等项目上给予小溪塔街道大力支持,援助资金3000多万元。接下来,我们还要继续推进更多部门、更多街镇开展结对帮扶。同时,我们依托对口支援和扶贫协作平台,积极组织、引导和鼓励辖区企业到夷陵考察洽谈,推动两地企业在资源开发、高新技术、商贸物流、文化旅游等产业领域加强合作。如,借助全国对口支援三峡坝区经贸洽

2017年1月,静安区领导会见宜昌市夷陵区党政代表团

谈会、中国三峡茶文化艺术节等活动平台，积极组织和引导辖区企业参会参展，赴夷陵考察、洽谈项目，取得了较好的效益。仅 2016 年，就有晶科电力、中融投资等多家企业与夷陵签订了合作协议。今后，我们还要进一步用好社会资源，动员更多社会力量共同参与夷陵区的对口支援和合作交流工作。

两地友谊源远流长

在多年的对口支援和合作交流中，静安和夷陵结下了深厚的友谊。夷陵在大力支持静安把对口支援项目实施好的同时，积极拿出当地丰富的历史文化、旅游资源和各类农特产品等回馈上海、回馈静安。近年来，夷陵通过上海旅游节静安金秋都市游、上海国际茶文化节等平台，组织开展了夷陵文化、旅游、农特产品"三进"静安等系列活动，用展览、文艺节目、宣传推介、专题片等方式，帮助我们走近夷陵、了解夷陵，和我们一起分享夷陵悠久的历史文化、秀丽的自然景观和丰富优质的农副产品。我们帮助夷陵等对口支援地区在辖区内菜市场设置了农特产品展销中心，市民可以很方便地买到来自夷陵的柑橘、茶叶、生态黑猪、生态土鸡、有机蔬菜等农副产品。在 2017 年举办的第 24 届上海国际茶文化旅游节上，夷陵区布置了特展馆，开展了以"大山深处的问候"为主题的夷陵原生态优质农特产品集中推介会，同时还在我们南京西路街道的吴江路步行街布置展位进行展示展销。夷陵区参展企业带来的峡江特色茶叶、夷陵红柑橘、三峡野渔等百余种农特产品，迅速吸引了众多市民的目光，近 2 万名上海市民竞相品尝选购，现场产品销售一空，三天农特产品销售超过 30 万元，带动网上电商、商超等渠道销售农特产品过千万元。绿色生态、品质优良的夷陵农特产品不仅赢得上海市民的青睐，也受到上海企业的关注。在展览会上，上海企业与来自夷陵的企业，签订了柑橘、茶叶、蔬菜、粮油等农产品的购销协议，协议总金额达 12 亿元。龙峡茶业和福康生茶业选送的茶叶参加上海茶业·茶乡旅游博览会"中国名优

茶"评选,获得金奖称号。借助 2017 年上海国际茶文化旅游节的机会,夷陵区歌舞团分别在上海茶文化旅游节开幕式、静安区青少年活动中心和静安区临汾社区文化活动中心举办了"牵手三峡二十五载,感恩上海"为主题的夷陵"三进静安"三场巡演,夷陵区的文艺表演者为我们奉上了一台具有峡江特色的文艺节目,1500 多名静安市民观看了巡回演出,从中感受到了 50 多万夷陵人民对上海、对静安的深情厚谊。再比如,最近几年,我们合作开展了"上海孩子看三峡"和"三峡孩子看上海"夏令营活动,通过组织沪夷两地的优秀青少年代表分别赴夷陵、上海参观学习,搭建起两地青少年互动交流的平台,促进两地青少年互相关心帮助、共同成长,进一步巩固两地传统友谊。特别值得一提的是,六年前静安发生特大火灾事故后,夷陵区委、区政府第一时间组织开展了募捐活动,时任夷陵区长刘洪福同志专门赶赴上海,为静安以及受灾居民送来了夷陵 50 多万人民的关心和慰问,这让我们非常感动。

在各方努力下,目前夷陵区经济社会发展一直位居湖北省前列,并已连续多年被评为"全省县域经济发展先进县(市、区)"。接下来,我们将继续以高度的责任感,不断加大对口支援的力度、不断充实对口支援的内涵、不断扩展对口支援的外延、不断提高对口支援的层次,在新的起点上,推动对口支援夷陵工作再上新台阶,切实完成好国家交办的重大政治任务。我们相信,通过大家的共同努力,夷陵的明天一定会更好。

白文农,1959 年 11 月生。2005 年 1 月起,先后担任重庆市万州区副区长,万州区委常委、常务副区长,万州区委副书记,万州区人大常委会主任等职。现任重庆市万州区委副书记、区长,万州经开区党工委书记、管委会主任。

铭记过往　共谋发展

口述：白文农

整理：刘　欢　白璇煜

时间：2016 年 11 月 25 日

三峡工程举世瞩目,百万移民世界难题。一直有个说法:"库区移民看重庆,重庆移民看万州。"对我们而言,万州地处三峡库区腹心,是重庆移民任务最重的区县,共搬迁安置移民 26.3 万人,占三峡库区搬迁安置移民总数的五分之一,占全市的四分之一。

在党中央、国务院的号召下,上海市等 6 省市积极响应,二十多年来一直倾力倾情对口支援万州,广大移民群众舍小家、为国家,广大干部夜以继日、克难攻坚,圆满完成了移民搬迁安置任务,并顺利实施三峡后续工作,基本实现了"搬得出、安得稳、逐步能致富"的目标。

上海支援成果丰硕

1992 年开始,上海市委、市政府落实中央部署,对口支援万州。上海市各级各界、广大人民心系移民、倾情万州,广泛参与。特别是各级领导多次深入万州,亲自推动,做到了善始善终、善作善成,取得了对口支援的丰硕成果。

截至 2016 年 10 月,上海累计援助万州各类项目 657 个,到位各类资金 17.67 亿元,其中无偿援助资金 5.24 亿元,有力促进了万州经济社会发展和移民安稳致富。我总结下来,上海对口支援的成果可以概括为这几个方面:

首先,促进了外迁移民安稳致富。在移民搬迁过程中,上海接纳万州外迁移民 2010 人,得到了当地党委、政府的特殊照顾和倾情帮助,精心选择方便移民出行、就医、入学的安置点,修建安置房,落实"致富田",并针对移民开展技能培训、就业服务,解决生产生活中的困难问题,为广大移民提供了便利的生产生活条件,使他们在第二故乡安居乐业,真正成了"上海人"。目前,外迁上海的万州移民基本都实现了安稳致富,所有移民无一人返流。

其次,大力支持万州各类产业发展。二十多年来,上海累计支持万州经开区无偿援助资金 1.37 亿元,援建三峡移民就业基地,建成标准厂房 23 万平方米,先后引进法国施耐德、新加坡肯发科技、重庆长安跨越等一批科技含量高、就业容量大、抗风险能力强的知名品牌和行业领军企业入驻。目前,该基地年销售额超 80 亿元,每年贡献地方财政收入近 3 亿元,提供就业岗位 1 万多个。大力援建龙驹镇茶叶基地、白羊镇柠檬基地、长岭镇中药材种植基地以及太龙镇和黄柏乡古红橘、甘宁镇现代农业园等农业开发项目,积极推动了万州现代农业发展。

还有一点要特别强调,上海对口支援工作还着力助推万州脱贫攻坚。上海市大力援建我区贫困村基础设施建设,先后在长岭镇龙立村、板桥村,燕山乡长柏村,黄柏乡三坪村,武陵镇下中村等地实施居民点改造、特色产业基地建设、公共服务设施建设等项目,受援村基础设施条件变好,主导产业规模扩大,农村面貌明显改善,农民家庭收入稳步增加。特别是在万州 2015 年脱贫攻坚工作中,上海市提前安排 2016 年度对口支援资金 2100 万元,用于 4 个镇 10 个村的道路建设,惠及贫困人口 2889 人,有力助推了脱贫攻坚年度任务的顺利完成。

上海对口支援是全方位的,除了经济建设方面提供大力援助之外,还积极促进了万州各项社会事业发展。上海大力支持万州教育事业发展,累计支援项目148个,投入资金2.8亿元,捐赠价值5600万元设施设备,惠及中小学校17所、移民子女18万人。上海7家学校与万州签订帮扶协议,帮助培训校长、教师3680人次(含在万州培训人数)。积极推进两地中职教育联合办学,招收万州学生到上海就读中职学校,吸收近5000名万州中职毕业生在上海就业。扎实开展爱心助学圆梦行动,每年安排专项资金,并积极发动企业捐资参与,累计资助2036名贫困移民家庭子女圆了大学梦。上海3家医疗卫生机构与万州建立合作共建关系,在他们的大力支持下,区第五人民医院(上海医院)成功创建二级甲等综合医院,区人民医院加快创建三级甲等综合医院,武陵镇、燕山乡卫生院和50个行政村卫生室完成了标准化建设。

上海对口支援工作非常务实,近年来在小区帮扶上效果明显。从2014年起,累计安排资金3229万元,帮助武陵镇、燕山乡、黄柏乡、百安坝街道、双河口街道移民安置小区完善基础设施、公共服务配套,移民安置小区居住环境有效改善,移民的获得感、幸福感明显增强。

上海对万州的无私援助,针对性强、受益面广、效果很好,为万州圆满完成移民搬迁任务、促进移民安稳致富、加快经济社会发展注入了强大动力,作出了重大贡献,我们铭记于心、感恩于心;尤其是一批以上海命名的基础设施,比如五桥片区的城市主干道上海大道、上海医院、上海中学等,必将深深镌刻在万州发展的历史上,永远铭记在万州人民的心中。借此机会,受重庆市委常委、万州区委书记王显刚委托,我代表万州区委、区人大、区政府、区政协以及全区175万人民,对上海市各级领导、各界人士长期以来给予万州的关心支持,表示衷心的感谢!

上海援建的重庆市万州新田中学

深度支援助推发展

　　上海市选派到万州挂职的干部都是思想过硬、业务拔尖的优秀人才,历届挂职干部像严明、康永利、严冬、姚惠敏、谭月楠、郭锐、何利民、郜鹏、陈兴祥、张建敏等同志,讲政治、顾大局、守纪律、重实干,经常深入乡镇街道、项目建设一线调研、指导对口支援工作,给我们留下了深刻印象。比如,陈兴祥(挂职万州区委办副主任)、张建敏(挂职万州区移民局局长助理)两位同志,利用自己在上海的人脉资源和工作优势,大力争取黄浦区合作交流办、黄浦区卫生计生委的帮助和支持,连续两年争取计划外培训项目,免费为万州培训基层医疗卫生人员5批

61人次;通过他们的牵线搭桥,上海市瑞金医院卢湾分院为万州基层卫生院捐赠病床100张;帮助引进上海崇明岛的黄金瓜,已在甘宁镇现代农业示范园种植成功,正在向全区逐步推广;两位同志还自己拿出2万余元,到万州麻风病人隔离点和武陵镇敬老院开展慰问;他们的优良作风和先进事迹在对口支援干部中发挥了表率作用,为万州广大干部树立了榜样。

二十多年来,上海对万州的对口支援,不单是经济支持、项目支援,更有智力援助。通过采取多层次、多形式的人力资源培训,累计为万州培训党政干部、技术人员、基层干部等4150人次,23名党政干部到上海挂职锻炼,收获颇丰。

通过干部到上海挂职锻炼,开拓了干部视野。万州干部借助学习培训和挂职锻炼这个平台,学到了上海一流的城市规划建设管理水平、大胆创新的改革发展模式、先进的生产管理技术,尤其是增强了万州干部的竞争意识、创业精神、奋斗精神、实干精神,成为万州各级干部学习的榜样。

一些挂职干部回来后,深刻地感到找准了上海、万州两地的发展差距。上海先进的经济发展理念、园区建设管理理念、社会管理理念、办学办医理念,尤其是一些敢为人先的改革、务实创新的举措,使我们的干部深深感受到与发达地区在思想观念上的差距,为万州改革发展提供了思路和借鉴。

此外,组织干部到上海学习培训和挂职锻炼,为万州培养了一批优秀年轻干部,带回了宝贵经验和先进技术。我们的同志学习、挂职归来后,都能将学到的新知识、新理念、新经验,有机融入自身的工作中,迅速成为本行业、本领域的骨干,为推动万州加快生态涵养发展作出了新的贡献。

多年来,上海市一直把万州作为对口支援的重点地区,两地紧密合作,共同推动对口支援工作不断迈上新的台阶,积累了丰富经验,创造了对口支援三峡库区的"上海模式",得到国务院三峡办和受援省市的一致肯定。

在经济发展上,坚持"输血"与"造血"并举。上海市充分发挥产业发展优势,结合万州实际情况,坚持无偿援助与经贸合作相结合,既无偿捐赠资金输血,又帮助引进项目造血,助力万州有序承接东部发达地区的产业转移。上海还专门设立了专项补助资金,鼓励上海企业家来万投资兴业,多次组织上海工商界人士来万州考察,先后协调上海汇丽建材、华伦精细化工、财衡纺织、上海老凤祥等合作项目落户万州。同时,积极帮助万州在上海举办招商推介活动,并帮助引导万州优质农产品进入上海市场。

在社会事业上,坚持"扶智"与"扶技"并用。上海市立足先进的理念和技术,从帮助解决移民群众最关心、最直接、最现实的问题入手,既传授教育、卫生事业发展的先进理念,每年选派一批教育系统、卫生系统的资深专家学者来万州现场指导、讲学、巡诊;又着力解决万州社会事业发展中,人才技术缺乏、设施设备落后等问题,加强人员培训、骨干培养;让万州群众直接受益、长期受益。比如,助力一批学校上档升级,万州职教中心由普通中职学校升格为重庆安全技术职业学院,万州上海中学和新田中学成功创建重庆市级重点中学,万州上海飞士幼儿园发展成为重庆市级示范幼儿园。再如,在上海市连续多年的支持下,累计援助双河口街道社区卫生服务中心700万元,用于改善医疗设施、诊疗技术、就医环境,极大方便了辖区居民就近就地就医;2015年该中心就诊人次比改造前增长48%,诊疗次均费用减少8%,住院次均费用下降13%。

在交流机制上,坚持"常态"与"创新"并行。上海市每年派党政代表团亲临万州指导督促对口支援工作,常态加强交流,增进友谊,送项目、送资金,保持了对口支援的力度和强度;特别是国家新一轮对口支援工作启动后,创新建立了"沪万夷"三地对口支援工作联席会议制度,探讨新形势下对口支援交流合作的新思路、新方法,商定对口支援交流合作的重点,与时俱进推动对口支援工作。比如,近年来开展的移民小区帮扶,给予的脱贫攻坚支持,极大改善了移民群众、贫困群众的生产生活。

2015 年 3 月，白文农（后排左四）参加在万州举行的沪万夷对口支援工作第八次联席会议

继续支持共谋发展

作为对口支援的受援一方，二十多年来，万州各级各界都全力支持上海的对口支援工作，以万州的持续向好发展为中心，尽最大努力为对口支援工作提供各方面的便利，我总结了以下几点：

立足援建项目，全力抓好协调服务。上海对万州的支持弥足珍贵，我们十分珍惜。对援建的项目和帮助引进的企业，我们组织落实专门队伍，加强跟踪对接，确保项目落地；在项目实施过程中，加强协调服务，全力做好各项保障工作，既保障项目进度，又保障项目资金安全、施工安全、质量可靠，促进引进的企业正常生产、达产达效，确保对口支援资金和项目发挥出最大经济效益、社会效益。

突出干部特点，发挥自身最大优势。1995 年以来，上海先后选派 21 名优秀青年干部到万州挂职,为万州发展提供了宝贵的智力支持,搭建起了万州与上海联系交流的桥梁。对来万挂职干部,我们根据其工作经历和自身特点,安排在经济社会发展和移民工作的重要部门,进入部门班子,参与议事决策;在工作中尤其注重征求挂职干部的意见建议,充分发挥其智慧才干,利用其先进经验,助推万州经济社会发展。

做好服务保障,尽力营造良好环境。一直以来,我们各级政府都尽力积极做好来万挂职干部的服务保障工作,在吃、住、行方面提供必要保障,让挂职干部更好适应万州、融入万州,安心工作。

在新时期、新阶段,库区发展、万州发展备受关注。我们万州仍处于欠发达阶段、属于欠发达地区,改革发展稳定任务艰巨而繁重。尤其在新常态下,积极践行好"五位一体"总体布局、"四个全面"战略布局、"五大发展"理念,深入实施好全市五大功能区域战略,切实抓好面上保护、点上开发,实现好万州"十三五"发展"1+5"目标("1"即1个总目标,在渝东北地区率先全面建成小康社会;"5"即5个建成,建成长江上游重要临港经济产业基地、建成长江上游滨水宜居旅游城市、建成长江上游区域性综合交通枢纽、建成渝东北地区科教文卫高地、建成三峡库区生态安全重要屏障),既要靠全区干部群众抢抓机遇、自力更生、负重拼搏,也需要上海市等对口支援省市一如既往的关心、支持与帮助。

一是诚望上海继续做深化经贸合作的推动者。恳请上海市充分运用政府引导机制和市场机制,鼓励对外投资企业将万州作为重要选择地,促成更多企业家来万州投资兴业;同时,积极帮助万州企业"走出去",拓展上海市场。

二是诚望上海继续做城镇移民小区的帮扶者。目前,万州有64个城镇移民小区,居住移民10万人,大部分移民小区基础设施建设相对滞后、配套功能不够完善,移民就业率、收入水平相对较低。恳请上海市进一步加大移民小区综合帮扶力度,改善居住环境、完善配套功能、扶持就业创业,加快移民安稳致富步伐。

三是诚望上海继续做脱贫攻坚成果的巩固者。按照重庆市委、市政府统一部署,万州将在2016年全面实现10.6万贫困人口、168个贫困村脱贫"摘帽",但要有效防止返贫任务艰巨、压力较大。愿上海继续援助万州农村基础设施、公共服务设施建设,帮助壮大特色产业发展,改善农村面貌,培养农村致富带头人,巩固脱贫攻坚取得的成果。

四是诚望上海继续做人才交流培训的支持者。干部互派交流是加强万州人才队伍建设的有效方式和重要途径。愿上海市充分利用自身优势,持续选派优秀干部和专业技术骨干人才到万州开展工作;支持万州选派机关干部、各类专业技术人员到上海挂职锻炼、学习培训,探索两地人才培养交流的长效机制。

我们相信,有上海各级领导一如既往的关心支持,有上海人民的持续无私援助,并通过全区人民的共同努力,上海对口支援万州一定会结出新的丰硕成果,万州经济社会发展一定能取得新业绩、迈上新台阶!

　　马旭明,1964 年 10 月生。2010 年 11 月至 2013 年 2 月,先后担任武汉市副市长,武汉市委常委,武汉东湖新技术开发区工委书记等职。现任湖北省宜昌市委副书记、宜昌市人民政府市长、党组书记。

难忘的上海考察学习之行

口述：马旭明

整理：夏家刚　白璇煜

时间：2017 年 3 月 1 日

　　在对口支援三峡库区移民工作中，宜昌市三峡库区夷陵区有缘与上海市结对，这是夷陵区之幸，也是宜昌市之幸。

　　近几年，我参加过两次国务院三峡办在宜组织的全国对口支援三峡库区经贸洽谈会，接待过对口支援省市党政代表团、企业家代表团来访，深切感受到对口是推动宜昌市三峡库区和全市经济社会发展的最直接的重大机遇之一。夷陵区和市三峡工委的同志经常跟我讲，上海市在对口支援工作中讲政治、讲大局、讲感情、讲合作、讲效益，累计援助夷陵区援建福利院、希望小学等公益项目 300 多个，投资 4 亿多元，协调引导均瑶、粤海纺织、爱登堡电梯、致盛集团等 14 家知名企业落户夷陵区，同时致力于人才培训、干部交流，用先进的理念和发展经验指导夷陵区的发展。近年来，上海市逐步与宜昌市开展全方位的交流合作，为推动宜昌市跨越发展发挥了深刻的影响力和带动力。

　　上海市是我国改革开放的排头兵，对口支援这座桥梁为我们到上海学习取经提供了便利。2014 年 10 月 8 日至 11 日，宜昌市委、市政府组成党政代表团，由省委常委、宜昌市委书记黄楚平和我率队赴上海学习上海自贸区的经验，考察知名企业。随行考察的有市委常委、市委秘书长马学军，副市长袁卫东、刘建新，市政协副主席伍卫星，宜昌高新区管委会主任杨美仁等。

这次上海之行给我留下了难忘的印象。

韩正亲切会见宜昌党政代表团

这次上海之行，特别令人感动的是，10 月 8 日下午，中央政治局委员、上海市委书记韩正，上海市委副书记、市长杨雄在百忙之中抽出时间会见了宜昌党政代表团。韩正同志亲切地对我们说，非常欢迎宜昌党政代表团，不管多忙，我们对口援建的三峡库区的同志来到上海还是要见见面的。韩正肯定湖北、宜昌在三峡工程建设中得到了很好的发展，并愉快地回忆起 2009 年随时任上海市委书记俞正声同志到三峡库区考察的情景，他印象很深的是三峡库区人民的纯朴、热情，宜昌市的城市建设和管理非常好，同时感慨援建过程中收获非常大。他表示，三峡工程是国家的重大工程，对口支援三峡库区是上海义不容辞的政治责任，是党中央交给上海的光荣任务，上海将进一步加强与三峡地区的合作交流，坚持不懈地做好新时期的对口支援工作，不折不扣地全面落实好中央交给的光荣任务。

韩正介绍了上海经济社会发展和中国上海自由贸易试验区建设情况。他说，自贸区的改革没有优惠政策，是以制度创新来促进政府和市场的关系，是政府的自我革命。自贸区是为国家而试，要在全国可复制、可推广。目前，自贸区的建设进展好于预期，已形成了一批可复制、可推广的成果。他表示，进一步推进自贸区的建设，责任重大、任务艰巨、难度很高，但中央的支持力度很大，大家充满了信心。

黄楚平对韩正同志、杨雄同志接见宜昌党政代表团非常感动,对上海市多年来对湖北、宜昌发展的关心和支持表示真诚感谢,并介绍了湖北、宜昌的经济社会发展情况。他说,宜昌的改革发展离不开上海的宝贵支持,二十多年对口支援的深情厚谊,宜昌人民心存感激、感恩。恳请上海市领导多到宜昌视察指导、传经送宝,期盼两地交流合作更加紧密,更多企业到宜昌投资兴业,实现互惠双赢。

原定半小时的见面,不知不觉过去了一个多小时。在上海市政府合作交流办主任林湘的提醒下,韩正同志才与我们依依话别,还特地嘱咐上海市相关部门尽最大努力为宜昌党政代表团考察学习提供良好服务。

上海企业家茶叙会

10月9日下午,宜昌市在上海东方明珠举行"上海企业家茶叙会",热忱邀请30余位上海知名企业家欢聚一堂,共叙友情、问计发展,共商合作、对接商机。全国工商联副主席、上海市政协副主席、上海市工商联主席王志雄出席茶叙会。

当日,宜昌新区推进办、市农业局、夷陵区、西陵区、猇亭区、宜昌华信交通建设投资有限公司分别与上海均瑶集团、上海蔬菜集团、上海长港物流集团、上海欧达机电集团、上海嘉兆控股有限公司、天奇集团、中建港务建设有限公司、上海东亚食品工业有限公司签约合作项目8个,总投资220余亿元。

茶叙会由我主持。上海光明集团总裁曹树民,上海均瑶集团总裁王均豪、副总裁尤永石,1号店董事长于刚,上海美特斯邦威董事长周成建,申通快递董事长陈德军,良友集团总裁董勤,飞科电器董事长李丏腾,益海嘉里中国区总裁牛余新,长江养老保险总经理李春平,上海罗氏制药有限公司董事、副总经理李晓东,中建港务建设有限公司总经理肖飞、常务副总经理姜呈家,上海蔬菜集团副总经理孙颂伟,上海欧达机电集团董事长陈广达,上海嘉兆控股有限公司副总裁梁金野,上海东亚食品工业有限公司副总经理郭林杰,天奇集团总经理杨雷,上海市宜昌商会筹备组组长、润隆集团董事长姚晓月等上海知名企业家应邀出席茶叙会,并在友好、融洽的氛围中,与宜昌市领导进行深入交流,纷纷表达投资宜昌的意愿和信心。

黄楚平同志对各位企业家和嘉宾表示欢迎,感谢他们长期以来对湖北、宜昌发展的关心支持,并介绍了湖北、宜昌的经济社会发展状况,向各位企业家发出热忱邀请。他说,上海、宜昌同住长江边、共饮一江水,同属长江经济带,希望各位企业家把目光投向中部、投向宜昌。宜昌正在学习对接上海自贸区,积极借鉴上海的成功经验和先进理念,诚心诚意改进工作中的不足,为企业发展营造全新的发展环境。宜昌将牢固树立"产业第一、企业家老大"的理念,对企业的支持力度只增不减,竭诚为企业发展提供高效、优质服务,实现互利共赢,共同为两地跨越式发展作出新贡献。

王志雄说,上海与宜昌的友谊源远流长,同饮一江水、同用一路电,还有20多年对口支援的深情。希望两地进一步加强交流合作,让更多的企业在湖北、宜昌投资兴业,共同深化改革、共同促进转型、共同分享发展成果。改革是现在最大的红利,大有文章可做。中西部是中国发展的原动力,企业的盈利点、开发的空间、增长后劲也在中西部。上海企业要在对口支援中西部发展中,与当地共同分享发展成果。

在观看宜昌建设现代化特大城市宣传短片《梦想之城的召唤》后,上海均瑶集团董事长王均金,上海建工集团总裁杭迎伟,来伊份董事长施永雷,上海蔬菜集团总经理吴梦秋,上海长港物流集团董事长李杰山,上海罗氏制药有限公司副总裁、厂长张幼翔等企业家热情地为宜昌发展献计献策。

"宜昌是均瑶集团的第二故乡,我们是在宜昌投资的受益者。"王均金向与会企业家讲述投资宜昌的故事,分析在宜昌发展得好的重要原因是"政府高效、

支持力度大、投资后呵护好"。他深有感触地说,宜昌是长江之滨的风水宝地,是适宜企业昌盛的好地方,希望同行到宜昌投资兴业,将尽力提供各种服务。

杭迎伟、施永雷、吴梦秋、李杰山、张幼翔表示,《梦想之城的召唤》令人震撼、激动,将尽快安排时间到宜昌实地考察,对与宜昌深度合作充满信心,期待与宜昌合作成功,实现合作双赢。

实地考察上海知名企业

10月8日至9日,宜昌市党政代表团深入上海学习,先后考察了均瑶集团、欧莱雅(中国区)总部、上海华谊集团、上海罗氏制药、华信能源、飞利浦及月星环球港、1号店等知名企业,共商合作事宜、深度对接合作、互利共赢发展。

世界500强法国欧莱雅集团是世界上最大的化妆品公司,在世界各地拥有45家工厂和22个研发中心。在位于上海市静安区的欧莱雅(中国区)总部,欧莱雅集团执行副总裁兼欧莱雅中国CEO贝瀚青对代表团一行到访表示欢迎,并向大家介绍了集团发展战略、思路及未来目标,感谢湖北、宜昌对欧莱雅在宜昌投资项目的关心和支持。他说,欧莱雅在宜建成的绿色电能工厂正成为可持续发展的范例,这是欧莱雅集团引以为荣的骄傲。他表示,非常敬佩宜昌市委、市政府的远见,将在宜昌的大力支持下,把宜昌工厂办得越来越好。

上海华谊集团是一家大型化工集团公司,在全国8个省市拥有20多个生产基地,居中国企业500强第203位。华谊作为国家老工业基地的重要国有企业之一,改革、创新和调整是面临的重要课题。在华谊集团总部,华谊集团总裁秦健、副总裁黄德亨和王霞、纪委书记陈耀等高层,热忱接待了宜昌市党政代表团并进行了座谈。华谊集团总裁秦健介绍了企业创新发展、高端发展、跨市发展和一体化发展的情况,并表示将坚持合作、开放、共赢的理念,进一步加强交流,实质性地推进合作。秦健特别介绍,2014年8月25日,韩正到华谊调研,要求"上海的国有企业必须走向全国、服务全国、参与国际竞争"。宜昌市兴发集团正是捕捉到这一信息,与华谊集团进行了投资对接磋商,寻求最佳合作项目。

华谊集团名不虚传,实力雄厚、理念先进,特别是企业提出的"让生活因化工而更加美好"的理念让人耳目一新。

华信集团主营石油、天然气、化工业务,在海内外拥有 3 大集团公司,4 家一级公司,5 家上市公司,居世界 500 强第 349 位。

在财富世界 500 强、世界上最大的电子公司之一飞利浦和上海月星环球港等处,代表团一行走进展厅参观考察,并听取企业发展情况介绍。座谈会上,双方就深入合作事宜进行了洽谈。

2014 年 10 月,宜昌市代表团到上海月星环球港考察

学习上海自贸区试点经验

10月10日上午,宜昌市党政代表团考察上海自贸区。上海自贸区于2013年8月22日经国务院批准设立,于9月29日正式挂牌。自贸区总面积为28.78平方公里,涵盖上海市外高桥保税区、外高桥保税物流园区、洋山保税港区和上海浦东机场综合保税区4个海关特殊监管区域。

代表团一行考察了上海自贸区外高桥国际酒类展示交易中心和自贸区综合服务大厅,详细了解自贸区在行政体制改革、物流平台建设等方面的先进理念和经验。

在随后召开的座谈会上,上海自贸区管理委员会副主任李兆杰介绍了自贸区建设推进情况,并观看了自贸区宣传短片。在听取相关情况介绍后,代表团6名成员结合工作实际提出问题,虚心请教了上海自贸区管委会领导。

宜昌市高度重视学习对接上海自贸区经验,在此之前,宜昌市派相关领导带领市直相关部门和"四大平台"、猇亭区等负责人前往上海自贸区进行考察,并形成了专题学习报告。随后,市委组建推进学习对接工作专班,起草了学习对接上海自贸区全面深化改革的实施方案,提出"1+6"工作构想,实行市场主体准入、投资准入、行政审批、社会征信、综合执法、行业监管六大制度创新。十分欣慰的是,宜昌已于2016年纳入国家新设立的7个自贸试验区之一,这是与我们向上海学习取经分不开的。

在对口支援中,上海市的领导同志都是以高度的政治责任感和对库区人民群众的真挚感情在推动这项利国惠民的事业。更让人感动的是,有的领导已经离开原来的工作岗位,如胡延照同志、孙建平同志,还心系库区,利用各种渠道来帮助我们发展,寻求合作,怎能不令人感动。

二十多年来,上海市一直像兄长一般关心我们、支持我们,尽显国际大都市的风范和胸怀,是对口支援的一面旗帜和楷模。作为对口支援的受援方,宜昌市十分珍惜中央给予的这种帮助和支持,将一如既往地与上海市团结协作,抓住机遇,共同把三峡库区建设好、发展好。

雄伟的三峡大坝

孙明良，1935 年 7 月生。1988 年 7 月至 1995 年 9 月任上海市政府协作办公室主任。

上海对口支援三峡库区的点滴记事

口述：孙明良

采访：韩沪幸　柳春杰　高　翠

整理：高　翠

时间：2016 年 12 月 20 日

　　我记得，我们协作办是 1982 年成立的，是适应计划经济转向市场经济的需要，协作办主要功能是跟兄弟省市进行商品及资金、投资的合作，解决上海需要的原材料。1979 年，中央召开全国边防工作会议，会议上明确上海支援西藏、云南、宁夏。但当时是派技术人员、技术工人为主的帮助，提高技术操作水平从而提高产品质量。比如在云南的项目，提高了当地日用品的生产质量，还能出口到缅甸等东南亚国家，获得了很好的效益。

　　1986 年，我从上海市轻工业局调到市政府协作办，1995 年卸任离开协作办，见证了对口支援三峡起步的一段历史。在协作办的时间不短，但是参与对口支援三峡库区移民工作的时间却不长，下面，我按照时间顺序谈谈我所参与和了解的一些情况。

明确对口关系

对口支援三峡移民工作是 1992 年国家下达给上海的任务,市政府明确由我们协作办负责,并印发了《关于上海市对口支援三峡工程库区移民工作的意见》,确定黄浦区、嘉定区对口支援四川省万县市,卢湾区、宝山区对口支援四川省万县,闵行区、静安区对口支援湖北省宜昌县。到了 1994 年,国务院三峡工程建设委员会进一步明确,上海对口支援湖北省宜昌县和四川省万县市五桥区。1993 年 1 月 19 日,上海成立了市对口支援三峡工程库区移民工作领导小组,先由庄晓天副市长任组长,1993 年 4 月后由孟建柱副市长任组长,市计委的一位副主任和我担任副组长,市经委、建委、农委、财办、财政局及六个对口区的分管领导作为成员参加,办公室就设在市协作办。

任务明确后,1992 年 10 月 8 日至 13 日,我组织了几个工业局、区去考察了万县和宜昌县两地的实际情况。回来后,向市领导作了汇报。12 月 12 日,庄晓天副市长主持召开了上海市对口支援三峡移民领导小组第一次会议。会议提出,开展对口支援工作必须遵循中央确定的开发性移民方针,以安置移民、注重经济效益为出发点,做到"三个结合":库区移民与扶贫解困相结合;支援项目与产品结构、产业结构调整相结合;利用当地资源与市场需求相结合,促进经济繁荣,形成一批骨干企业。会议要求各个区县认真做好工作,根据上海的长处以及那边的实际需求做好对接。

1993 年 1 月 4 日至 8 日,万县地区组织了一支考察队伍来沪访问。他们走访了卢湾区、宝山区、黄浦区、嘉定区,实地考察了宝山水泥厂、上海针织五厂等企业。我们六个对口区也都很重视,成立工作班子,狠抓落实,组织了多批次的企业团去两地考察、洽谈项目。

后来国务院三建委移民局局长唐章锦一行来上海调研,我汇报了三峡移民工作的一些情况。我记得,唐局长当时对上海的工作作出了充分肯定,并向我们传达了江泽民总书记的讲话精神。三峡工程是件大事,在世界上影响很大。移民 113 万人,其中 51 万人要找生活出路,难度非常大。唐局长当时要求我们继续抓紧时间,把移民对口工作再推一步。后来,从重庆元阳县搬迁了一批移民来上海,当时来的时候,上海不仅要补贴资金,还要安排他们住的地方,还要给他们地种,现在应该是第二代扎根了。

筹措资金办好实事

1993 年 9 月 14 日,我召集召开了 6 个区、一轻、二轻、化工、财政局、经委的对口支援会议。在会议上决定了两件事情。

一是协作办决定实行贴息贷款。上海的企业搞投资,需要银行贷款,我们就实行贴息政策,减轻企业负担,鼓励企业做这个事情。当时,区财政非常困难,市里都统一的,没有独立财政,只能靠企业带动。随着上海财政收入的增加,支援力度也随之增大,除技术物资援助,还增大了资金援助和人员援助的规模,加强了方方面面的工作。受援地区在经济建设、社会发展和卫生、教育、居住条件改善以及人员素质提高等方面取得了进步,大多数都脱贫走上了致富路,当时还受到了国务院表扬。所以说,对口支援既要强化政府引导,更要注重市场运作。政府出台了一系列鼓励政策,更多的是为前往对口支援地区投资的企业消除后顾之忧。二是各送 5 辆卡车给两个对口地区。我们 6 个区各援助 20 万元,购置 20 余辆东风牌 5 吨卡车赠送万县的五桥区和宜昌的宜昌县各 10 辆,组成运输车队,为移民工程服务。我记得当时车辆全部送达目的地后,还举办了上海市对口支援三峡移民工程赠车交接仪式,把实事落到了实处。

那天会议上,闵行区签订了石灰石和旅游的协议;二轻签订了塑料管和鞋子的意向;静安区签订了布鞋的意向;宝山区签订了奉节水泥厂意向;化工局签订

了胶带的意向;嘉定区签订了灯泡厂意向;黄浦区的五金一店集团决定在宜昌设立分公司。这些项目都是当时明确任务后刚刚开始启动,在我的印象中,后来上海洗涤剂厂在万县搞的成效非常好,"白猫"在四川占领了市场。

同年 10 月 6 日,孟建柱副市长召开三峡对口领导小组会议,要求切实做好对口工作,并决定组团考察万县和宜昌县。10 月 11 日至 19 日,孟建柱率 6 个对口区及有关委办领导考察万县市、宜昌县,并签订了对口支援考察会议纪要。

1993 年 10 月,孙明良(后排左四)参加上海市对口支援宜昌市签字仪式

1993 年 10 月 22 日,谭甦萍为协作办副主任,分管对口工作,她对对口支援三峡移民工作比我更了解,但可惜她已经故去了。

总的来说,对于三峡工作,上海是很认真的,尤其是对万县的支援,做了大量卓有成效的工作。当时,李鹏总理考察三峡,一到万县的上海大道,他很惊叹,对这条街留下了深刻印象。我记得我们当时建了培训机构,还有卫生所及商业设施等。

区县纷纷慷慨解囊

到了 1994 年,我们根据兄弟省市对口支援三峡工程移民工作的经验和做法,市、区二级财政采取倾斜政策,推动和鼓励企事业单位加快对口支援工作。我们开始援建"希望工程小学",开展"1+1"助学活动。交通部三航局捐助了 50 万元,在万县市五桥区建立了"上海三航希望小学",解决 600 名失学儿童就读。闵行区当时捐助了 20 万元,在三峡坝区三斗坪镇建了"三斗坪闵行希望小学"。普陀区几千名劳动个体开展了"省下香烟钱,为失学儿童添一支笔、一本书"活动,捐助了 35 万元给万县市建希望工程小学。在"1+1"助学活动中,上海又捐助了 18 万元,救助了近千名失学儿童。建立了这种关系之后,我们在暑假组织了一些学生去四川举行手拉手活动,让两地孩子多些交流。

我们不仅在献爱心上慷慨解囊,更致力于两地项目的推动落实。上海 6 个区县不遗余力地推动本区域项目和对口地区"喜结连理",比如当时上海正广和汽水厂投入资金 200 万元和长江三峡工程经营公司合作,在宜昌设立分厂。黄浦区副食品公司和万县市开展副食品贸易,仅一家八仙集团副食品商场,春节前就从万县购进猪肉 1000 吨。静安、闵行等区也积极帮助宜昌县在上海销售石材、中药材等,总价大约有 500 万元。包括当时我们也派了卷烟厂的相关技术人员到三峡卷烟厂指导生产工艺,帮助提高产品质量,当年三峡卷烟厂的销售额达到了 2.4 亿元。上海按照国务院三峡办的要求,有针对性地帮助三峡库区发展特色经济。针对库区资源,援建一批柑橘、茶叶、柠檬等种植基地,生猪、水产等养殖基地,生态农业等旅游基地,把库区的资源优势转化为经济优势,带动移民增收致富。此类的事例很多,都是一桩桩实事、好事。

培训管理同步跟上

对口支援一个项目、发展一个企业,能够解决一时的移民安置问题,但无法从根本上提高库区发展自身经济的能力。我们在对口支援中积极搭建平台,将受援方的招商、管理、技能培训的阵地前移,建立起了干部挂职、人员专业培训等机制。1994年8月,市委组织部下发了文件,选派援三峡挂职干部。我们派了4名干部去挂职。另一方面,我们也举办了三峡坝库区经济管理干部培训班,培训当地企业的厂长和经理,提高对外经贸、现代管理等方面的专业知识,得到了良好的反响。为了解决移民的就业问题,我们又在上海劳务市场内专门设立了中介机构,我们的各个区县,也分别从宜昌县、五桥区吸收劳动力,帮助他们解决就

1994年7月,上海向三峡坝库区赠送20辆卡车

业。后来,我们又陆续援建了移民培训中心、科技培训中心、党员电教中心和劳动技能培训中心等培训机构,安排专项资金,采取"请进来、走出去"和远程培训相结合的方法,组织库区各类人才来上海挂职、进修和短期培训,为两地培育了一大批人才。

回顾我在协作办负责有关对口三峡工作的点点滴滴,许多画面都还在眼前。现在这项工作始终在进行中,而且更具体化、指标化。随着长江经济带和"一带一路"建设带来的机遇和上海对口支援力度的不断加大,库区经济社会一定会得到长足发展。

周伟民，1948 年 1 月生。1996 年 6 月至 2003 年 8 月，任上海市人民政府协作办公室党组成员、副主任，上海援藏援疆领导小组办公室主任，上海对口支援云南帮扶领导小组办公室主任，上海对口支援三峡库区移民领导小组办公室主任。2003 年 8 月至 2011 年 2 月，任上海市奉贤区人大常委会党组书记、主任。现任上海现代服务业联合会副会长，上海现代服务业发展研究院院长并任国家发改委服务业专家咨询委员会委员。

注重实效　开拓创新
助推三峡库坝区移民安稳致富

口述：周伟民

整理：李作良

时间：2016 年 12 月 28 日

　　20 世纪 90 年代初,中国政府向全世界郑重宣布,中国将决定在长江三峡兴建三峡工程,这是共和国向世界展示中华民族风采的跨世纪宏伟工程。伟大的三峡工程的兴建,不仅引起了世人瞩目,被评为 1994 年世界十大科技新闻,而且也引发出百万移民大动迁这个世纪难题。1992 年,国务院向全国发出了对口支援三峡工程移民的号召,并在 8 月召开的国务院对口援建三峡工程移民工作会议上确定,上海对口支援三峡库区,帮助四川省万县市（1997 年重庆市直辖后归重庆市管辖并改名为万州区）五桥区和湖北省宜昌县（后改名为宜昌市夷陵区）进行移民安置以及三峡库区淹没企业迁建。从此,长江经济带上的三座城市紧紧地联系在了一起。

　　1997 年长江截流成功和"一线"（截流后的水位线）以下移民安置任务的完成,标志着三峡工程建设由一期工程建设正式转入二期工程建设,三峡库区

移民和各省市对口支援工作也随之进入一个新阶段。一期移民时期,上海对口支援三峡库区移民工作在国家三建委移民开发局的指导下,在上海市委、市政府的高度重视和正确领导下,"三管齐下",成效显著。在文教、卫生、通讯和环保等社会公益事业无偿援助方面,投入资金 4399 万元;在经济合作项目方面,建成投产的合作项目 28 个,总投资 17867 万元,其中上海方投入 8492 万元;在干部、人才交流培训方面,派出 34 名挂职干部,为库区培训人才 15 批 367 人。也就是在一期移民工程完成的这一年,我根据组织安排,开始担任市政府协作办副主任,并任上海对口援滇、援藏、援疆、援三峡办公室主任,帮助三峡库坝区移民安稳致富成为我的使命和重要的工作内容,与三峡库坝区的不解之缘也正式开始。

当对口支援三峡工作的接力棒传递到我们手中的时候,我深感任务艰巨、责任重大。那是我人生历程难以忘怀的一段历史。每当我回忆那段工作,心情都非常激动,既感到为贯彻国家战略和上海对口支援工作部署作了一些实际工作,也感到为帮助库坝区移民"搬得出、稳得住、逐步能致富"尽了自己一份力。每当到对口地区去,心中都感受到沉甸甸的责任,既因为当地群众的那份感谢和期许,也因为我们身上肩负着国家和市委、市政府及上海市民的信任和重托。

搬得出:创建库区移民安置试点村

记得 1997 年 11 月,国务院在宜昌市召开三峡工程移民暨对口支援工作会议,参与对口支援的 20 个省、市,国务院下属 40 多个部门,湖北省、重庆市的领导及三峡库区各地、市、县的同志,移民工作和对口支援先进代表等 300 多人出席了这次会议。我随时任副市长蒋以任出席了这次工作会议,同时出席了大江截流仪式。大会开幕式上,时任总理李鹏作了"为顺利完成三峡第二期工程移

民而努力"的重要讲话,邹家华副总理就移民工作和对口支援工作作了主题报
告。上海市人民政府被国务院评为全国对口支援先进单位,其他被评上的还有
江苏、浙江、福建、广东(共 5 个省市)。上海白猫有限公司被评为先进企业。

上海市人民政府被评为全国对口支援先进集体

会议期间,大会组织了分组讨论,蒋以任同志在会上对"贯彻会议精神、进
一步做好对口支援工作"讲了八点初步意见。分组讨论后,三峡办领导漆林同
志对我说,国务院主要领导同志讲,蒋以任同志的讲话很不错,有思路,有举措,
请上海的同志到大会发言,他们还说上海有经济实力,潜力很大,希望上海在对
口支援方面进一步加大力度。因此,三峡办漆林同志通知我请蒋以任同志在颁
奖大会上发言,但那个时候蒋以任同志因上海有要务离会返沪,漆林同志即令我
形成书面稿子,由我上大会发言。当时省市中仅有上海一家发言,我也感到很有
压力。会后,三峡办和与会的一些代表反映也不错,认为讲得比较实在。

回到上海后，我们专门向市领导汇报了会议有关精神和上海对口支援三峡工作的打算。上海市委、市政府对此也是非常重视，大家感到，1998年是三峡工程二期建设的关键一年，移民任务很重，上海必须在提高两地合作效益、增强对口支援力度上面有新突破和新作为。为此，1998年6月，市委书记黄菊、市长徐匡迪率领上海代表团赴重庆市学习考察，并对上海支援库区移民工作提出新的要求，明确表示"百万移民"牵涉到库区千家万户群众的切身利益，搞好了，移民就能安居乐业，他们就会感谢党和政府让他们搬进了一个新天地；因此，要求有对口支援任务的上海有关区县多做调查研究，按照国务院的安排，真心实意地做好这项工作。

1998年前后，五桥开发区移民新村相继建成，但移民不愿意搬进移民新村。我们按照市主要领导提出的"多做调查研究、真心实意做好工作"的要求，与当地密切配合，走村入户、蹲点调研。通过调研我们发现，移民们离开祖祖辈辈生活的长江边，搬到移民新村生活，他们担忧的是孩子上学有学校吗？移民新村有医院吗？移民新村内能否收看到电视节目？移民在新的环境中谁来传授生产技术帮助他们逐步致富？这些问题不解决，三峡库区移民安置很难达到预期目标。针对这一情况，我们与当地党委、政府商量研究，决定在五桥移民新村中挑选一批进行试点，开展"五个一"工程配套建设，为搬迁移民安居乐业创造条件。

所谓"五个一"工程，就是在这些移民试点村中援建一所学校、一个卫生室、一所幼儿园（或养老院）、一个文化广播站、一个农业技术推广站。我们当时提出"五个一"工程，既源自党的实事求是思想和为人民服务的宗旨，也基于国务院提出的"搬得出、安得稳、逐步能致富"移民工作原则，还吸纳儒家民本思想，民安国泰，民富国强。为了使"五个一"工程顺利开展，我们对口支援的团队一方面会同五桥开发区管委会在调查研究的基础上开始了"五个一"工程的规划选址、设计施工、筹集资金等工作；另一方面在统筹指导全市对口支援工作时，有意识、有步骤地把工作重心从以往援建中心城区基础设施和配套设施建设，转移到援建沿江乡镇移民试点村的配套设施建设方面。

"五个一"工程的推进过程比较顺利。当时，我们采取的方式是"市和区两级财政筹资，黄浦、卢湾、宝山、嘉定4个区同受援的移民试点村结对"，上海有关单位连续四年在万州区五桥沿江乡镇开展了移民试点村"五个一"工程。从1998年到2000年，仅仅4年时间，就建成4所学校，4所卫生院，2所幼儿园，2所农业技术推广站，1所敬老院和2所文化广播电视站。此外，在部分试点村还配套建设了方便移民生活、生产的道路、桥梁。"五个一"工程的实施效果也比较理想，确实起到改善移民的生活、生产条件的作用，保证了移民既能够听到广播、看到电视，也能够就近上学、就医，还能够就近学习农业技术，受到当地党委、政府和老百姓的欢迎称赞。例如在陈家坝街道大河移民新村内原有一所希望小学，当时已投资75万元建造校舍，除了有几张桌子、凳子外，其他设施什么都没有，五桥开发区无财力支持该校改善办学条件。于是上海支援了50万元，为希望小学扩建了学生食堂和厨房，增添了电脑房必备的设备，解决了办公室、实验室的一系列设施，解除了移民子女入学的担忧。

求发展：引导上海名牌企业进库区

三峡工程一期建设后期，对口支援三峡库区移民工作转入了以合作项目为基础，以支援库区移民搬迁安置为重点，多层次、多形式的对口支援新阶段。到了二期的时候，任务更加艰巨，更加繁重，更加紧迫。因此，1999年5月19日，国务院在京召开三峡工程移民工作会议，我陪同市委常委、副市长蒋以任代表上海参加了会议。会上，时任中共中央政治局常委、国务院总理朱镕基发表了重要讲话，明确了二期工程建设的主要任务和有关要求，提出了"两个调整"，即调整和完善移民政策，调整企业的搬迁政策。时任副总理吴邦国最后

强调,朱镕基同志讲了三句十分精彩的话:三峡工程的生命在质量,难点在移民,成败在干部素质。要求对口支援省市将会议精神向省市领导汇报,并要求在 6 月 30 日前将贯彻情况向三峡建委办公室汇报。蒋以任同志代表上海在讨论会上作了交流发言,他首先谈了国务院召开这次会议的意义和重要性,代表上海市政府对配合库区做好移民工作表示了积极态度,介绍了上海对口支援情况。在谈到引导名牌企业到库区合作,帮助库区企业迁建工作的时候,以任同志特别提出,上海作为一个支援省市,凡是对口支援项目,必须要坚持"两两三"的原则,即要做到"两结合""堵两源""三负责"。实际上,这也是朱镕基总理向所有支援省市提出的要求。

"两结合"是指在引导名牌企业参与三峡库区建设时,要与三峡库区的"经济结构、企业结构调整"紧密结合,重视项目的技术进步和技术改造,避免重复建设,使库区经济结构更加合理。"堵两源"是指要把住关口,不把效益差、污染严重的企业介绍给对口地区,堵住新的"亏损源和污染源"的产生,避免让对口地区背上新的包袱,妥善处理移民建设与环境保护的关系,帮助库区人民实现经济建设、移民安置、生态环境等方面协调发展,为中华民族留下青山绿水。"三负责"是指在三峡库区新上的合作项目要"对国家负责、对人民负责、对子孙负责",把那些"品牌声誉好、市场前景广、移民安置多、经济效益佳、环境污染少"的企业介绍给三峡库区。这实际上要求我们支援省市在积极引导名牌企业到三峡库区合作时必须注意的一个重要原则。

蒋以任同志的发言受到与会代表的好评,参会记者作了专题采访。会议结束后,我们即刻向市政府书面汇报了国务院会议精神,提出了贯彻落实国务院会议精神的五条意见和实施措施。时任上海市市长徐匡迪第一时间主持召开市政府常务会议,听取蒋以任副市长和我关于国务院三峡移民工作会议精神的汇报,原则同意市对口支援三峡库区移民工作领导小组办公室提出的"关于上海贯彻落实国务院会议精神的指导意见和措施的建议"。会议以后,蒋以任副市长、姜光裕副秘书长要求市领导小组办公室将国务院会议精神和市政府常务会议精神传达到各相关单位。接着,我们组织了上海有关区县和企业分四批到库区考察。

记得 8 月份的那批,由我带队,我们组织了嘉定区政府、区农委、农业技术推广中心、上海食品集团、梅林正广和集团、嘉定徐行种鸽厂等单位有关人员,冒着38°C~39°C 的酷暑高温,克服途中种种困难,赶赴三峡对口地区考察对口支援工作。那个时候不像现在,道路崎岖不平,铁路公路换乘也不方便;交通工具也比较简陋,汽车上没有空调,船也是铁板船,没有空调,在船上像蒸桑拿。但是我们时间安排得非常紧凑,考察内容也非常丰富。考察完一个点,还没来得及休息,也不顾旅途疲劳和夏日高温,立刻赶往下一个考察点。当我们到达最后一站宜昌,就立即赶赴三峡工程建设工地参观。考察组成员亲眼目睹巨大的三峡大坝坝基浇注现场和世界最大的五级阶梯式永久船闸工程施工工地,心潮澎湃,纷纷摄影留念。这次参观,极大地鼓舞了考察组成员开展对口支援工作的信心,也极大地增强了大家的政治责任感。这些企业家在参观宏伟的三峡工程大坝建设工地后,亲身体会到建设三峡工程的重要意义,纷纷表示,要尽自己的力量,宣传三峡工程建设,积极参与对口支援三峡库区移民工作,为国家分忧,为库区移民送温暖,为上海"光彩事业"添光彩。

通过我们引导,仅 1999 年当年,决定到库区投资办厂的就有上海汇丽集团、上海中东实业投资股份有限公司、上海海狮油脂食品公司,还有在库区合作成功的上海白猫有限公司,这四家企业和重庆企业合作办厂,项目投资 2 亿多元,其中上海方计划投资 1.4 亿元左右。这些企业都是为了响应国务院领导提出的"发挥大中型企业集团支援三峡库区移民的优势"的号召,在市政府的引导下,纷纷带头到库区投资,掀起了对口支援三峡库区移民工作的高潮。上海企业投资三峡库区的项目数和投资额都有加速发展的趋势。这些企业在当地投资以及

1998 年 4 月,周伟民在上海—重庆对口支援合作项目签约仪式上致辞

与当地企业的合作,带动了当地企业的搬迁和发展,培育造血功能,解决了当地市场对这些名牌产品的需求,满足了当地人民消费的需要;促进了当地企业产业结构的调整,提高了产品结构的档次;安置了一定数量的移民,缓解了对口地区就业困难,增加了当地财政收入。

在工作实践中我们也发现,要促成一个项目,往往要耗费大量的精力、物力。在此情况下,我们依托上海在信息化建设方面的先行优势,注重发挥现代信息技术的优势,引导更多的海内外投资者到库区投资办厂,主要做了三件事:一是建立库区招商项目库,把对口的重庆万州五桥和湖北宜昌县的招商项目信息输入库区项目信息库,通过上海市政府的白玉兰网滚动播出,并逐步把库区其他地方如重庆的云阳、奉节等地招商项目信息输入库区项目信息库中,扩大招商面。二是扩大库区招商项目库的影响。通过长江开发沪港促进会等组织,我们到香港、欧美等地积极向海外投资者介绍库区招商项目库,引起欧盟及美国中西部地区中小企业的浓厚兴趣,为投资者提供了方便。三是组织在线网上洽谈活动。2001 年 3 月,上海组织长江沿岸城市投资项目推介会。会议期间,有 2000 多家境内外企业参会。重庆、湖北库区企业免费参加项目推介会,把库区的招商项目在网上发布。据不完全统计,共有 1 万多家企业登录访问。通过网上洽谈和现场推介,对口的重庆市万州区所属企业分别与瑞典、日本、美国、广东、上海等地企业签订了基础设施建设、现代农业、食品、服装等合作项目意向协议,总额 11 亿元。

能致富:援建高效生态农业示范基地

党中央、国务院提出了"在三峡库区两岸建设'全国名牌产业带'和'高效生态农业带'"的两线战略,以发展三峡库区经济,富裕三峡库区移民。我们除了引导上海企业进库区解决当地产业空心化问题以外,还针对库区移民人多地少、急需掌握现代农业技术的现实需求,响应国家号召,充分发挥上海现代农业技术优势,推动上海相关单位和部门,适时输出农业产业化生产技术,帮助库区发展农业。上海市科委、宝山区、嘉定区、闵行区等单位,多次组织专家组到重庆市万州区五桥移民开发区和湖北省宜昌县实地考察,对当地的大棚蔬菜种植、良种肉鸽养殖和柑橘品种改良等项目予以资金援助和技术支持,为库区的农业发展作出了积极的贡献。

1998 年 10 月,姜光裕副秘书长受市政府的委托,率上海市乡镇企业、民营企业考察团一行 20 人赴三峡库区考察。记得姜光裕同志在考察中提出,只要上海民营企业在三峡库区投资"合情、合理、合法,诚实守信",市政府协作办就予

以支持,鼓励民营企业在包括三峡库区在内的国内市场寻求发展。随行的嘉定区徐行种鸽场决定分别在湖北省宜昌县和重庆市万州区五桥投资兴建4个新品种种鸽、肉鸽生产基地,每个养殖基地在1万对左右,在三峡库区大规模推广种鸽、肉鸽养殖技术。厂长朱长华表示,企业既要坚持市场导向,也要响应政府号召,为支援三峡库区移民工作作贡献,对涉及移民安置的养殖基地,其养殖技术无偿输出,原计划以20%股份入股的计划免除。同时承诺,保证养殖基地种鸽、肉鸽的出生率和成活率达到上海养殖基地同等水平,并帮助合作企业制定销售策略,培训专业技术人员,协助管理。2001年4月,上海市农委与重庆市万州区五桥移民开发区管委会签署协议,共同投资建设面积3000平方米、具有国内先进水平、集"通风降温、加热、灌溉、作物生长电气化与计算机控制自动化"五大系统于一体的"高效生态农业示范基地",以该基地为基础,向当地农户大力推广上海成熟的高效生态农业技术,将优质种苗、食用菌栽培技术和反季节蔬菜种植技术逐步向移民安置试点村辐射,帮助对口地区发展高效生态农业,引导移民走科技致富道路。

可持续:开展远程医疗教育

"九五"期间,上海市卫生局出资96万元援建湖北省宜昌县人民医院综合住院大楼,受到对口地区人民的欢迎。随着医院硬件设施的改善,对管理、技术等软件的需求也增加了。为此,我们决定将医学远程会诊系统介绍到对口地区,帮助当地医院提高管理、技术水平。2001年4月,上海市卫生局帮助宜昌县人民医院开通了医学远程会诊系统,通过卫星传输等现代信息传输手段为对口地区医护人员进行远程业务培训,为库区患者进行远程会诊。上海华山医院在市协作办的动员下,也与重庆三峡中心医院结成帮扶对子,帮助其建设远程医疗会诊中心,服务于库区移民。

　　"九五"期间,上海在对口库区援建希望小学28所、中学1所、移民干部培训中心2个,共计投入资金1500多万元。上海派出教师到对口库区讲学,并接受库区教师到上海培训。为帮助对口地区教育工作再上台阶,我们先动员上海广电健洋网络有限公司帮助万州区五桥和湖北省宜昌县建立了白玉兰远程教育网站,随后又动员市教委发挥行业优势,为网站的持续运作提供技术保障,通过卫星通讯传输技术实现交互式远程教育。2000年,白玉兰远程教育网站在重庆万州五桥和湖北宜昌县正式开通,市教委定期组织优秀教师,通过远程教育培训对当地教师开展教育基础理论、教育改革、教育科研方法等科目的培训。第一堂课由全国优秀语文教师、优秀班主任袁满主讲,受到当地教师的普遍欢迎。继三峡库区白玉兰远程教育网开通之后,2001年,市协作办又筹资,委托市教委在重庆市万州区五桥和湖北省宜昌县援建"中学信息网络校校通"试点工程,帮助对口地区发展中学计算机网络信息教育。

　　随着上海对口支援三峡工作不断地推进,我们的工作也再次得到国家高度认可,在2001年7月召开的三峡移民暨对口支援工作会议上,上海市人民政府被评为"对口支援三峡库区移民先进单位",崇明县人民政府被评为"三峡工程移民工作先进单位",我和张祥明、刘国华、张永定分别被评为"三峡工程移民先进个人"和"对口支援三峡库区移民先进个人"。在成绩面前、荣誉面前,我越来越清醒地认识到,上海对口支援三峡工作要讲政治、讲全局、讲战略,要按照"看得见、摸得着、见实效"的指导思想,依照"立足全局,摆上位置;政府主导,各方参与;加大力度,全面推进"的工作方针,采取"政府行为与企业行为相结合,无偿支援与经济合作相结合,对口支援工作与多种形式的交流相结合"的工作原则,扎实推进,开拓创新,我也有了五点体会。

　　一是坚持"三位一体"的组织原则。即市政府、区县政府、委办局三位一体、各司其职。市政府制定政策、安排计划、建立基金、检查指导;区县政府安排资

金、派出挂职干部；其他部门则不定期向库区派出讲师团、医疗队、专家组等，使对口支援在资金、技术、人员方面得到保障。

二是坚持条块结合的指导原则。根据工作分工，黄浦、卢湾、宝山、嘉定4个区对口支援重庆市万州区五桥移民开发区，静安、闵行2区对口支援湖北省宜昌县；我们办主要抓组织协调和重大项目的实施；市各有关委办局负责行业指导。实践证明，这些指导原则能有效助推对口支援工作开展。

三是坚持开拓创新的工作原则。我们在工作中十分注重开拓创新，以促进对口支援工作年年上台阶。如从最初注重支援库区基础设施建设，到实施适合农村移民的"五个一"工程；从广播电视村村通工程到运用信息网络技术；从派人传授农业技术到援建高效生态农业基地等，新思路促进了工作，使上海市的援建和合作项目不断推陈出新，不断适应库区建设发展的需要。

四是坚持输血、造血相结合的原则。援建社会事业项目能提高当地移民的生活质量，改善当地的投资环境。但要从根本上提高移民的生活水平，就要从发展当地的经济入手，变单一输血为输血、造血相结合。我们根据市领导的要求，注意一手抓输血型的社会事业项目援助，一手抓造血型的经济项目合作，千方百计地引导上海名牌企业到库区投资办厂，参与当地经济建设，增加库区移民就业机会。

五是坚持各方力量共同参与的原则。对口支援工作必须不断壮大力量，动员社会各界一起参与。我们十分注重"政府搭台、企业唱戏"的经济合作方式，政府组团出访、开展经贸洽谈活动都主动请企业一道参与，为企业到库区投资创造条件、当好参谋、提供优质服务。同时，积极动员全国、全社会的力量，共同支援库区建设。

转眼间，上海对口支援三峡库区已经走过了二十五个春秋。上海对口支援三峡工作就这样一茬接着一茬干着。变化的是任务和要求，不变的是责任和情怀。相信在市委、市政府的坚强领导下,在领导小组、成员单位的共同努力下,依靠前方后方、市内市外、政府市场、社会各方等力量,上海对口支援三峡的工作一定能取得新的成效,三峡库坝区的移民一定能过上更加幸福的生活。

严胜雄,1951年8月生。1994年8月至2012年2月,先后担任中共上海市农村工作党委委员、宣传处处长,市农村工作党委秘书长,中共上海市委农村工作办公室副主任、上海市农委副主任(正局级)等职。上海市第十、第十一届人大代表,第十二届市政协常委。

助当地产业落地开花
让特色农产品香飘申城

口述：严胜雄
整理：肖志强　贺梦娇
时间：2017 年 2 月 7 日

三峡移民工程浩大，上海按照中央和国务院的要求，不仅承接了三峡移民到上海的落户工作，同时也开展了当地移民区域的对口支援和帮扶工作。作为农业部门，我们对口支援三峡库区主要是围绕扶持农业产业、农业经济发展来开展工作的。通过多年的努力，两地携手推进了三峡库区农业产业和农产品的发展，同时也打开了库区农产品在上海的销售之路。

产业空心化，移民可种土地减少

支援三峡库区经济发展，上海从 1996 年就开始了，当时我们对口负责的是湖北省的宜昌县（现宜昌市夷陵区），以及重庆市万县（现重庆市万州区五桥管委会）。万州五桥地区地域恰在长江南边。从对口支援开始，上海对五桥地区就进行了较大规模的投入支援，包括道路设施、培训中心、学校等建设，其中的上

海大道就是当时投入修建的。针对当地农业还占整个经济较大的比例,我们就主动与对方商议,根据当地需求和特色,选取了上海郊区现有并适合宜昌、重庆的农业典型,让来自库区的农业有关部门和人员先来对接交流学习。到了2001年,按照市里统一要求,市农委开始了对三峡库区进行实质性的对口支援工作。故事还要从时任总理温家宝到了三峡地区说起呢⋯⋯

2001年,温家宝总理来到万州地区的移民新村视察。农民们看到总理亲自来看望他们,十分热情,纷纷围着温总理说上几句。温总理很关心移民们的生活现状,大家表示对现在的日子还蛮满足,有的移民说:"我们的生活很好啊!"每天白天可在家搓搓麻将,生活很是惬意。总理有些疑惑:"那你们的土地怎么样?"这一下问到了点子上,"现在地还不能种啊。"移民们表示,当地的土地还是刚刚开发出来的"生地",养分或是土地条件不及"熟地",不能满足农作物生长的条件。因为当时库区水位升高后,为了满足移民们的种植需求,当地只能到山顶上去开荒,这些新开荒的土地自然还不能满足实际种植的需求。

"那你们平时都干些什么呢,国家发的移民补贴费用你们拿到了吗?"移民们回答:"国家发的钱都收到了,平时也没啥干的,就搓搓麻将,我们已经用了三分之二了。"显然移民还不明白自己的生活状态,仍高兴地说道:"有政府在,以后不会饿着我们的。"这可急了总理。

因地制宜,按当地特点发展产业

从万州离开后,温总理召开了经济会议,主题是讨论关于三峡库区产业空心化问题。是的,这种空心化的现状是让人担忧的。这么大数量的一拨人,如果找不到以后赖以生存的产业,靠国家补贴吃饭总不行的。那该怎么办呀?因此,国家号召各个对口省市对三峡库区的产业进行帮扶,真正让移民们在迁入地找到归属感。根据市里分工,我们市农委接到的任务就是帮助当地建立农业产业,以提高农民的收入。我们农委一行来到五桥实地考察,经了解当地的实际,发现这里有得天独厚的自然风光和农业条件,建立一个农业开发园区或许是个不错的选择。经和当地政府商量后,农业开发园区最后选址在五桥管委会附近的天星村。这个地方原先已建了一些温室,也种植了一些农作物,上海派去的专家们计划在这些基础上扩建智能化温室。上海市孙桥农业开发区接受了这个任务。当时,这个项目总共投资300万元,建设了2800万平方米的智能温室,上海方面承诺一年之内会负责管理并把技术教授给当地农民,且一年内的一切损失都由上海方面承担。项目建成后,大部分常规蔬菜都能够在智能化温室里种植,不仅解决了当地"生地"的问题,而且农业园区也带动了当地移民的就业,起了示范作用。时任重庆市委常委、分管农业的副市长陈光国来到了五桥,说:"以后要看智能温室,不用去国外看了,五桥的温室就已经达到了非常高的标准。"可见,上海的智能温室之举是成功的。

在对口援建的实践中,我们还发现当地气候潮湿,树木也较多,很适合种植食用菌,加上重庆地区人们喜欢吃火锅,火锅食材里食用菌又很受欢迎。根据五桥的特点,市农委请来了上海种植食用菌的大户大山合集团有限公司(以下简称"大山合")到了当地,对当地农民进行食用菌种植的培训。记得在第一期培训时,市农委投入了10多万元,购买菌包免费送给参加培训的农民。农民积极性很高,100多户农民参加了培训,老师边上课边教如何种,上好课后发放菌包。那时农民们生活条件改善了,住在国家给他们造的房子里,但是房子里大部分是空的,就可以在住宅里放菌包。"大山合"原计划发放完菌包后再收购食用菌成品进行销售,没想到第一期基本上收不到什么食用菌了,原来小小的万州地区有50多万人口,当地人又爱吃火锅,种植的菌菇自己就销了出去,有一位农民两个月时间就赚了1万多元,最少的一户农民也赚了2000多元,"种菌致富"这事在万州地区引起了轰动。之后,我们农委在当地一共办了5期培训,由政府资助的

五桥温室内种植了大量蔬菜作物

只有第一期,后面都是农民自己买了菌包自己种,他们尝到了种植食用菌的甜头,自己大批量购入菌包,一包就 1 元钱,这笔买卖他们算下来很划算。而大山合也很满意,虽然不能收到足够多的食用菌,但自家生产的菌包能够大批量地销售出去,也很高兴。经过三年的努力,整个万州地区食用菌的产出率达到了6000 多万元,这真是政府引导、农民参与建设。自此,一个食用菌的生产产业在当地稳定地发展了起来。

与此同时,五桥地区的另一个特色产品也有了长足的发展。万州地区是国家认定的柑橘种植带,五桥也不例外,当地农民一直种植柑橘,但只是口感始终没有突破,看来关键是品种要改良。2004 年,当地农业部门和我们取得了联系,想引进新品种"红橙"（也叫血橙），先建立一个 30 亩左右的育苗基地，但苦于资金不足。市农委得到消息后，我们组织一批专家来到当地，进行实地勘察，对"红橙"的品质予以了肯定。于是，上海又出资 150 万元，帮助他们建立了育苗中心。如今，"红橙"已成为一个知名果品销往各地，实实在在地带动了当地农民们增收。

　　除了万州五桥，上海还对口帮扶宜昌市。在这个区域，由于我们对口的两个乡镇已没有什么土地，怎么发展经济呢？经实地探查后，我们与当地相关部门反复商量，还是寻到了一条新路，可以养殖鱼类。我们指导上海水产大学（现海洋大学）与当地合作，引入了一个较新的鱼种——红鲷鱼，养殖效果不错。由于当地是水库地区，水质不错，且上海水产大学刚好引进了这个新的鱼种，也需要一个养殖基地，双方一拍即合。由于养殖上采用了密集养殖的方式进行培育，一立方米的水域内密密麻麻尽可能多地养殖了幼鱼，取得了较好的经济效益。当然，养殖水域和长江是隔开的，不会影响本地鱼种的正常繁育。这个鱼种的成功引入也成了当地的一个特色，在后来上海的新春大联展上，红鲷鱼反哺到了上海市民的餐桌上。

助推农产品销售，让优质品牌农产品进入申城

　　为了进一步扶持当地发展农业经济，我们也积极努力地帮助农民销售，让当地特色农产品在上海打开市场。2002 年，上海开始举办新春农副产品大联展，这个联展是否可以引入万州、宜昌当地的特色农产品呢？答案是肯定的。在帮助农民拓宽市场的同时，也可把更多的好东西带给上海市民，何乐而不为呢？我们第一时间把举办大联展的消息告诉了对方，邀请他们把当地特色的农产品运往上海销售。在展会上，我们为万州、宜昌留出了最好的位置，免费让他们宣传、销售。

当时,很多农展会都是无人问津的,而这个展会注定让他们留下深刻的印象。展会开幕前的下午,上海市人大和上海市政协各方领导都来看望他们,让农民大受鼓舞。展会第一天,开门前市民就早早地在农展馆门口排队入场,当第一拨上海市民挤进来的时候,参展商们都震惊了。万州的参展商们完全没有想到会有那么多的人,也没有想到自己的产品会受欢迎,他们只是将鱼泉榨菜、神女酒的一些样品带到上海,当市民们络绎不绝地前来询问时,他们真是傻眼了:怎么办? 一位宝山区派往万州的挂职干部看到后灵机一动,他马上打电话将自己的爱人叫到了现场帮忙,拿出厚厚的一本记录册,现场"签约"订货。他把需要的货品和数量一一记录下来,让万州后方立刻把所需产品送往上海。自此,原先

特色产品展销会上的宜昌参展商

只接受浙江、福建等地品牌榨菜的上海家庭里,鱼泉榨菜出现得越来越多,独特的香烟盒式包装也让人印象深刻。

而宜昌地区的参展商听说新春大联展的消息后,显然有备而来。他们带着整个地区的多个品种特色农产品来到上海,其中上海引入的红鲷鱼也深受欢迎,本是 10 元一条的价格,由于畅销,现场涨到了 30 元。一位来自夷陵当地的商户邓村茶业还现场另外定了摊位,销售自己的茶叶。他着急地说:"这个联展太好了,我们可不可以自费再定一个摊位?"考虑到他们的实际情况,我们以较低的价格在免费摊位的隔壁为他再保留了一个摊位。自此,上海新春大联展的平台上,每年都有万州、宜昌地区的特色农产品前来宣传。据我所知,之后的十年里,我们一直为这两个地区保留免费摊位。这也是上海农业部门对库区的一片心意。

如今,上海对三峡库区经济的扶持工作仍在继续。产业的稳定化,逐渐改变了原先移民在迁入地的生活,他们的日子越来越有奔头,完全融入了当地的生活。

【口述前记】————————

张祥明,1945 年 5 月生。1999 年 9 月至 2003 年 4 月任市农委副书记,1999 年 11 月兼市安置三峡库区移民办公室主任,至 2005 年 8 月参与市安置三峡库区移民工作,国务院验收三峡工程外迁移民工作专家组成员。2003 年 5 月至 2008 年 3 月,任杨浦区人大常委会主任。

科学规划　细致安排　积极帮扶
——回顾上海市安置三峡库区移民工作

口述：张祥明

整理：陈　祈

时间：2017年1月3日

　　2015年初,国务院三峡建设委员会(以下简称"三建委")聘我为三峡工程验收外迁移民工作专家组成员,参加对三峡工程安置外迁移民工作进行复查。于是我随后和市农委的同志对上海市七个区县的移民安置工作逐一进行了复查。结束后,和三建委同志进行交流,一致认为,上海的接收安置三峡库区移民工作始终走在全国有安置任务的11个省市前列。一是上海从1999年11月到2004年8月正式结束,历时近5年,共接收安置三峡库区外迁移民1835户7519人,没有发生一个移民到北京上访。二是这么多移民中没有一个回流到重庆。这两个"没有",全国只有上海做到了。三是在2003年8月,联合国人权委员会和联合国教科文委员会组织专家考察团到上海,专门对上海的安置工作进行实地考察。我陪他们去了当时的南汇区(现浦东新区)彭镇的一个安置点。这一安置点是一个老人带着四个儿子,分别住在四栋新房内。考察组详细看了他们

的四栋新房和承包地、自留地,询问了他们的生活、工作情况。四个儿子除了正常农业生产外,有的到市区打工,有的在当地开展养殖业,生活安定,他们都夸当地政府很好地安置了他们,并感谢了党的领导。他们拿出了在重庆老家宅前的合照,让考察组成员能和现在的新房作对比,考察组又看到当地农民热情欢迎考察组的情景,都非常高兴。当晚,考察组在与市政府领导交谈后,一致称赞中国政府和上海市政府非常重视安置工作,看到外迁移民生活安定,都大加赞赏。同行的世界开发银行也称赞移民安置工作的成功,对移民今后的生活充满信心。这三个方面非常有力地说明了上海三峡移民安置工作完成的出色程度。

科学规划　助力安置工作顺利进行

我初次参加三峡移民安置工作是在 1999 年 11 月,当时我刚从长宁区调任市农委担任副书记,11 月某日,市农委领导要我随蒋以任副市长前往重庆参加一个会议,到了重庆之后,才知道是时任国务院副总理吴邦国召开的重庆库区外迁移民工作会议。会上布置了 11 个省市的安置三峡外迁移民任务,上海先进行试点,安置 150 户 600 人的库区移民。回到上海以后,时任市长徐匡迪召开市政府常务会议,对如何贯彻重庆会议的精神做了要求。强调要讲政治、顾大局,把试点任务圆满完成好。会议确定由冯国勤副市长担任安置工作组组长,副秘书长周太彤担任副组长,具体负责此项工作。会后,冯国勤明确要我担任办公室主任,组建办公室开始工作。之后我和当时农委领导一起研究商定了办公室由市农委、民政、财政、公安等成员参加的办公室和办公地点。安置三峡库区移民工作就这样正式开始了。

其实对于安置三峡移民工作具体要做什么,怎么做,我们大家都没有经验。因为如此大规模的移民安置工作对于上海来说可以说是空前绝后的,新中国成立后上海只有支边、支内任务,从来没接收过外地移民。办公室成员讨论后,认为只有按照中央和国务院的要求,按照市委、市政府领导的指示,摸着石头过河,从实践中摸索,认认真真把这项工作做好。本着做到"三个负责"——对历史负责、对社会负责、对移民负责的精神,办公室的同志走一步,总结一步,不断地完善这项工作。我们当时去北京拜访国务院三建委外迁司,他们也说没有任何经验可以借鉴,需要我们自己摸索。

科学规划、细致安排。安置外迁移民工作的难度非常高,而由国家、政府出面组织的大规模移民接收安置工作本身就是世界级难题,容易使移民产生自己是"特殊公民"的思想,出现"等、靠、要"的现象,而且上海本身土地资源稀少,如何将移民安置好也是个大的难题。我们办公室经过讨论,初步考虑了五个方案,对五个方案的利弊都做了比较。第一个方案是安置到江苏大丰,好处是土地充足,但是这样名不正言不顺,移民会感到没有真正进到上海市;二是安置到市郊的农场,好处是土地较为充足,但问题是农场属于企业单位,没有行政部门,难以管理;三是安置到郊区乡镇和农场结合部,好处是解决了土地,但仍需要有新的政府行政单位,不好处理;四是全部安置到崇明,但是规划移民共 7000 多人,过于集中;最后一个方案,就是"相对集中,分散安置",通过"分步走"的方式将移民安置到郊区 7 个区县,这就既符合国务院要求,也考虑了上海郊区的实际情况。市政府常务会议听取了我们五个方案的汇报以后,同意我们提出的最后一个方案,为五年圆满完成国务院下达的安置外迁移民任务奠定了基础。五年中,这一规划的实施又分为三步走:第一步是将移民安置到崇明西部经济条件相对较差的地区作为试点,当然会给予移民政策上的优惠;第二步再将移民安置到经济条件相对较好的崇明东部;第三步再将移民安置到南汇、奉贤、金山、松江、青浦、嘉定等区县。这样规划的目的就是让后面的移民能觉得自己被安置的位置越来越好,那就更愿意前来,保证外迁工作稳定有序。

如何确定移民资格,必须严肃认真对待。重庆库区要求外迁的移民众多,

确定移民资格,是保证安置好的前提。办公室根据市领导的要求,摸清移民资格情况尤为重要。我们和重庆当地有外迁移民的县、乡镇进行多次沟通交流,达成共识,确定几个原则:一是整建制外迁,对有外迁任务的乡镇村集中动员报名,进行筛选;二是丧失劳动能力人员等不宜外迁;三是要掌握所有报名外迁人员的基本情况(户口、婚姻、子女、财产等)以及法律关系,建立档案,便于逐户、逐人审核。在实践中,基于达成的先期共识,我们郊区县有安置任务的各乡镇村都派人前来移民家中逐户、逐人进行审核对接,避免了 1000 多城市户口和严重超计划生育人员等混入外迁移民行列。

细致安排三峡移民安心落户崇明

2000 年,第一批试点外迁移民共 150 户、600 人,按计划被安排到了崇明西部的安置点。有安置任务的村每个点 3 到 4 户。规划安置移民遇到的第一个问题是土地问题。上海市农村的人均土地面积为 0.3 亩,而按照国务院的要求,给予每个移民的承包地面积标准是一亩,再加上一分自留地,另外,市政府决定每户移民家宅基地为 200 平方米,这些土地要从当地的村集体资产中置换,就由区县政府出面,通过收购、置换农民的土地或其他各种方式来解决。国务院给的补贴资金是每亩地一万元,按照上海的情况,每亩土地需要的成本大约是 2.8 万元,也就是剩下的资金要由上海市自行解决。于是市政府决定出台政策由市、区、县合力筹措资金补贴有安置任务的乡、镇、村加以解决。在选择安置点的时候,为了满足移民的生活、工作、医疗、教育等需求,办公室又对安置村提出,要求承包地距离移民的自家宅基地不超过 200 米,而宅基地距离集镇不超过 3 公里,这一要求目的是为了方便移民的生活工作。这些标准都是我和相关同志讨论后决定下来并要求各区县严格按照执行的,办公室和各区县对每个安置点都进行了检查,确保都符合要求。安置好移民的关键是房屋建造问题。徐匡迪市长在

解放军官兵与公安干警在帮忙搬运移民的物资

市政府常务会议上明确要求,每个移民都要享受国民待遇,每户移民的住房要和当地农民一样,要新建两层的小楼,不落后于当地农民。办公室经过调查研究,听取各方意见后,报领导小组同意,确定了移民的建房标准,3 口之家 120 平方米,4 口之家 150 平方米,5 人以上 180 平方米。确定由有关部门统一房屋的设计,由乡镇组织施工人员进行建造,严格要求不能有一丝一毫的改动,避免产生

不必要的矛盾。关于建房的费用问题,办公室经过调查研究、听取各方意见后,制定了相关政策也报领导小组同意。一是免去有关建房的税收、行政收费等,二是根据当时上海郊区建造房屋的成本大约是每平方米550元,除国务院给予移民的部分补贴后,建房资金的缺口部分由市里出台政策解决给予补贴,由两部分组成,一部分是固定补贴,另一部分采取由政府出面组织的无息贷款解决,明确移民所借的无息贷款从第六年开始还贷,十年内还清。这样保证每个移民都能解决建房的资金问题了,既符合市场经济规律,又体现了人性化关怀。经过十多年来,移民的房屋质量上没有发生过突出问题,其中一些移民更是因为城市化的发展而遇到了动拆迁安置,住进了商品房。

移民搬迁运输到上海的整个过程,也是一项艰巨而细致的工作。根据市领导要求,我们和各区县商定,一定要安安全全、顺顺利利地保证移民到达上海的安置点,住进新家,要求做到"一个人不能伤,一件物品不能丢"。不少移民将家里的每件物品都尽可能搬到上海来,导致人员、财产的保障工作异常艰辛。每年移民前来的时间又适逢八月上海最热的时候,每一批移民到达上海的时候,都是出动了每个乡镇的党员干部、公安民警,还有解放军部队与武警官兵到码头和安置点帮助移民搬运行李物品、维护治安、维持交通秩序、疏导人群,连海军码头都用过好几次了,每批移民的船到上海市,都有市领导到现场欢迎,2004年8月最后一批移民到达上海,时任市长韩正亲自到码头迎接。每次移民到达码头,我们都组织群众欢迎,敲锣打鼓、鞭炮齐鸣,使他们有一种到达新家的温暖。2004年8月,全部移民到达上海,我们真正做到了"不伤一个人,不丢一件物品"。

积极帮扶　无微不至关心移民生活

对于移民的后期帮扶工作,国务院对三建委要求做到"稳得住,逐步能致富",这对我们的移民工作提出了很高的要求。为了保证落实这一要求,经研究

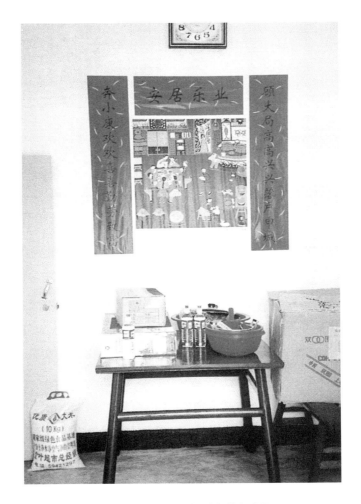

上海各界向三峡移民赠送的各种生活用品

并报送市政府同意后,我们采取了多项帮扶措施。一是移民进安置点以后,要保证他们能立即开伙,为此决定给每户移民送上50斤大米,而且移民的承包地在他们到来之前就已经播种好了水稻,自留地也种上了蔬菜,每户移民的新家大厅里配上了一张八仙桌和四条长凳。像电饭煲、灶台、热水瓶、扫把、簸箕这样的生

活用品也都准备好了,保证移民到达当天就能生活。二是为了体现市政府对移民们情感上的关怀,办公室决定,给每户人家制作一副对联,上联是"顾大局,高高兴兴落户申城",下联是"奔小康,欢欢喜喜勤劳致富",横批是"安居乐业";还精心选取了一幅金山农民画贴在客厅里,并挂上移民搬迁以前在库区老宅的全家福照片,使他们感受到上海市对移民细微的关怀和新老住宅的对比。搬迁当年,遇到中秋节和春节,市里要求中心城区通过对口帮扶,给每户移民送上月饼和肉、鱼等年货。三是除了给予移民农业生产上的帮助以外,市里要求各区县对移民进行分批次的生产技能培训,让他们学会种植水稻、小麦等农业生产技能,使他们适应当地生产。四是要求各区县、乡镇积极给每户移民家庭安排一个以上非农就业的岗位,通过各种办法,协调当地的企业单位,给移民安排工作岗位,并安排相关的工作技能培训,使每家有基本的经济来源。五是市里制定了移民的医疗、子女教育等有关政策。解决每个移民的农村医保,对移民子女的教育问题,由于教学进度的差异,移民子女的教育程度和上海相比有一定差距,还要安排专门的教师对移民子女进行一对一的补课。以上措施使得移民很快适应并融入当地的生活。如今,大部分移民已经和当地农民的生活水平持平,不少移民子女上了大学、出国打工或与当地人通婚,逐步做到融通、融合。

最后,安置移民工作一个非常重要的问题是资金的管理和使用,这一点国务院、市政府反复强调、要求。我代表上海市政府与三建委进行资金管理使用签约,市和各区县、乡镇层层签约,要求层层负责,保证给移民的补贴资金一定要到位,保证资金绝对不能少一分钱,各级移民机构不能贪污或将资金挪作他用,这是一条"高压线",所有人都不能触碰。最后国家审计署和上海市审计局进行层层审计,完全符合要求。没有发现一起大的资金管理使用问题。

我能参加安置三峡库区移民的工作,感到非常光荣,也算为上海作了一点贡献,毕竟这是国家的大事,是历史进程中的一件大事。上海能将移民安置工作做好,不是某一个人的功劳,不是资金和硬件的问题,而是各级领导、各个机关、有关部门、各区县、乡镇村上上下下的科学规划、细致安排,做到换位思考,能够充分为移民考虑,本着对移民负责、对社会负责、对历史负责的精神,克服种种困难,并最终出色完成了任务。正因为如此,以后每次国务院三建委召开关于三峡移民方面的阶段性会议,我们上海的同志基本上都是第一个发言来介绍工作经验,可以说起到了一个引领的作用。我们的工作得到了国务院三建委的充分肯定。三建委多次召开会议交流经验,表彰先进,上海市政府曾被评为先进单位,不少区县移民机构和个人都受到了表彰。2003 年国务院三建委和国家人社部表彰了 4 名先进工作者和 6 名劳动模范,我也很荣幸成为先进工作者之一(享受省部级劳模待遇)。这一荣誉不仅是对我工作的肯定,也是对上海市各级移民工作者的肯定。这一段经历,将永远铭记在我心中。

　　郭雪梅，1957 年 11 月生。1997 年至 2013 年，任重庆市移民局经济合作处副处长、处长、副局级巡视员等职。从事全国对口支援三峡工程重庆库区和移民外迁管理工作十六年。

"五个之最"和"四个精准到位"

口述：郭雪梅

整理：夏　涛

时间：2017 年 8 月 7 日

　　1997 年重庆直辖后迅速成立了市移民局，全面接手原四川省移民办所有的三峡移民工作职能。为了保持对口支援工作的无缝连接，当时市移民局处室设置逐步到位，经合处是移民局最早设立的处室之一，同事们戏称经合处是移民局的"外交部"。我是经合处最早的工作人员，从事对口支援工作长达 16 年直到退休，亲眼见证了三峡库区在全国对口支援中所发生的巨大变化，切实感受到对口支援是全国人民参与、关注三峡工程建设最好的载体和平台。由于工作原因，我对全国 20 个省市（自治区）对口支援重庆库区的情况有些了解，也结识了支援省市从事这项工作的很多领导和同行，有的还成了好朋友。虽然我退休多年了，但是，上海市对口支援工作给我留下的深刻、难忘的记忆，至今还非常清晰。

五 个 之 最

1992年第七届全国人民代表大会第五次会议通过了关于兴建长江三峡工程的决议。三峡工程建设量特别大，周期很长，百万大移民搬迁安置这道世界难题更是世人瞩目，为了实现三峡移民"搬得出、稳得住、逐步能致富"的目标，1994年，国务院、三峡建委颁发文件，安排全国30多个省市（自治区）结对三峡重庆、湖北库区区县，对口支援库区移民搬迁安置和经济发展。由于重庆市承担整个库区移民搬迁安置总量的85%，所以安排了20个省市（自治区）对口支援我们，上海市承担了对口支援重庆万州区原五桥移民开发区（现在行政级别是五桥街道办事处）移民安置的重任。

按照党中央、国务院的部署，在国务院三峡建委办公室的具体指导下，上海市委、市政府对对口支援三峡库区这项工作提出了很高要求，市合作交流办认真组织实施，不打折，不懈怠，市级财政、部门、区、乡镇出钱、出力、出干部，在帮助库区移民安稳致富、城镇基础设施建设、经济社会发展、改变干部观念提高素质等方面功不可没。在五桥街道，以上海市、区、部门命名的道路、学校、医院、培训中心等建筑物随处可见，当地群众有口皆碑，库区其他区县也心生羡慕。上海对口支援工作成效显著，在全国20个省市中起到了引领、示范和标杆的作用，因此常年包揽了国务院三峡建委各种表彰和先进称号，能够获得如此殊荣的省市大概不会超过5个。上海市合作办的周伟民、周振球、曹整国、方城等领导都当选过国务院三峡建委评选的"全国对口支援先进个人"。

上海人做事历来以认真、细致、创新著称，体现在工作上，就形成了精益求精、踏实勤奋、力争上游的工作作风。回顾那些年，在20个省市对口支援工作中，上海市创造了"五个之最"。

一是领导最重视。上海市委、市政府始终把对口支援三峡库区作为一种使命和责任,勇于担当。有一件事情虽然过去很多年了,但我还是记得很清楚。1998 年重庆市刚刚直辖,时任重庆市委常委、副市长甘宇平同志率队出访对口支援省市,我作为一名工作人员随行。我们第一站来到上海,当时韩正同志任上海市委常委、副市长,他会见了代表团全体人员并进行座谈。第一眼见到韩副市长,我觉得他年轻、儒雅,平易近人,腰间还别着 BB 机。后来,韩正副市长一席话让我肃然起敬,记忆犹新。他说:上海是全国人民的上海,上海生产建设所需的原材料来自全国各地,上海生产的商品也在全国各地销售,上海经济社会的发展离不开全国人民的支持,上海市支援三峡库区是对全国人民的回报,是我们应该做的。在对口支援工作初期,上海市的领导就有这样一种全国"一盘棋"的大局意识和省市之间互助协作情怀,我想这就是上海市做好对口支援工作的内在动力之源。在我工作期间,上海"四大家"领导全部都到过库区考察指导工作,早些年分管副市长蒋以任更是多次深入万州调研。2004 年 8 月,时任上海市长韩正率上海市党政代表团赴万州考察对口支援工作。2009 年 7 月,时任中央政治局委员、上海市委书记俞正声,上海市长韩正一同率上海市党政代表团到访万州。时任上海市副市长孟建柱、上海市委副书记应勇、上海市政协主席吴志明、上海市人大常委会主任殷一璀都率队赴重庆万州区考察。多年来到库区考察指导工作的省市领导中,上海市领导级别最高,人数最多。

2008 年 2 月,上海市合作交流办建立了与湖北省宜昌市和重庆市万州区三方紧密合作的对口支援联席会议制度。每年初召开联席工作会议,明确工作思路和重点,敲定年度项目和资金,确保当年工作顺利实施。对口支援联席会议制度是上海在库区的独创,它也是对口支援长效机制保障的重要基础。

二是支援任务最重。按照三峡建委 1994 颁发的文件精神,全国 30 多个省市(自治区)分别对口库区一个区县,只有上海和江苏承担了同时支援重庆和湖北两大库区核心地区的任务。万州区三峡移民动态人数有 30 多万,占重庆库区

的四分之一,搬迁安置量巨大,需要安置的有农村、城镇人口和企业职工,一应俱全。可以想象,在国家级贫困地区要安置如此量大的移民是多么不容易,就是在这种情况下,上海接受了对口支援任务。从 1999 年开始,上海还在本市 7 个区县接受安置了重庆库区农村外迁移民。

今日万州区上海大道

三是资金最有保障。自 1993 年以来,全国 20 个省市对口支援重庆库区累计到位资金 1137.15 亿元,其中各省市财政支援资金 39.15 亿元。上海市把对口支援资金列入财政预算并逐年递增,这是搞好对口支援的基础保证。三峡工程二期移民搬迁安置工作告一段落后,为了加大对口支援工作力度,国务院三峡办要求各省市每年对口支援资金增长 5%—10%,上海市不折不扣执行得最到位,有力地保证了对口支援工作深入持久的开展。截至 2016 年底,上海市各级财政支援万州项目资金 5.24 亿元,占 20 个对口支援省市财政支援资金总量的13.38%。

四是工作机构最稳定。上海一开始从事开展对口支援就设立了专门的工作机构,配备了得力领导和干部。在我工作十六年中赶上了几次国家机构改革,有的部委撤销,有的部委职能合并,随之而来的是对口支援省市机构也进行了不小的调整。特别是库区二期移民搬迁安置任务完成以后,有的省市认为对口支援工作是不是也该结束了,有的撤销对口办,原有职能由相关部门兼任;有的减员缩编,减少工作经费。即使是在这种形势下,2005 年,上海市整合了援藏、援疆、援滇、援三峡等工作机构,成立了"上海市合作交流与对口支援领导小组",下设办公室。2011 年,为了加强充实对口支援,机构更名为"上海市对口支援与合作交流领导小组",市委、市政府主要领导分别任组长和副组长。不管移民工作阶段性任务如何变化,上海市对口支援工作机构一直保持稳定,不减编不减员,处室设置更加合理,职能细化专一,工作有力。

五是挂职交流干部人数最多。上海市一直把挂职交流干部作为对库区援智和培养本地干部的重要途径,坚持每年派出优秀干部到万州挂职,同时大量接受来自库区的基层干部、技术人员等到上海挂职锻炼,为库区培养了大批优秀人才。上海挂职干部在库区工作、生活实属不易,他们不但要胜任新的岗位,适应库区艰苦的环境,还要克服生活上很多的不习惯。据初步统计,上海市共有 14 批 23 名干部到库区挂职交流,他们为库区移民搬迁安置和经济社会发展所发挥的作用得到了库区干部群众的认可。

四个精准到位

上海对口支援工作卓有成效,创建了好的模式和做法,在接受库区外迁移民安置工作中也充当排头兵的角色,始终走在全国 11 个省市的前列,任务完成得非常圆满。上海市移民安置办公室由于工作出色受到国务院三建委表彰,并多次在 11 个省市安置重庆库区外迁移民工作会议上做经验交流发言,2003 年安

置办主任张祥明被国务院三峡建委、国家人社部联合授予先进工作者称号。这些荣誉都是对上海安置外迁移民工作的充分肯定。

1999年5月,国务院三峡移民工作会议在京召开,这次会议对三峡移民工作具有里程碑的意义。会议根据三峡库区人多地少、环境容量有限的实际情况,明确了两个调整:调整和完善移民政策;调整企业的搬迁政策。同年11月,国务院三峡建委给上海、浙江、江苏、山东、广东、湖北、湖南、江西、福建、四川、安徽等11个省市下达了接收安置重庆库区农村外迁移民的任务。为了指导、协助库区区县做好移民外迁工作,移民局设立了重庆库区农村移民外迁工作办公室,抽调11名处级干部兼任外迁办副主任,分别联系库区区县和11个省市,其中我负责联系上海和云阳的工作。截至2004年8月,上海市7个区县共接收安置三峡移民7519人。上海市能够按时保质保量完成安置任务并使移民尽快融入当地社会,我认为主要得益于"四个精准到位"。

第一个是思想认识精准到位。我们都知道上海是全国的经济和金融中心,但是陆地面积并不大,人口稠密,多年来一直严格控制外来入沪人口数量,只有特别优秀的人才才有可能获得上海户口。当社会上得知上海要安置三峡移民的消息时,个别市民流露出了不理解的想法,他们不理解上海人户口迁出后都很难再回来,为什么三峡移民却可以来上海?然而,市委、市政府思想高度统一,坚决执行中央决策,支持国家建设。时任市长徐匡迪强调要讲政治,顾大局,本着对历史负责、对社会负责、对移民负责的精神把移民安置工作做好。随后立即组建了"上海市三峡移民安置工作领导小组",在市农委设立领导小组办公室并很快就进入了工作状态。

第二个是工作精准到位。上海市安置工作早期从深入调研入手。1999年12月,上海市分管副市长冯国勤同志亲自率队到云阳县调研,他是第一位到库区调研外迁移民安置工作的副部级领导。冯副市长在调研中冒雨走访移民家中,细心询问家里几口人,目前的生产、生活和子女上学情况,并耐心讲解上海安置政策和帮扶措施。上海市安置办和承担安置任务的区县乡镇同志们往返沪渝达 29 次之多,他们没有走过库区这种爬坡上坎的山间小路,遇到下雨摔倒了爬起来又走,挨家走访每一户移民家庭,详细登记移民房屋结构和面积、承包地和宅基地、年收入等数据,并对符合外迁条件的家庭人口拍照,逐户建立资料档案。通过上海方的调研和宣传,库区移民特别是年龄大一点儿的移民晓得了原来传说的"上海就是海上,到处都是盐碱地种不出庄稼"的说法是假的,打消了害怕在安置地人生地不熟受人欺负、不会做农活儿、生活不习惯等思想顾虑。在上海方面,以"融通、融合、融化"为目标,市安置办和区县前后召开了 30 多次会议,要求各乡镇认真筛选民风淳朴、经济发展条件和农民收入比较好的村社安置移民。为了方便移民生产、生活和出行,要求每个安置点距离集镇不超过 3 公里,有的乡镇干部用车程测量每个安置点是否在 3 公里之内,这种对工作认真的态度和一丝不苟的作风由此可见一斑。上海市 7 个区县按照市政府"五个落实"要求,即落实移民承包地、自留地的管理和种植;落实移民农具和生活日用品;落实移民子女读书学校;落实移民生产生活帮扶措施;落实移民培训和法制宣传,尽善尽美做好了一切准备工作。移民到上海新家后发现当年的庄稼已经种上,只等 10 月份收获,生产生活用品应有尽有,因为担心移民饮食口味不习惯,连上海味的辣椒酱都提前买好放在家里了,正如现在时髦的说法可以"拎包入住"。移民们一颗悬了好久的心终于放下了。

第三个是安置政策精准到位。移民安置,建房是重中之重,它涉及移民切身利益最大,也是移民最担心的事情之一,是外迁移民"安得稳"的关键,然而资金不足又是制约建房的瓶颈。移民建房资金由这样几个部分构成:移民旧房拆迁补偿费;国家补贴部分建房资金;上海市补贴部分资金。尽管如此,由于地区差异实在太大,上海建房成本比较高,从而导致移民建房的钱还是凑不齐。我记得

大概是 2001 年 2 月，云阳双江镇移民到上海奉贤对接，由于建房资金缺口问题，移民不肯在安置协议上签字，我们都很着急，于是我和云阳县副县长刘海清、双江镇党委书记潘文峰商量，给上海市安置办主任张祥明提出建议，考虑到移民的实际困难，请上海市再对部分移民建房资金缺口给予补助。很快，上海市安置办经研究请示，同意采取银行办理无息贷款的办法解决移民建房资金不足的问题。这条优惠政策在 11 个省市中是独一无二的，张主任对我们说，上海的安置建房政策不宣传、不报道，不给兄弟省市增加压力。除此之外，上海市政府出台文件，免去移民建房的有关税收和行政管理费用。移民建房优惠政策是上海诸多优惠政策之一，其他情况领导们都有口述，我就不再重复了。

上海建造的三峡移民安置房

第四个是后期扶持措施精准到位。为了使三峡移民尽快熟悉当地的生产生活方式、提高家庭收入水平,上海市想尽了办法,制定了一系列好措施。比如,免费培训移民生产技能;每户移民至少安排 1 人从事第二、第三产业;移民在两年过渡期内免交养老保险费、医疗保险费;移民子女入学两年内免收赞助费、学杂费,并对移民子女采取"一对一"课程辅导。移民家长们说:我们家的娃儿很快就学会说三种话了(云阳话、普通话、上海话)。上海道路交通管理非常严格,但是,为了移民生活方便,特别准许他们把家乡的摩托车运到上海并过户办照,以至于后来移民搬迁时直接把没有开包的新摩托车运到上海,在码头搬卸形成了一道亮丽的风景。

上海正是做到了"五个之最"和"四个精准到位",所以无论是对口支援工作,还是移民安置工作都可圈可点,我觉得这与上海干部的大局意识、敬业精神、缜密的思维和精细的工作方法是分不开的,也是上海人优秀秉性的传承。

另外,在我从事对口支援工作的十六年中,上海市政府合作办和市安置办给予了极大的支持和配合,与大家共事很愉快,借此机会一并表示感谢!

　　马忠星，1962 年 11 月生。1998 年 8 月至 2011 年 11 月，任湖北省三峡办对口支援协调处处长。2011 年 12 月至 2016 年 7 月，任湖北省三峡办党组成员、副主任。2016 年 8 月起，任湖北省科学技术协会党组成员、副主席。2017 年 1 月起，兼任湖北省政协常委、教科文卫体委员会副主任委员。

守护三峡库区　难忘对口支援

口述：马忠星

采访：方　城　夏红军　周文吉　任俊锰

整理：任俊锰

时间：2017 年 8 月 4 日

    2016 年，我正式从三峡工作中"退"下来。自 1992 年至 2016 年，我用二十四年的时间呵护着三峡工程的湖北省对口支援工作，就像看着一个新生婴儿一步步长大成人，现在正步入风华正茂的青年时期，而一路陪伴其成长的我及很多在这一战线上的朋友们，却渐渐步入了知命、耳顺甚至古稀之年。

    回首过往，时常感到峥嵘岁月似乎近在眼前。二十多年的工作历程，每年前往宜昌多达 20 次，这使我见证了对口支援三峡移民工作的全过程，对对口支援工作感触良多，尤其是上海开展的对口支援宜昌市夷陵区的很多工作，成了一段令我此生难忘的回忆。

平凡伟大的"三峡移民"

    三峡工程坝址选在湖北省宜昌市夷陵区的三斗坪地区，这份职责光荣而神

2010 年 12 月,马忠星(前排左 3)在夷陵区调研上海对口支援工作

圣,但是,担起这份职责需要破解移民搬迁安置这一"世界级难题",当然这也是三峡工程建设成败的关键。湖北作为三峡工程的坝区、库首,需移民人数 23 万,涉及夷陵、秭归、兴山、巴东 4 个县区的 31 个乡镇、256 个村;需要迁建 3 座县城、15 座集镇,搬迁 232 家工矿企业,复建 688 万平方米房屋面积。

三峡工程虽然经过多年的论证和准备,但是由于工程本身体量巨大且影响范围广阔,使得其动工准备工作仍然非常急促,可谓时间紧、任务重。但是,为了能够腾出足够的施工场地,确保工程能够按时开工,坝区移民工作采取"非常规"的运行模式,工作的艰难程度可想而知。

当时,湖北的三峡移民地处"坝区""库首",为了避免"水撵人"的情况发生,广大移民不讲条件,说搬就搬,舍弃了原本的沃土良田,来到一片荒地的陡坡高地。即使如此,很多人还是体现出了"舍小家,为大家"的家国情怀和气概,为三峡工程默默奉献和牺牲。

当时,秭归县杨贵店村的谭德训老人带领四个儿子砍掉了自家 200 多棵柑橘树,并拆除了当时全组最好的四间大房,一家 16 口人搬到了临时搭建的窝棚。谭德训一家也因此成了三峡百万移民的第一户。人类历史上规模最大的移民搬迁工程由此拉开序幕。

随后,三峡坝区所涉及的夷陵区四个乡镇,共计 2.5 万移民群众,纷纷告别了祖祖辈辈居住的家园,腾出了 13.62 平方公里的施工用地。工程如期开工,移民群众住进了临时帐篷,这一住就是三年,甚至更久。

2002 年,三峡工程正式上马的第十个年头,"三峡移民"这一平凡、伟大的群体,被授予"感动中国"特别奖,对此,他们当之无愧。

全国对口支援三峡库区

三峡库区属武陵山、秦巴山集中连片贫困地区,自然条件恶劣,发展基础薄弱,自我发展能力不足,如果只靠自身能力和国家补助,难以完成如此巨大的移民搬迁安置任务。为此,党中央、国务院审时度势,充分发挥社会主义制度的优越性,集中力量办大事,沿用我国东部发达省市对口支援边远地区和少数民族地区的做法,于 1992 年决定在全国范围内开展对口援助三峡移民工作,首次对这一区域实施全国性大规模对口支援。

三峡工程于 1992 年 11 月上马,其实在此之前,对口支援三峡移民工作已被提上党中央、国务院的议事日程。1992 年 3 月,国务院发布了《关于开展对三峡工程库区移民工作对口支援的通知》,1993 年,还将对口支援三峡移民工作纳入了《长江三峡工程建设移民条例》,在全国范围内进行了广泛发动。

全国对口支援三峡移民工作的号角吹响了。国家有关部委和省市积极响应

国务院的号召,在资金、物资上对三峡库坝区移民搬迁给予支持。其中,在湖北三峡库区的对口支援结对方面,由北京对口支援巴东县,上海、黑龙江、青岛对口支援夷陵区,江苏对口支援秭归县,湖南、大连对口支援兴山县。此外,广东、浙江、山东、安徽、河南、广州、深圳、宁波、厦门等省市还积极与湖北三峡库区开展经济合作。

这16个省市,可谓急库区之所急,想移民之所想,对受援地不吝分毫。从基础设施建设和基本生活保障入手,北京路、上海路、江苏路、湖南路、青岛路、大连路、武汉路等一条条友谊路逐步在库区铺就,随后,一大批国家重大战略布局工程也先后惠及三峡库区。

1994年至1997年,为了推进对口支援工作有序开展,国务院办公厅批转了《关于深入开展对口支援三峡工程库区移民工作意见的报告》,确定了国家有关部委对口支援整个三峡库区,20个省(自治区、直辖市)、10个大城市形成对口支援三峡库区的结对关系,开创了对口支援工作的新局面。

1999年,在国务院召开的三峡工程移民工作会议上,作出了"两个调整"的决定,即三峡移民搬迁由过去的后靠安置为主调整为外迁安置为主,工矿企业由过去搬迁结合技改调整为关停并转为主的企业结构调整。

随着三峡库区全面完成移民搬迁任务,实现了"搬得出、稳得住"的目标,2005年至2013年,确保移民"逐步能致富"被提到更为重要的位置。这一阶段,国家首次出台了《全国对口支援三峡库区移民工作五年(2008—2012年)规划纲要》,把影响库区发展的一系列根本性问题列为对口支援工作的重点,突出库区优势产业培育,大力发展招商引资和承接发达地区产业转移;突出库区基础设施建设、社会事业发展、人力资源开发和生态环境保护,加大扶持力度,逐步解决移民群众出行难、用电难、饮水难、上学难等问题,为移民安稳致富打下坚实基础。

2014 年,国务院批复出台了《全国对口支援三峡库区合作规划(2014—2020 年)》,标志着对口支援工作进入了新阶段,由过去以搬迁安置为主转为移民安稳致富,由过去的扶持型为主转为全面合作,由过去面上推动转为抓点促面、以点带面。随着国家实施"一带一路"、长江经济带开放开发战略和三峡后续工作规划、全国新一轮对口支援规划,政策叠加、融合发展的格局在三峡库区形成,对口支援三峡移民工作迈向更为广阔的空间。

上海多举措助力库区发展

按照党中央、国务院的统一部署,上海对口支援三峡工程移民工作的主要任务是,帮助对口地区进行移民安置,帮助淹没企业迁建和技术改造。多年来的工作表明,上海对口支援工作的开展可谓出类拔萃,不但成效显著,而且能够起到较好的示范和引领作用。正因其出色的工作,我每年都会前往上海两三次,沟通相关工作。

多年来,上海市委、市政府高度重视对口支援三峡库区的相关工作。1993 年 10 月,时任上海市副市长孟建柱率团赴宜昌和万县考察,这也是中央明确对口关系后,上海市级领导首次率团赴三峡考察。此后,上海每年至少有一位市级领导率团到库区考察指导移民和对口支援工作,多年以来,时任上海市领导的俞正声、韩正、殷一璀、吴志明等同志都曾来到三峡,这为对口支援三峡工作形成了强劲推动力。

在这样的强大推动力下,上海的对口支援工作开展出色,其中还有三个方面的主要原因。首先,上海对于湖北三峡库区是全力支持的,因为在对口支援过程中,上海能够将作为县级行政区的夷陵与作为市级行政区的重庆万州一视同仁;其次,上海市合作交流办统筹协调,措施得力,主要领导、分管领导和对口支援处同志们都能够深入对口支援的基层,帮助库区出谋划策、争取资金,为库区说话,

"胳膊肘向库区拐";最后,上海市为保障对口支援落到实处,还先后选派了14批20多名优秀干部到夷陵区挂职,起到了对口支援的组织协调、联络对接、执行落实等重要作用。

多年来,上海市不遗余力地开展无偿援助,助力湖北三峡库区的发展。上海市在对口支援三峡移民工作中,注重顶层设计,建立长效工作机制,制订了五年对口支援规划和年度计划,分年实施。建立了市财政对口支援资金稳定增长机制,无偿援助资金每年增长8%,开全国资金增长机制之先河,起到了示范引领作用,北京、江苏等省(自治区、直辖市)随后跟进。2016年对口支援资金达4201万元,支持夷陵区资金累计达4.33亿元。

上海市对口支援资金,主要为三个方面的用途。首先,用于教育、卫生、民政等公共服务设施建设,建立了上海中学、妇儿医院、罗河路菜市场、社会福利院等,极大地改善了库区公共服务条件。时任湖北省委书记俞正声同志,专门为社会福利院揭幕剪彩;其次,投入千万元以上,用于移民小区综合帮扶。比如对小溪塔街道营盘社区开展的帮扶,极大改善了社区面貌和居民生产生活条件,成为湖北省城镇移民小区综合帮扶示范点。基于此,2016年全国农村移民安稳致富示范点现场会在此召开。投入3500万元用于农村产业基地帮扶,建设农产品基地,发展乡村旅游,带动了农村移民致富;第三,用于移民培训就业,二十四年来,先后为夷陵区培训干部和移民致富带头人2500多人次,帮助库区解决就业3000人次。

多年来,上海高度重视产业扶持,寻求政府、群众和企业的"多赢"局面。在扶持库区产业发展中,上海市注重将对口支援与上海企业向中西部战略转移相结合,把对口支援地区作为产业转移首选地。通过政策引导、资金扶持等举措,鼓励上海企业落户夷陵,包括均瑶集团、粤海纺织、爱登堡电梯等知名企业最终落户。

　　给我印象最深的是上海均瑶集团。均瑶原来是一家浙江温州企业,总部迁往上海后,参与到上海市组织的对口支援三峡库区活动。十多年来,均瑶集团在湖北三峡库区累计投资达85亿元,已经建成了均瑶乳业一、二期,宜昌均瑶国际广场及历史风貌街区,加快了三峡库区的产业结构调整,促进了当地经济社会发展。也正因此,集团两任董事长先后被国务院三峡工程建设委员会授予"三峡工程建设先进工作者"和"全国对口支援三峡工程库区移民工作先进个人"荣誉称号。

　　此外,上海爱登堡电梯有限公司通过对口支援与夷陵区签订了长期合作战略协议,2015年投资了2.8亿元在夷陵区建设生产基地,实现了当年签约、当年开工、当年投产的"爱登堡速度"。现在,爱登堡电梯宜昌基地已经成为该公司在华中地区重要的电梯生产基地,实现了良好的经济效益和社会效益。

　　在政府层面,上海市财政拿出了7600万元与当地合作,新建了三峡移民就业基地,引进一批对口支援企业,为企业落户库区创造了良好的软硬件环境。截至2016年底,共计有5家上海企业落户库区,投资总额达120亿元。

2009年3月,上海援建的标准化厂房竣工并交付使用

　　风风雨雨,一路走来,忘不了在库区奋斗的日日夜夜,忘不了库区的那些移民群众,忘不了对口支援的兄弟姐妹,但时光荏苒、白驹过隙,不变的是滚滚东去的长江水,变的是曾经一起奋斗的、逐渐老去的我们。而现在,三峡库区迎来了新的守护者,对口支援工作也已揭开新的篇章!

汤志光，1953 年 9 月生。1994 年 8 月起，先后担任四川省万县市委办公厅副主任、万县市五桥区委副书记、万县市委副秘书长、五桥移民开发区党工委书记等职。现任重庆市万州区委常委、巡视员。

上海的对口支援工作是一流的

口述：汤志光

采访：冯小敏　王建华　方　城　白璇煜

整理：白璇煜

时间：2016 年 11 月 24 日

　　五桥是原四川省万县市的一个县级行政区,辖 34 个镇乡、街道,有 60 多万人,其中,移民镇乡、街道 10 个。我于 1994 年至 1995 年在五桥区任副书记,分管对口支援工作;1998 年至 2005 年,重庆市直辖后,五桥区改为万州区五桥移民开发区,原管辖不变,我任党工委书记;2005 年,五桥移民开发区撤销,其镇乡、街道由区直管,我调任万州区委常委,分管"三农"、移民和对口支援工作。五桥是 1993 年为适应三峡移民需要才组建的新区,非常穷,当时财政收入仅有一两千万元,500 万元以上的工业企业仅有两三家,没有一寸水泥路,区政府所在地设在一个仅有几千人的小镇上,区属机关全部租房办公。可能正是因为穷,国务院才安排了上海对口支援。

　　我参与对口支援工作近二十年,对全国对口支援三峡库区移民的工作比较了解,对上海的对口支援工作较熟悉。回顾整个对口支援工作,我认为,上海当之无愧是第一流的。

上海市委、市政府对帮助库区的重视是一流的

上海市委、市政府对抓对口支援工作有三个"独一无二"：一是上海四套班子主要领导带队，两次组织几十名相关部门和区主要领导到库区实地考察，专题调研对口支援工作"独一无二"，这充分体现了上海领导的政治意识、大局意识和看齐意识；二是上海市分管领导在移民搬迁任务完成之前，每年都率领一个很大的考察团到库区研究制定年度对口支援工作计划任务，其工作持续性、决策执行力"独一无二"；三是上海将对口支援工作列入政府日常工作、对口支援资金列入财政预算，自始至终派干部到库区挂职，这"三项基本制度"也是"独一无二"的，这是对口支援工作的基本保障。

1999 年时的上海大道

上海市合作交流办发挥对口支援工作职能作用是一流的

上海市合作交流办主任姜光裕、钟燕群、林湘多次来万州调研，并坚持把对口支援三峡库区移民的工作作为合作交流办的头等大事、重中之重，党组会、办公会及时研究解决对口支援的有关问题。历任合作交流办分管主任周伟民、胡雅龙、周振球及费金森、曹整国、方城等对口支援处处长更是库区的常客，对库区有求必应、有事必来。经过合作交流办认真负责、深入细致的工作，对口支援逐步实现了制度化、规范化和系统化。

在上海市合作交流办的引领下，支援和受援双方的工作都形成了一套较完整的工作制度。如层层调查研究，制定年度工作计划，制定资金项目计划，制定项目实施方案，实行集体决策、会议决定等，都有具体的制度规范。这些制度是对口支援工作顺利推进的重要保证。在项目资金使用过程中更有严格的操作规范，首先是对项目要充分论证，一般在前一年下半年开始全面调研，年底前提出初步方案和项目建议书。其次是充分协商讨论，支援方和受援方党政都要多次开会研究，最后形成一致意见才下达项目计划。最后是对项目实施的全过程实行严格监督，项目开工有要求，中途有检查，完工有报告，事后有审计，并形成正式审计报告。在对口支援的各项具体工作中，从办事员到正副处长到分管领导，大家职责明确，工作到位；从调研制定方案到决策和实施，程序清晰，环环紧扣，科学合理的决策与顺畅高效的执行融为一体，充分体现了组织工作的系统性。

动员全社会参与对口支援工作是一流的

三峡移民从一定意义上讲，是一项库区经济社会全面重建的巨大工程。因此，中央要求动员全社会参与对口支援工作。上海市委、市政府对此十分重视，各级领导以身作则，亲自带领部属到库区开展对口帮扶，市区合作交流办、市区各部门都纷纷带人带钱带项目组团对口援助。市区几乎所有党政机关都参与了对口支援工作,包括人大、政协、群团组织也积极参与其中。不仅如此,对口支援工作还延伸到了学校、医院等事业单位和民间团体、各类企业,这些事业单位和企业更是充当了主力。上海有几百家企业到库区考察过,不少企业在库区实施了合作项目,有近百家医院、学校参与了对口帮扶,支援资金和设备数亿元;有几十个镇乡、街道在库区结对,项目资金支持数千万元。除项目资金支持外,人文交流、精神支持更为库区干部思想解放、能力提高发挥了不可估量的作用。由于参与的广泛性,上海对口支援的资金和项目最多,上海对库区经济社会发展产生的影响最大,库区对上海人民的感情最深。五桥移民开发区撤销时的总结报告这样写道:"对口支援极大地改善了五桥的基础设施,优化了产业结构,推动了

2003 年 10 月,汤志光向上海企业家讲解规划中的五桥工业园区蓝图

移民与发展;对口支援让五桥人解放了思想、开阔了眼界,增添了发展动力。五桥人民与上海人民手牵手,心连心,血浓于水,情深似海。"在上海市政府大楼底楼大厅存放着一个万州赠送的古陶壶,其说明的标题是"同饮一江水",内容是"陶壶,东汉水器,距今两千余年,出土于重庆万州。它是三峡历史的见证,也是三峡移民的见证。三峡的古人以陶壶盛水,三峡的今人以大坝盛水,因这'水器'有了今天的移民,是水把上海和库区人民紧紧连在一起"。

上海参与对口支援工作干部的素质是一流的

近二十年中,我接触过上海党政企事业各类干部近千人,与我们中西部的干部相比,我感觉上海的干部有"三个特别":

第一,特别有敬业精神。我们西部有些干部当个人遇到不顺心的事、个人要求未能实现时,往往会消极怠工,拿工作"出气",而领导往往也以"可以理解"为由,或轻描淡写地说说,或视而不见。但上海的干部则不同。我见过不少学历高、资历深、年龄大、有能力的一般干部,也见过他们公开在领导面前发牢骚,但他们从不把个人情绪带到工作中,他们似乎把干好本职工作当作一件既神圣又习以为常的事情,始终恪尽职守,尽心尽力。这里,我讲几个印象深刻的人和事。

2005年五桥移民开发区撤销期间,我们机关干部全都合并到区里走了,开发区仅剩四大家主要领导不足十人留守。当时在五桥挂职的是宝山区的科级干部雷曙光,因部门调整未完全到位,他成了一个无人管的特殊干部。我跟他讲:"这个时候你不回上海,待在万州干什么?"他说:"越是这个时候,工作越需要我。"整个行政体制调整过渡期间,他没有离开万州半步。十多年中,几十名上海挂职干部,他们都有这样那样的个人和家庭问题,但从未影响过工作,特别是每批挂职干部轮换之前,很多人都涉及回去后的工作安排等问题,但他们都坚持站好最后一班岗,直到接任干部到位交接后才离开。

上海协作办第一个到库区考察的是副主任谭甦萍。当时五桥用红地毯迎接她。当她知道五桥穷得连接待经费都用的是贷款时,她十分感动,同时更深切地感受到对口支援的迫切性。回上海后,她费了很多周折,四处做工作,最终促成了上海对口支援工作"三项基本制度"的建立。这三项基本制度可以说是上海对口支援工作的基石,也是上海对口支援工作的基本特色。1995年谭主任在上海接待过我,她非常和蔼可亲,真像一位老大姐。她生病住院时,我曾打算去上海看她,却因工作原因没去成。听到她去世的消息,我和五桥的同志们都很悲痛,我去上海时,想到墓地看看,但没打听到地方。后来有一年春节前的晚上,我和我们对口办主任向毓葱两人终于找到她家里,本想看看她老伴,可她老伴到深圳女儿家去了,只见到了她儿子。五桥人民永远记得这位可亲可敬的老大姐。

陆征崎是原对口支援处副处长。有一年,为支持五桥旅游发展,他带着规划设计的同志考察潭獐峡。刚进峡口时,他脚崴了。潭獐峡地势险峻,乱石林立,峡长几十里,正常情况下要走六七个小时。当时我们劝他不要进去了,他却说:"我是专门来考察的,不进去怎么了解情况呢。"他硬是坚持走完了峡谷,出峡后脚肿得像包子,鞋都穿不进去了。我们随行的同志无不佩服地说:"陆处,你太厉害了,真是条硬汉子!"

还有一位干部叫孙明家,是来自卢湾区的挂职干部。有一次他从上海回五桥,途经重庆,在宾馆洗澡时不慎把肋骨摔断了。当时万州还没有机场,也没有高速路。第二天,他独自一人乘船十多个小时回万州,又自己找车从码头到五桥。当他到宿舍实在爬不上五楼时,才给办公室的同志打了个电话。这么多年过去了,每当想起这件事,我都有一种特别的感动。当时老孙在重庆时有几种选择:一是回上海治疗。肋骨断了是很痛苦的,两个多小时坐飞机回上海比十多个小时坐船的痛苦要小得多,且治疗条件更不用说了。二是在重庆就地治疗,这是任何人都可能选择的最佳方案。三是给我们打个电话,派人去帮帮他,这也是人

之常情。但是,他都没选择,硬是忍着巨大的伤痛独自坚持回到了工作岗位。这需要何等的敬业和吃苦精神啊!

第二,特别有创新意识。我接触的上海干部有职位高低、能力大小之分,却没见到过得过且过、庸庸碌碌之人。可以说每一个人都有较强的事业感、进取心,都想出新招、出成绩。

创新基于求实。上海各级干部似乎都十分明白这个道理。为了使对口项目接地气,符合库区实际,他们总是把调查研究贯穿在项目实施的全过程,及时了解掌握情况,及时调整思路方式。按照中央关于库区移民"搬得出、安得稳、逐步能致富"的总要求,移民搬迁初期,上海把重点放在帮助基础设施重建上。为解决库区产业空虚,就重点支持上海企业到库区落户;当发现上海企业在库区"水土不服"时,立即将重点调整为"筑巢引凤、招商引资"上来。为解决库区产业规模、生态环保问题,又及时把重点放在支持工业园区建设、在园区建标准厂房上。这些实事求是、与时俱进的举措,有力解决了库区的重点难点问题,促进了库区经济发展。

创新出于勤奋。上海干部脑勤腿勤。我接触的上海干部中,从党政领导到一般干部,从企业老总到教师、医生,几乎没有无所事事者,大多数都在思考,都与我谈过与对口支援相关的问题及建议。同时,他们都很执着,再偏远的地方都乐意去跑跑;只要问题没搞清楚,他们宁愿一次又一次到实地调研。原对口支援处处长曹整国,为了解上海企业在库区"水土不服",及时解决重点向支持"筑巢引凤"转变问题,曾多次到五桥深入调研,甚至在腿伤未愈的情况下,挂着拐杖来回奔波。

创新需要成效。创新的目的是研究新情况、解决新问题、取得新成果。解决库区数万农村移民"逐步能致富"是移民及对口支援工作的大难题,上海合作交流办的同志及多任挂职干部从解决农业产业化入手,一直为破解这道难题苦苦思索,反复调研,频出新招。原对口支援处处长方城往返库区数十次,在上海四处奔波,多方协调,促成上海推出了支持集约化农业基地建设、搭建展销平台、支持库区农产品进上海市场、帮助培训库区干部、支持万州培训现代农业职业经理人等组合拳,极大地促进了库区现代农业发展和农村移民增收致富。

第三,特别认真负责。毛主席讲:"世界上怕就怕'认真'二字,共产党人最讲认真。"上海的干部做到了这一点,他们办大小任何事情都很细致,不马虎,尽可能想周到、办周全。无论是办文、办会、搞接待,还是考察调研、做项目,每一个环节、步骤都心中有数,极少失误。他们原则性都很强,甚至到了"较真"的地步。我从事对口支援工作十多年,结交了很多朋友,他们在生活中可以无话不谈,但每当我提到对口支援具体项目时,他们便立即严肃起来,从不信口表态。他们对工作制度、程序始终保持着敬畏之心,这种严守规章制度、切实认真负责的精神难能可贵,令人敬佩。

刘洪福，1964 年 1 月生。2006 年 11 月至 2016 年 10 月，先后担任湖北省宜昌市夷陵区区委副书记、区长、区委书记等职。现任宜昌市副市长、党组成员。

同饮长江水　牵手情弥深

口述：刘洪福

整理：易小红

时间：2016 年 12 月 16 日

　　水至此而夷，山至此而陵。夷陵区地处渝鄂交界区域，上控巴夔，下引荆襄，有"三峡门户"之称，是葛洲坝、三峡大坝所在地。全区面积 3424 平方公里，人口 52 万，其中农业人口占四分之三，2001 年由原宜昌县撤县建区而设立，素有"中国早熟蜜柑之乡""中国非金属矿之乡""中国民间艺术之乡""中国观赏石之乡"等美誉。

　　夷陵临水而建、因坝而兴，既是坝区又是库区，是三峡工程移民最早、就近就地安置移民最多、移民结构最为复杂的地区。全区既有坝区移民，也有库区移民；既有三峡主体工程移民，也有三峡工程对外交通、料场、输变电工程征地搬迁移民；既有本地就近安置移民，也有外迁移民和重庆等地外来移民。三峡工程移民共涉及 3 个镇，1 个街道办事处，37 个村，1 个集镇，118 家企事业单位，搬迁移民 2.4 万人，拆迁房屋 95 万平方米，征淹土地 5.12 万亩。坝库区大量耕地被征占，发展空间狭小，人均耕地不足 0.5 亩。夷陵区最早从 1984 年就开始前期征

地移民,大体经历了前期准备、紧急搬迁、初次安置、调整安置和解决移民生产生活困难五个阶段,直到 1996 年才基本解决安置难题,之后转入促进移民安稳致富阶段。夷陵区也是全国电网最密集的区域,是华中电网的动力核心,是西电东送、全国联网的骨干线路,全区有 23 回高压输电线路过境,线路总长 686.4 公里,塔基 1462 座,三峡输变电工程先后搬迁 1647 户 6236 人。

夷陵区是我的第二故乡,我 42 岁从湖北省神农架林区调往夷陵区工作,52岁离开夷陵,先后担任了夷陵区委副书记、区政府区长、区委书记等职。十年中,我参与了上海对口支援工作,感受到了上海人民的深情厚谊,也享受了上海对口支援惠民成果。

结缘上海 夷陵迎来沧桑巨变

夷陵因三峡工程而结缘上海,因对口支援而交亲上海。1992 年 3 月,国务院办公厅印发《关于开展对三峡工程库区移民工作对口支援的通知》。1992 年 4月,第七届全国人民代表大会第五次会议通过关于兴建三峡工程的决议。1994年 4 月,国务院办公厅转发《国务院三峡工程建设委员会移民开发局关于深入开展对口支援三峡工程库区移民工作意见报告的通知》,明确由上海市、黑龙江省、青岛市对口支援原宜昌县。党中央、国务院作出支援三峡库区的重大战略决策部署后,上海市委、市政府积极响应,率先行动,历任市领导都高度重视对口支援工作,把援夷工作当作上海义不容辞的政治责任,把夷陵发展当作自己的事来办,把夷陵移民当作自己的亲人来看待。2009 年 7 月 29 日,时任上海市委书记俞正声,市委副书记、市长韩正率领上海市党政代表团考察夷陵对口支援工作,当场解决了坝库区移民面临的突出问题。我当时任夷陵区区长,我清楚记得,韩正市长当场表态,在上海市原有投资援建的基础上,追加 1000 万元用于夷陵区标准化厂房建设,追加 500 万元用于夷陵区社会福利院添置配套设施;俞正声书记当时指示,建立援建资金正常增长机制,以 2009 年的 2450 万元为基础,每年按 8% 的速度增长,纳入支援方财政预算。2014 年 8 月,上海市政协主席吴志明率团考察夷陵区;2015 年 10 月,上海市委副书记应勇率团考察夷陵区,并表示夷陵提出的有关对口支援问题照单全收;2016 年 5 月,上海市人大常委会主任、党组书记殷一璀率团考察夷陵区。上海对口夷陵的静安、闵行两区,2013 年调整为静安一个区的党政主要负责人每年都带队到夷陵检查指导对口支援工作。我在夷陵工作期间,先后八次到上海汇报衔接对口支援工作,上海市的主要领导每次都挤出时间亲自接待我们,让我们特别感动。

二十四年来,在上海市的倾情帮扶下,我们深入实施城乡统筹发展战略,着力建设中国知名的橘都茶乡、宜昌特大城市的强区主城,区域综合实力跻身省市前列,人民的生活水平显著改善,三峡坝区面貌和移民生活水平发生了根本性变化。具体来讲,就是实现了"三大转变":一是综合实力由山区弱县向经济强区转变。地区生产总值由 1992 年的 9 亿元增长到 2015 年的 487 亿元,2016 年预计可达 540 亿元;公共预算财政收入由 1992 年的 1 亿元增长到 2015 年的 42 亿元,2016 年预计可达 48 亿元,县域经济综合实力跃升到全省一类县市区第二位,连续十一年被评为全省县域经济发展先进县市区。二是城镇建设由县域小城向魅力主城转变。建成区面积由 9.8 平方公里拓展到 32.4 平方公里,城区常住人口近 18 万人,城镇化率达到 57.2%,是湖北省唯一一个全国文明城市的重要主城区,也是全国最佳旅居度假旅游名区。三是人民生活由初步温饱向全面小康迈进。全区主干线公路硬化率、行政村通客车率、安全饮水入户率均达100%,义务教育均衡发展水平走在全国前列,基本卫生公共服务水平全省一流,养老、医疗、救助等社会保障制度实现全覆盖,全区居民人均可支配收入达21232 元、城乡居民人均存款达 35948 元,收入水平居全市首位、全省前列。

精准发力　对口支援硕果满枝

自 1992 年开始,上海市积极组织动员各方力量,建立对口支援夷陵的帮扶机制,对口支援的力度不断加大、内涵不断充实、外延不断扩展、层次不断提高。二十四年来,上海市累计援助夷陵无偿项目资金 4.33 亿元(计划内资金 3.7 亿元),援建项目 473 个,在产业培育、项目引进、资金援助、改善民生和干部培训等方面都做了大量卓有成效的工作,为促进移民安稳致富、坝库区和谐稳定提供了强力支撑。上海市的援夷工作主要从以下几个方面开展:

一是专注于产业培育,实现了由输血向造血转变,打造了移民安稳致富的"金饭碗"。上海市始终坚持就业优先,积极支持破解坝库区产业"空心化"问题,带动移民安稳致富。支援夷陵发展柑橘、茶叶 2 万余亩、食用菌 2 万平方米,3000 多名移民直接受益。特别是援建的茶树良种穴盘繁育基地、柑橘综合技术示范、官庄柑橘交易市场等项目,极大地促进了农业主导产业提档升级。援助7600 万元建设移民就业示范基地标准化厂房、乐天溪三峡移民生态工业园,一批企业落户园区,让 3000 多名移民在家门口就业。均瑶、粤海纺织、爱登堡电梯等通过对口支援引进的企业,安置移民就业 1000 多人,成为解决移民就业的领军企业。热情向上海市民推介坝区旅游,开通旅游包机、专列等旅游快捷通道,为夷陵旅游营销提供全方位支持,年接待上海游客超过 40 万人次。

二是聚焦于公共服务,实现了由城乡二元向城乡一体转变,打造了利民惠民的"爱心屋"。上海市坚持把移民群众最现实的利益问题作为对口支援的重点,在教育、卫生、文化等公共服务设施建设上加大项目配套力度,有力促进了城乡公共服务一体化。累计援助资金 4350 万元改善学校基础设施和教学条件,援建了宜昌市上海中学、乐天溪中小学,改造了三峡高中、实验初中、三峡小学等近30 所学校,提升了城乡教育水平。援助医疗专项资金 5400 万元,改造了夷陵医院、区妇幼保健院以及一批乡镇卫生医院,夷陵医院成为全省硬件一流的县市区医院,如今实现群众"小病不出村、常见病不出镇、大病不出区"。关爱养老事业发展,援助资金4100万元,高标准新建了区社会福利院和一批农村福利院。援助近千万元资金,在移民村新建活动中心、文体广场、活动室、医务室、图书室等场所,丰富了移民群众的精神文化生活,增强了基层组织的凝聚力。

宜昌市上海中学

　　三是致力于空间拓展,实现了由民生帮扶向合作交流转变,打造了对外开放的大平台。上海市在无私援助、真情帮扶的同时,积极创新对口支援方式,大力开展经贸合作,实现了沪夷对口支援工作的"双赢"。开辟绿色通道:支持夷陵在上海松江国际食品城、上海西郊国际食品城设立特色产品展销中心,促进农超对接,全区90个农特产品顺利录入到上海市国内合作交流中心"携手网",稻花

香、萧氏、邓村绿茶、十八湾等多家农业龙头企业在上海设立销售点,年销售收入突破2亿元。实施科技帮扶:开展"科技三峡行"活动,实施奶牛养殖、柑橘与茶叶综合技术示范、低品位磷矿利用等三峡科技专项,助推产学研合作,有力促进了产业转型升级。拓展交流领域:开展园区对接,夷陵经济开发区与上海市莘庄工业区结为友好园区,在园区建设与管理、人才挂职交流、招商资源共享等方面加强交流合作,促进了园区管理水平大幅提升。静安、夷陵大力推进乡镇、部门结对,两地10个部门签订对接协议,5个乡镇结为友好乡镇,互动交流趋于常态化。

四是着眼于人才培养,实现了由扶资向扶智转变,激活了移民致富的原动力。上海市坚持扶资与扶智并重,为夷陵培养了一支推动发展的中坚力量。培训党员干部:开设"菜单式"培训班,累计培训2300余人次,全区所有村(社区)书记均到对口支援地区接受过培训,近三分之一的机关干部接受过上海的培训,上海培训成为周边县市干部眼红的"福利",上海培训成为全区党员干部提升能力素质的重要平台。提供智力支持:上海市先后选派了13批20名优秀干部到我区挂职,把先进的管理理念和发展思路带到夷陵,为全区经济社会发展献智献力。培养专业人才:上海先后安排夷陵教师、医护人员到上海市静安区、闵行区跟班学习,选派优秀医生、教师到夷陵开展业务指导,为我们培养了一批业务骨干。2011年3月,三斗坪镇卫生院医师郭柱明赴静安区江宁街道卫生服务中心中医伤骨科进修学习"施氏伤科",7月回夷后将"施氏治疗疾病单方"运用于临床,门诊人次每年成倍数增长,并以此建成全区首个乡镇特色医疗专科。

全力服务　保障对口支援工作顺利推进

这些年,我们一直把上海对口支援当作重大机遇、重要平台来抓,作为区委书记,我始终把支持和服务好对口支援工作当作书记的重要职责,上海实施的每一个项目,我们都纳入全区重大战略决策、重大项目来推进落实。

一是组织领导到位。我们始终坚持高位推进,加强对对口支援工作的顶层设计,系统谋划,统筹安排,有序推进。2011 年我担任区委书记后,人生唯一一次向组织"要官"——担任对口支援工作领导小组组长,并落实一名区委副书记主抓、一名副区长分管对口支援工作。在机构改革时,保留了夷陵区对口支援三峡工程建设领导小组办公室,并设为常设机构,专门负责对口支援工作。从某种意义上来说,对口支援工作就是"一把手工程",就是"书记工程"。

二是制度保障到位。行之有效的制度是实施对口支援项目的生命,我们坚持用制度管住项目,以制度促规范。早在 2002 年,区三峡办、区财政局就制订《夷陵区对口支援资金管理暂行办法》,于 2009 年进行了修订完善,由区政府发文实施。2013 年,上海市合作交流办、夷陵区政府在此基础上再次修改,制定出台了《上海市对口支援宜昌市夷陵区项目管理暂行办法》,形成了对口支援项目管理的规范性制度。在静安区合作交流办的主导下,上海、夷陵区和重庆万州三地建立起沪万夷联席会议机制,每年召开一次会议,已连续召开 9 次,联席会议制度现已成为落实协议、交流经验、破解难题的重要平台。

三是资金配套到位。要把对口支援项目做成做好,关键在于资金保障。对口支援资金往往只是项目资金的一部分,需要地方配套和移民自筹,对配套资金,我们主要通过项目整合、财政预算、移民"一事一议"筹资筹劳等方式足额筹资到位,不留资金缺口。严格资金渠道,坚持专款专用,每年组织审计部门对援建项目进行项目审计,二十四年来没有发生一例违纪违规问题。

四是活动组织到位。坚持通过活动载体,搭建夷陵对外合作的窗口和平台。2012 年,组织开展了上海援夷 20 周年系列活动,连续两年组织"三峡孩子看上海""上海孩子看三峡"活动,在柑橘节、茶艺节、乡村旅游节等活动中,我们坚持邀请上海领导及客商参加,正是通过这些活动,让夷陵走出了大山,走进了上海,

走向了世界。2016年5月25至28日,我带队参加了上海国际茶文化旅游节,向世界推介了夷陵茶产品。

2012年9月,宜昌经贸推介会在上海举行

五是舆论引导到位。坚持每两年一次邀请上海媒体来夷开展采风活动,全面报道上海对口支援工作成果,为对口支援工作营造良好氛围。2012年,我们在上海戏剧学院剧场隆重举行了"我从三峡来"答谢上海市对口支援夷陵区二十年专场文艺演出,在上海市民心中打下深深烙印。2013年,央视在夷陵拍摄了专题片《在三峡》,向全国展示对口支援工作成效。我们制作了《牵手》《沪夷情》等系列电视宣传片,在各种场合反复播放,持续传递上海人民的情谊。2010年11月15日,静安区高层住宅大火事故后,不到半天时间里,夷陵区社会各界自发捐款80余万元,从资金数量来看虽然很小,但足以证明夷陵人民的感激之情。

倾情夷陵　不当过客当主人

1994 年以来,上海市先后选派了 13 批 20 名优秀干部进驻夷陵,开始每批干部工作一年,1997 年调整为每批干部工作两年,自 2013 年第 13 批开始调整为每批工作三年,一般一批安排两人,一人在区委任职、一人在区三峡办任职。我与第九、第十、第十一、第十二、第十三批援夷干部共同在夷陵工作过,对他们有比较深刻的了解。我认为上海援夷干部政治过硬、素质很高、能力较强、作风务实,都有强烈的国家意识、大局意识、责任意识和奉献精神,他们不仅服从组织安排选派到夷陵工作,更重要的是能够把援夷看作践行中央的重大战略决策,履行自己应尽的政治责任。我在夷陵任区政府区长、区委书记期间,先后有陈锋、郁霆、王尧、李永波、张峰五位同志挂职任区委副书记,作为夷陵区委班子的重要成员,他们理念先进、视野开阔、作风扎实、敬业严谨,工作中有思路、有点子、有能力,成绩突出,在夷陵当地干部群众中反响良好。

我对上海援夷干部有一个突出印象,就是觉得他们做事很敬业、很细致、很严谨,非常扎实。他们在日常工作中处处都考虑周到细致,很注意细节,比如援建项目从论证选题到立项审批,从建设管理到竣工交付使用,都有一套严密的制度规定和管理办法,都充分吸纳当地党委、政府的意见,一些重大项目论证、开工、验收也常常请我参加。每一个项目从头到尾都有一套完整的资料,清清楚楚,毫不含糊。李永波在 2012 年至 2013 年期间,走遍全区 33 个集中移民村和 20 个贫困村,详细了解村情、民情,撰写出非常有价值的调研报告,建立了对口支援集中移民村项目库,为今后一段时期对口支援项目立项提供了第一手资料。上海援夷干部这种认真负责的精神,赢得沪夷两地干部群众的交口称赞。

我发现,上海援夷干部都有一个共同特点,就是把挂职当任职、把分外当分内、把夷陵当家乡、把移民当亲人,动员社会力量抓对口支援。第十批援夷干部

郁霆到坝区三镇调研时发现,部分移民子女上学比较困难,他积极奔走呼吁,设立了"上海市对口支援夷陵爱心助学基金",每年筹集资金50万元以上,资助100名移民子女上学。李永波、张峰等继续坚持发扬,壮大资助规模,他们联系湖北上海商会的企业家,自2013年开始,每年捐资10万元,帮扶50名移民贫困子女上学。每一批援夷干部都在政府安排的项目之外发挥自身优势,为移民解决实际困难,他们都是移民眼中的"恩人""贵人"。2016年8月,三斗坪镇、乐天溪镇发生特大暴雨泥石流灾害,倒塌房屋612户,死亡3人,张峰第一时间向静安区委、区政府汇报灾情,争取救灾资金100万元。上海干部没有架子,倾心为民,真正做到人走政声留,人走美名传。

原静安区委书记,现上海浦发银行监事会主席孙建平,先后四次到夷陵区检查指导对口支援工作,他曾经在静安区党政干部大会上讲道:"我们静安区面积不是只有7.6平方公里,还要加上远在千里之外的夷陵,全区的面积应该是7.6+3424平方公里;我们的户籍人口应该是30+52万人口,我们要与夷陵共同发展,同频共振……"他在第五届中国宜昌(夷陵)柑橘节暨中国柑橘学会2015年学术年会开幕式上讲的两句话,我至今记忆犹新。他说,因为有静安,夷陵的明天将更加美好;因为有夷陵,静安的明天将更加精彩。正是这些优秀的上海领导从未把自己当作夷陵的"过客",而是视夷陵为故乡,以夷陵发展为己任,殚精竭虑,克服诸多困难,做了大量卓有成效的工作,才有夷陵今日的辉煌成就。

合作共赢　构建良性互动的发展新格局

作为一个在夷陵生活工作十年的干部,我与上海援夷干部一同经历了建设夷陵、致富移民的风风雨雨,共同品尝过奋斗的艰辛,也分享过胜利的喜悦,同上海援夷干部、同广大夷陵人民建立了深厚的同志情谊。虽然我现在不在夷陵工作了,但我会一直关注夷陵的建设和发展,也衷心希望上海援夷工作取得更大成绩。

2014 年 8 月,国务院批复了《全国对口支援三峡库区合作规划（2014—2020年）》,明确上海市继续对口支援夷陵。2016 年 7 月,上海市发布了《上海市国内合作交流"十三五"规划》,明确提出:由静安区对口支援夷陵区,要将"中央精神、当地需求、上海优势"紧密结合起来,因地制宜、综合施策,全面加强对口支援工作的精准化、科学化、规范化、社会化,对口支援三峡工作已上升为国家、上海市"十三五"时期的重大战略部署。全区上下应牢牢把握好这一重大战略机遇,把对口支援作为推动夷陵经济社会发展的重要平台,用足用活国家、上海政策红利,把两地交流合作推向新的历史阶段。

我认为,夷陵下一步的对口支援工作要坚持"民生为本、规划为先、产业为重、人才为要"工作方针,贯彻中央"共抓大保护、不搞大开发"的要求,以提升库区发展能力为核心,结合三峡后续工作规划实施,突出库区特色优势产业发展、移民小区帮扶和农村扶贫开发、基本公共服务能力建设、就业培训和就业服务、生态环境保护和治理等"五大重点",由单一的对口支援转向全方位的经济合作,推动对口支援向纵深发展,让全区移民在全面小康进程中率先脱贫、长久致富,为加快建设宜昌现代化特大城市的"强区主城、富美夷陵"提供重要支撑。

我们有充分的理由相信:因为有上海,夷陵的发展会更美好。

口述前记

　　王万修，1956年9月生。1995年4月至2006年2月，历任湖北省秭归县县委副书记、县长、县委书记、县人大主任。2005年7月起，任宜昌三峡坝区工作委员会党委书记、主任。现任湖北省宜昌市三峡坝区工作委员会主任、宜昌市市长助理、市政府党组成员。长期分管对口支援工作。

沪宜"兄弟情" 携手共发展

口述：王万修

采访：冯小敏　王建华　方　城　谢黎萍

整理：白璇煜

时间：2016 年 11 月 23 日

对口支援三峡库区是党中央、国务院着眼发展全局做出的重大战略决策，是推动三峡地区又好又快发展的重大战略机遇。

我正式接触三峡库区移民工作是从 1995 年 4 月开始的。当时，我调到秭归县工作。在秭归县我担任了半年时间县委副书记，在任县长之前，有一个时期用全部的精力在做对口支援工作。

我的体会是，全世界没有哪个国家能够像我们中国这样把对口支援这件事做得那么好。对口支援，应该说是我们中华文化的一个传统延续。新中国成立后，中央就开始多种形式的对口支援，应该说，这是社会主义制度优越性的重要体现。

支援三峡　支援全国

　　三峡工程是一项伟大的工程,对世界、对中华民族非常有影响的一个特大工程。三峡大坝从 2003 年下闸蓄水开始,到现在已经有十三年的时间了。经过十多年的发电、通航、防洪、补水、生态的检验,该工程发挥了巨大的社会效应、经济效应和生态效应。社会效应主要体现在夏天的防洪、冬天的补水等方面。可能在上海对长江防汛感受不深,因为到长江入海口,即使在汛期,长江的水漫到上海的街上去也是不太可能的。三峡大坝修完以后,防洪效果体现在九江以上,最大调峰作用应该是在武汉以上。到九江下游,距离太远了,调峰的意义就不大了。你看,从 2003 年以后,长江像 1998 年那样的洪水就没有了,这就是三峡大坝起了重要的作用。

　　三峡库区移民人口有 120 万人。这么多人搬出去,需要在不同的阶段出不同的政策,需要政策倾斜。当时秭归县移民资金预算是 21.3 亿元,移民 11 万人,包括 1 座县城、6 个乡镇,所有的电网、通信网、公路网全部推倒重来。最后政策倾斜了 80 多亿元。

　　面对大规模的移民迁建工作,中央制定了开发性移民方针以及国家扶持、政策优惠、各方支援、自力更生的原则。从 1985 年底开始进行,三峡工程重庆库区的移民进行试点,在农村移民安置、人才培训等方面,进行了积极有效的探索,为大规模移民迁建积累了初步经验。从 1993 年起,移民工作开始进入有计划实施阶段。这样大规模的移民安置,城镇、工矿企业迁建和专业设施复建,相当于库区经济、社会的重新构建,其数量和规模之大,任务之艰巨,是中外水利建设史上所罕见的。

　　20 世纪 90 年代初,中央对三峡库区移民政策有四句话:国家补偿、政策倾斜、对口支援、自力更生。

当时是四川省管四川省的移民,湖北省管湖北省的移民,中央不管,三峡集团不管,是属地管理。三峡开发总公司要是管移民的话,把手脚捆住以后,工程根本没有精力去干,他们只管工程那一块。后来又设立了重庆市,重庆市管重庆市的移民,湖北省管湖北省的移民。

三峡工程发出这么多的电量怎么输送出去?建设大型变电站。龙泉、荆门、宜都建了三个大变电站,左岸一个,右岸一个,地下电厂一个,还有一个大的直流换流站。所有的换流站、电网,由国家电网公司负责。这钱从哪儿来呢?钱都是从三峡基金里来,钱就是对口支援。上海每一度电里面有一部分就纳入三峡基金。应该说,从1992年开始,你们也是三峡建设的贡献者。国家从财政预算中每年再给一点钱,这是资金组合,要是没有这个组合的话,三峡工程建设资金就很难保障。

2003年的时候,三峡的发电机组开得不多,现在最多开20台甚至30台,全部开满的话是32台。后来,随着三峡的机组越开越多,现在基本不停电了。这是社会主义制度优越性的体现,更是中华民族复兴的体现。

回顾过去二十多年来的移民工作,可以说取得了很大的成效。三峡库区坚持开发性移民,把移民与发展紧密结合起来,实施可持续发展。努力实现移民安置效益、经济效益、生态效益和社会效益的统一,对库区经济持续稳定增长起到了促进作用。坚持探索和创造了一些使移民搬得出、安得稳、能致富的移民安置新形式;同时,锻炼了移民干部队伍。

有了三峡工程这个全局,再来谈对口支援工作,意义就更大了。

干部务实 项目出彩

三峡库区的对口支援工作有区别于其他对口支援的地方。三峡库区是许多省市支援一个地方。宜昌不只是上海一家对口支援的,有七个省市一块儿对口

支援。比如说,夷陵区是上海和黑龙江、青岛这三个省市对口支援;秭归县是江苏省和武汉市两个省市来对口支援;兴山县是湖南省和大连市对口支援。

对口支援工作中,我觉得上海是做得最好的。上海想得最深、站得最高、谋划得最远。宜昌、夷陵能有今天的发展,与二十多年来各省市的对口支援分不开,是上海市委、市政府,上海各个部门和上海人民大力支持的结果。

首先我要来谈一下上海的挂职干部。二十四年来,上海市总共派出挂职干部 13 批 20 名来夷陵区工作,他们对夷陵的发展作出了积极的贡献。在他们挂职期间,和夷陵区各个乡镇、各个基层部门结下了非常深厚的友谊,这与他们的工作作风,与他们的人格魅力,与他们的实干精神是密不可分的。上海选派的挂职干部个个都是精兵强将,无论政治素质还是业务素质,无论工作作风还是工作业绩都堪称一流。上海的挂职干部最显著的特点有两个:一是把三峡库区当作第二故乡,安心到岗,铁心下沉,没有半点临时思想,即使挂职期满回到上海,还是把自己视作"三峡人"。二是成为三峡库区与上海深化合作的重要桥梁,出了很多好点子,想了很多好办法。这些干部在这里挂职回去以后,我们有机会还在一起聚一聚,从工作关系到朋友关系,彼此的心联系在一起,感情非常深厚。我们非常希望这个机制、模式能很好地进行下去,希望上海继续选派优秀的干部来宜昌、夷陵挂职,和我们一起共同推进对口支援工作。

上海的对口支援工作非常务实,能看到实实在在的效果。这里我讲一个典型的项目。

我们夷陵区有个官庄村,距离主城区 15 公里。2005 年由 7 个自然村合并而成,现有 1999 户、6123 人,其中安置移民 284 户、526 人。该村自然环境优美,生态环境良好,拥有宜昌市百万人饮用水源——官庄水库。全村柑橘面积 1.1 万亩,年产柑橘 3.3 万吨,产业优势明显。

由于受到生态保护政策等的约束,官庄村的发展一直十分滞后,移民生产生活水平长期得不到有效改善。苦于资金匮乏,官庄村的生态治理改造进展缓慢。为此,宜昌市三峡工委、夷陵区委区政府向上海求助,请求上海予以支持。上海有求必应,积极筹措资金,提出了打造"宜昌市城郊生态第一村"的定位目标,坚持高位谋划、高标打造,上海市合作交流办等各级部门多次派人赴现场指导推进,由此官庄村完成了一次精彩的"蝶变"。

宜昌城郊生态第一村——官庄村

上海分三年投入援助资金 1500 万元,新建柑橘交易广场,大力实施集镇道路美化、绿化、污水管网、管线入地、人行道建设和房屋立面改造。建设 7000 亩高标准精品橘园,促进柑橘主导产业提档升级。全村共开办农家乐 15 家,星级农家乐 5 家。对沿街 1.8 公里的商贸网点进行统一规划,促进城郊生态旅游。

2016 年 7 月,在宜昌召开全国对口支援三峡库区座谈会暨移民小区综合帮扶推进会期间,与会人员分别参观了官庄村史馆、中国三峡柑橘博物馆、优质农

产品展销中心等,对该移民安置点的建设给予了充分肯定,更对上海对口帮扶的力度大加称赞。

此外,还有一个社区建设的典型项目。上海将静安区社区建设成型的经验推广到夷陵区营盘小区,实行了"党员群众服务中心、文体活动中心、养老救助服务中心、创业就业服务中心、社区卫生服务中心"为框架的"五大中心、一站服务、自治治理"的一整套小区公共管理模式。

如今,官庄村已经成为宜昌市名副其实的"城郊生态第一村",营盘移民小区变成了"家家能就业、户户可安居、人人有社保"的美好家园。

特色机制　成效显著

上海在对口支援工作中创造了鲜明的特色。一是建立了对口支援联席工作机制。由上海市合作交流办、重庆市万州区政府、湖北省宜昌市夷陵区政府联合主办的沪万夷对口支援联席会议已连续举行了九届,在重庆市万州区和我们夷陵区轮流举行。二是建立了财政保障和增长机制。上海市把对口支援资金纳入年度财政预算予以保障,每年按8%的比例递增。三是建立了项目管理机制。上海、夷陵区共同制定出台了援建项目管理办法和细则,形成了从项目遴选、过程监管到绩效考核的全过程监管体系。四是建立了经济协作机制。上海市鼓励有条件的企业到三峡库区发展,并出台奖励政策,按固定资产投资额的20%给予企业补助。五是建立了高层互访机制。近年来,上海与对口支援地区的互访频繁。时任上海市委副书记应勇、市人大常委会主任殷一璀、市政协主席吴志明、分管副市长时光辉等先后率党政代表团考察宜昌。

上海对口支援宜昌市夷陵区成效显著,我自己总结了以下三个方面:

第一,无偿援助合作交流所形成的物质成果。宜昌的三个县市,夷陵区经济实力最强,发展得最好,中央让上海市来对口支援夷陵,这更增强了夷陵的实力。

上海这么多年无偿支援三峡的资金超过 4 亿元。到 2016 年底,无偿支援三峡的资金可能就达到 4.5 亿元了,到 2017 年可能就是 5 亿元。这么多真金白银到一个县,你说能干多少实事?对口支援是在关键时段上,在关键节点上,在没有桥过河的时候送来的两根木头。它起的作用是解决移民搬迁最困难的那个"桥"的问题。当主要矛盾解决了,次要矛盾也就迎刃而解。

我在上海的对口支援工作会上发过一次言。我说,长江南北、三峡内外到处去看,最好的医院是上海援建的;最好的托儿所是上海援建的;最好的马路、最好的地标是上海援建的;最好的学校是上海援建的;最好的养老院、福利院是上海援建的;最好的社区是上海援建的;最漂亮的工业园也是上海援建的,到处都是上海援建的丰碑。

当时解决就业是很难的。"筑巢引凤"也是上海起的头。其他省市都没有开始"筑巢引凤"的时候,上海在夷陵区、在重庆万州区就开始做了。把标准厂房建好无偿租给投资者。上海的均瑶集团、粤海纺织、佑利泵业、爱登堡电梯、致盛集团、御龙光电等,来了 14 家企业。上海为了解决就业,吸引投资者到工业园区,还出了个政策——只要企业在夷陵区投资,就给一定比例的补贴。后来不完全要求一定在夷陵区,在其他几个区也可以享受这个政策。有的企业一算,到哪儿都是投资,补贴几百万元的话,还是很有吸引力的。后来就把上海企业的系统管理、项目管理、跟踪管理的一整套模式全部引进来了。

第二,大力援助技术和管理、治理所形成的精神成果。上海为夷陵区培训干部和技术人员达 3000 多人。这些培训都是上海出钱,把包括路费、住宿费等一系列费用都包揽了。比如,把人员从宜昌接到上海,在大学里培训、授课,在工厂里培训技术,在超市培训服务技能,等等。

上海还帮我们培训到村的干部、村主任、社区书记。这些年来,上海对宜昌的支援,特别是培训医生、培训教师、培训其他的科技人员所形成的成果,对当地

的经济发展、社会进步、生产力提高的作用非常明显。这些事从物质方面看不到什么直接收益,但是它所带来的"造血"功能是无价之宝。

第三,上海对口支援工作在精心组织、互访考察等方面所形成的人文纽带的成果。这么多年来,上海和宜昌双方人文关系日益紧密,相互交流不断深入。这些方面的人文交流使对口支援工作的领域拓宽了很多。

上海有一个农产品展销会,开始我们以为就是卖一点土特产,后来发现效果不只是这样,而是通过这个平台培养了一批企业进驻上海。夷陵区有五位女同志在上海开门店,都是上海开始帮她们搭的平台,后来越做越大,现在又通过电商、物流,越做越好,带动效应非常大。上海旅游推介会的平台我也去过几次。现在通过旅游推介的宣传,从上海可以直接坐动车到宜昌来,也可以直接坐飞机到宜昌来。我们现在的航线,原来是一天一班,最少是两天一班,现在是一天两班。我们宜昌市旅游委和上海旅游委两个单位之间的来往是非常密切的。抓住这个平台、这个机遇使两地经济发展、两地市场繁荣、两地得到实惠,这是双向共赢。

关于对口支援平台,我再讲我亲手抓的一件事,就是上海世博会。上海世博会要求每个省搞一个展示馆,搞一个"活动周"。湖北省把此事移交到宜昌市。我们通过对口支援这个平台,得到了上海市合作交流办和商贸委的大力支持。我们制作了 T 恤衫,前面印"三峡"两个字,后面印"宜昌"两个字,一共发了 500 件。游客看到这么多人穿着这样的衣服,到处问:"三峡在哪儿? 宜昌在哪儿?"通过这个活动,对三峡、对宜昌的宣传效果非常好。

在上海市的大力支持下,宜昌市共搬迁县城 2 座、集镇 11 座,迁建工矿企业 192 家,搬迁移民 15 万人,圆满完成了移民搬迁安置任务,确保了三峡工程如期建成,全面发挥效益。2015 年夷陵区位列湖北省县域经济 1 类县(市、区)第三位,成为宜昌市最具活力的城区之一。宜昌市的发展也实现了重大历史性飞跃,

2007 年 5 月,在上海南京东路步行街举行宜昌宣传推介活动

2015 年综合实力跃居全国百强城市第 55 位,成为中部最具竞争力的 10 个城市之一,稳居中部地区同等城市第二位、长江沿线同等城市第四位,全市综合实力、竞争力、影响力和辐射带动力迈上大台阶。

峡江涌动浦江情,回首往事的点点滴滴,尽是满满的感恩。上海市各级领导、各级单位和部门都给予了我们兄长般的关怀,特别是直接从事对口支援的同志,更是与我们结下了深厚的情谊。他们将库区的事当自己的事来办,关心库区发展,牵挂库区群众,通过各种渠道继续援助库区。上海人民对库区的支援,库区人民永远铭记在心!

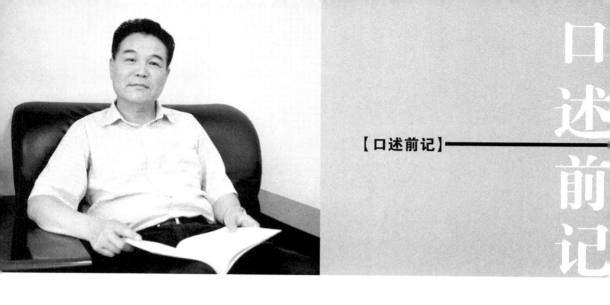

李维良，1954 年 8 月生。2013 年 5 月至 2014 年 8 月，先后担任上海市委农办、市农委副巡视员兼市农委综合发展处（财务处）处长、市农委三峡移民协调服务办公室主任等职。上海市第十三届人大代表。

移民情　不了情

口述：李维良

整理：包代红　张跃进

时间：2016 年 12 月 18 日

2010 年初，上海市农委决定市农委综合处与三峡移民协调服务办公室（以下简称"移民办"）合署办公，由我兼移民办主任。为此领导找我谈了话，至今我记忆犹新。领导说，根据国家的统一部署，上海至 2004 年 8 月已分四批接收安置了三峡库区农村移民 1835 户 7519 人，分别安置在 7 个区县的 60 个乡镇、388 个行政村。随着面广量大安置工作的完成，市政府决定不再单独设立移民办机构，但这并不意味着工作责任的减轻。国家对三峡移民和移民安置村的后期扶持要持续二十年，而且后扶资金量越来越大；综合发展处本身承担着项目和资金管理的职责，所以考虑把后扶项目管理职责交给你们。领导动情而严肃地指出，三峡移民背井离乡地迁来了，要满腔热忱地为他们排忧解难，使他们稳得住，逐步能致富。后扶资金实质是扶贫资金，绝不能有闪失；一定要严格项目管理，精准实施项目，帮助移民和移民安置村改善生产生活条件，带动致富，不发生大的问题。这次谈话让我感到心里热乎乎的，肩上沉甸甸的。

深入调研,制定实施后扶项目的规范性文件

兼任移民办主任伊始,我就挤出工作时间和抽出周末休息时间,深入安置移民的镇村和移民家庭了解情况,听取意见,思考问题。让我很受鼓舞的是,我们上海市安置移民的工作做得很好。移民承包地都达到人均 1 亩,自留地人均 0.1 亩,这个标准已远远超过上海农民人均耕地 0.37 亩的水平。移民每户新建一套楼房,户均住房面积达到 146.8 平方米。移民合作医疗参保率达到 100%,移民全部参加了农村养老保险,移民子女全部纳入义务教育范围。约有 2900 名移民被推荐到非农岗位就业,户均 1.59 人。但让我略感担忧的是,后扶项目管理不够严格,虽然有一个管理实施办法,但不够完善,执行得不够好。我进一步了解到,国家拨付后扶资金用于项目建设是从 2008 年开始的,而市、区县、乡镇移民部门和工作人员之前没有做过此类工作,缺乏实践和经验,出现一些问题是难免的,只要及时、认真地抓起来,解决问题为时不晚。

于是,我集中精力抓后扶项目管理规范性文件的制定。我们会同市财政局、市民政局,精心起草了《上海市大中型水库移民后期扶持结余资金和项目管理办法》,经市农委主任办公会审定后,于 2011 年上半年以市农委、市财政局、市民政局三部门的名义联合下发,2013 年 9 月,我们根据执行过程中需要完善的问题,对该文件再次作了修订。

结合上海移民安置村的实际情况,从统筹协调、精准实施的角度出发,该文件有所突破、有所创新。

一是提出"年度集中、年际平衡"的原则。这是针对每年每村搞项目,项目小而散、办不成事提出的。年度后扶资金的使用要集中,每个项目最高可申请 200 万元,而三到五年的年际中,各村的项目资金要体现平衡。这就能集中财力办成事,提高后扶资金的使用效率。

崇明县三峡移民自强自富自律暨帮扶工作经验交流

二是建立市、区县后扶项目管理联席会议制度。这是鉴于市级移民机构在农委,区县、乡镇移民机构及工作人员在民政局,并非垂直关系;而后扶资金是通过财政条线拨付和监管的,因此建立一个协调的、有操作性的管理机制十分必要。文件明确,市联席会议成员单位由市农委、市财政局、市民政局有关部门组成,市农委移民办为召集部门。区县联席会议成员单位由区县民政局、财政局、农委组成,区县民政局(移民办)为召集部门。后扶项目的申报和审批都要经过同级联席会议的审核。

三是严格资金管理。规定后扶资金实行区县级财政报账制,改变过去资金拨付到村、管理失控的情况。规定后扶项目设计费、招标代理费、监理费、审价费等可在项目资金中列支,总额不超过后扶项目投资的 8%。若有超支部分,由项目建设单位自理。

四是严格项目管理。规定区县民政局(移民办)在收到项目申请资料后,必须逐一踏勘项目现场。我一直讲,做好踏勘,事半功倍。因为实地查看,情况就清楚了,现状怎么样,其建设有否必要性、可行性也就清楚了。同时可以防止后扶资金被"移花接木"挪用。

加强培训,严格审计和监测评估

从 2010 年起,我们坚持每年举办三峡移民管理干部培训班,至 2016 年 9 月,先后举办了 29 期,包括若干期工程、财务管理班;共培训 1420 人次,所涉 7 个区县、60 个乡镇、388 个行政村的移民管理干部实现培训全覆盖。

每期培训班为期 5 天时间。培训的主要内容包括:后扶项目资金管理的规范要求,通过解读规范性文件,使受训干部对后扶项目的立项、申报、资金使用、工程管理、审价验收、稽查等环节能够清晰把握;移民情况和信访热点分析;关于移民工作的政策法规;本市现代农业和新农村建设进展情况等。培训采取听讲、座谈、研讨、考察交流等方式,强化了基层移民管理干部对移民工作的责任感、认同感,交流与移民群体沟通的技巧,提高了处理不稳定情况的应变处置能力。

我和移民办各位同仁对培训工作倾注了一份心血。我任移民办主任五年间,不仅每年参与审定培训计划,总结分析培训效果,而且每年至少在移民安置村主要干部培训班上讲一次课,同大家座谈交流一次。这样既了解掌握了更多的实际情况,也帮助受训干部开阔了思路,提高了认识。

我们移民办其他同志和市财政局分管同志也都积极参与培训工作。大家轮流担任培训班班主任,班主任任上都吃住在培训现场,便于及时协调和解决问题。

接着说一说审计和监测评估的开展情况。我们是在 2011 年底对后扶项目资金使用情况开展审计和监测评估的,这也是在国家及上海对财政资金项目加强监测评估的大背景下开展的。

2008 年至 2011 年,上海市共批复后扶项目 602 个,批复后扶资金 1.72 亿元。四年间,平均每年批复项目 150 个,每年的后扶资金在 4300 万元左右。2012 年至 2015 年,上海市共批复后扶项目 551 个,批复后扶资金 4 亿元。四年间平均每年批复项目 138 个,每年的后扶资金在 1 亿元左右。鉴于项目多、分布散、建设内容差异性大的特点,我们经过规定的招投标程序,在本市范围内择优挑选了七家有资质的会计师事务所,每家事务所负责对一个区县的后扶项目资金使用情况进行审计和监测评估。2011 年对 2008、2009 年两年的项目实施情况进行了审计和监测评估,2012 年对 2010、2011 年两年的项目实施情况进行了审计和监测评估。从 2013 年起,审计和监测评估工作进入一年一次跟踪的常态化。

应当充分肯定的是,后扶项目的建设和绩效情况总体良好,有效改善了移民安置村的生产生活条件,带动包括移民在内所在村村民增收。据不完全统计,目前约有 70% 的移民达到或超过当地村民的人均收入水平。许多移民安置村的书记、主任说,实施后扶项目增进了原住民和移民的亲和力。本地村民纷纷表示,虽然安置移民使我们减少了承包地,但也因安置移民让我们得到了许多项目"实惠",我们对移民要真诚帮扶。

但是,通过审计和监测评估,也发现存在一些突出问题。一是少数项目的确定未经过村民代表大会或村委会集体讨论通过,公开公平、择优选项体现不够;二是财务、工程管理有漏洞,有白条入账、未经招投标程序确定工程施工单位等情况;三是有"偷梁换柱"问题,即将已由其他财政资金支持建设的项目,再冲抵后扶项目,骗取后扶项目资金等。对这些问题我们抓住不放,要求举一反三,严肃整改。凡是白条入账的必须更正,骗取资金的必须追回,共追回后扶资金 530 万元。凡是拖延未开工的或进展"半拉子"的项目,要求限期按质按量完成,否

则无条件收回资金,并不再受理新申报项目。由于我们坚持对问题严肃查处,对制度性文件予以认真完善、对移民管理干部严格培训和对后扶项目持续监测,使本市后扶项目和资金管理得到了很大加强,使本市移民管理干部经受住了"能办事、不出事"的考验。上海后扶项目建设和绩效情况也得到了国务院主管部门的肯定和好评。

帮扶移民,促进融入和稳定

按照"迁得进、稳得住、逐步能致富"的基本要求,我们不仅认真搞好后扶项目的实施工作,而且满腔热忱地关心移民,切实为困难移民排忧解难。我们深深感到,移民不是特殊公民,必须同样遵守社会主义法纪和公德要求。但从一定角度来说,移民是一个特殊群体。其特殊就在于需要融入,而本地村民没有融入一说。移民在语言、习惯、风土人情以及生产技能上,都有学习、适应和融入的问题,而且这样的融入过程很漫长,可能要经过二三代人才能适应,这也说明融入不容易。因此,需要各级组织和干部、社会各方面都来关心移民、帮扶移民,促进他们的融入和稳定。

一是生产上帮扶。移民所在的村组,每户移民都有一名老农作为生产指导,手把手地教授生产技术,特别是无保留地传授本地特色农产品的种养殖技术。如浦东新区组织移民学种西甜瓜、水蜜桃技术;青浦区组织移民学习栽种茭白、草莓技术;崇明县组织移民学习白山羊、大闸蟹养殖技术。在松江区新浜镇林建村,47岁的移民郎永政是远近闻名的粮食家庭农场主。他承包82亩粮田,2012年其小麦产量达到每亩675公斤,比全区平均水平高出许多。郎永政靠种田一年可赚8万元左右,加上还有建筑装潢手艺,年收入超过10万元。2013年我去新浜镇公干,听说了郎永政的事迹,顺便看望和祝贺他。郎永政激动地要我转达他对村委会和村民的由衷感谢。他告诉我,由于致富快,家庭农场主已成为紧俏

村干部和老农向移民传授果树栽培技术

的职业,全村想当家庭农场主的农民有很多,大约三个人取一个。出于公平公正,家庭农场主是由村民代表大会无记名投票遴选的。他能当上,说明移民在村里不仅不受歧视,而且得到厚爱。郎永政表示一定要把家庭农场经营好,不辜负村里的信任。听了这个故事,我感到十分欣慰。

二是生活上帮扶。通过中心城区与安置移民的区县结对,向每户移民赠送一入住就能用的生活用品47件(套),合计赠送生活用品86245件(套);在移民到来之前,当地村民在移民的承包地、自留地上,为移民种上了杂粮、蔬菜等农作物。区县还建立了扶贫帮困基金。移民遇到大病或车祸等突发事件时都能得到及时资助。如金山区朱泾镇新民村移民刘托患脑肿瘤,手术费需11万元,区民政局和镇政府得知消息后给予10万元补助。他病愈后对其他移民说:"是当地

政府挽救了我的生命,幸亏搬迁到上海,否则这条命是保不住的。"金山区朱泾镇有户移民有亲人病故,村主任整整三天帮助其料理丧事,全村40多户村民纷纷帮忙,使这户移民及其亲戚朋友深受感动。

应当说,移民在上海的融入情况总体比较好,也比较稳定。据不完全统计,有189名移民与当地人结婚,有382名三峡移民子女被大专以上院校录取,有13名移民被选为村主任或区县人大代表。在城镇化进程中,有208户移民家庭获得了动拆迁机会,得到了足额补偿,落实了城镇养老保险。截至目前,本市外迁移民未发生一例进京上访和户口回迁库区的现象。2015年上海农村人均可支配收入达到23205元,有70%的移民收入达到或超过了当地平均水平。但同时也必须指出,还有少部分移民家庭因为年老体弱、子女上大学或成婚、家庭成员生重病等,还存在着较大的困难,仍然需要镇村组织和社会各方面的关心与帮助,包括各级移民管理干部的支持和相扶。

2014年底,经组织批准我退休了。退休后,我仍然关注着移民和后扶工作的新情况、新成效,为移民和后扶工作取得进步感到由衷的高兴。我想今后我还会对此关注的,这是因为五年移民工作经历的感情使然,真是移民情、不了情啊!

【口述前记】

　　方城，1960 年 5 月生。1996 年 10 月至 2012 年 9 月，先后担任市政府协作办公室经济（对口）处副调研员，对口支援处副处长，市政府合作交流办公室沪办工作处处长，对口支援处处长，对口支援一处处长等职。2012 年 9 月至 2015年 11 月，任上海市人民政府驻新疆办事处常务副主任。现任上海市档案局副局长、上海市档案馆副馆长。

15 年,留下一份"情债"

口述:方　城

整理:李　晔

时间:2017 年 9 月 20 日

　　我接触援三峡工作始于 1997 年,这一年重庆直辖市刚刚成立。根据安排,9 月 23 日,由我带队,会同市委组织部综合干部处朱亮高一起,出差到宜昌市宜昌县和重庆市万县区,接第三批桂绍强、哈亮、陆惠平、赵鑫宝四人,送第四批王伟民、季学斌两人。迄今已整整二十年。如果去掉五年前我离开市政府合作交流办,到市政府驻新疆办事处担任常务副主任的时间,那么我接触援三峡工作也有十五年了。

　　这十五年里,我作为上海对口支援战线上的一员,为了让三峡移民实现"搬得出、稳得住、逐步能致富"的目标,做了大量应做的、最直接的工作。由于这些都是亲身经历,我轻易不会忘记。

　　实事求是地讲,上海在援建三峡移民就业基地、帮助库区筑巢引凤、援建库区标准化新农村、坚持不懈以求对口支援工作见实效等许多方面进行了大量探索实践,并且受到国务院三峡办领导的关注和肯定,甚至有不少作为经验在全国推广。而今回想，总是为自己能够参与其中而感到骄傲和自豪。

上海亮点伴三峡工程四阶段

1994 年到 2012 年，三峡工程从开工、截流、逐步蓄水到完工，经历四个阶段。这期间，上海对口支援三峡库区工作，贴合了各阶段的不同特点和需求，体现出不同亮点。

亮点之一是公益事业。1994 年 12 月，三峡工程正式开工。至 1997 年 9 月，三峡水库淹没区一线水位移民搬迁基本结束，标志着一期建设阶段收尾。在这个阶段，上海对口支援关心的是移民能否"搬得出"，从而将工作重点放在无偿援助上，主要投入教育、卫生、通信、广播电视"四大社会事业"。譬如，援建培训中心、邮电大楼、环保监测中心、妇幼保健中心、青少年活动中心、老年福利院、幼儿园、希望学校等，旨在通过参与对口地区的基础设施建设，帮助移民新区完善社会服务功能。

援三峡有个特殊情况。1993 年 12 月国务院召开的三峡工程移民工作会议上确定，由上海市和宁波市重点对口四川省万县市的五桥区；由上海市、黑龙江省、青岛市重点对口湖北省宜昌市的宜昌县。这种多省市援助三峡库区一个县市的办法，使得上海援三峡工作相对于援藏、援疆而言，对口面较窄，量也比较集中。然而，我们并不满足于仅仅出点钱、搞几个活动、造几间房子，而是自我加压，锁定更高目标，将全方位提升援建项目的综合能力置于首位，集中有限资金，要让所投项目发挥出最大效应。

譬如万州区上海医院，它原本是一所乡镇卫生院，1995 年起被列为上海重点帮扶医院。上海累计投入资金 1230 万元，用于该院的住院楼、医技楼及层流手术室、ICU 病房的改扩建。而今，该院已成为一家二级综合医院；又如夷陵区妇幼保健院，通过对妇科和儿科病区的改扩建、添置设备，增加业务用房总面积

达 1000 多平方米,解决了当地 50% 的病人因床位少而转院的突出矛盾,群众对医院满意率升至 99.8%,该院现已是宜昌市区设施设备最好的妇幼保健院,并于 2012 年跻身全国妇幼保健机构运营与发展状况综合指标排名县区级前 100 强;再如万州新田中学,属于三峡工程移民搬迁建设学校,在上海的援建下,成为万州农村第一所市级重点中学……这类案例不胜枚举。我想,如此成绩背后,体现了一种韧性与定力,是坚持把一件事做透的上海精神。

亮点之二是新农村建设。1997 年 11 月 8 日,三峡工程实施大江截流,标志着三峡工程转入二期建设。二期建设目标是水库蓄水至 135 米水位,这一阶段,库区移民搬迁安置任务更加繁重,至 2004 年三期建设开始前,移民数量高达 55 万人,平均每年的移民任务就相当于一期移民的总和。因此,转而配合受援地做好移民安置工作,成为上海对口支援的重中之重。

我们在调查中发现,三峡移民的安置资金主要用于移民安置房建设,以及与安置房直接相关的基础设施建设。但有一点容易被忽略,接收移民的村庄负担加重后,其公共设施却并未得到及时地改善。如何为移民村庄营造较好的居住环境,让移民和原村民都能直接受益呢?

说来也巧,有关新农村建设,当时上海已有现成经验。1997 年,上海在对口支援云南的红河、文山、思茅三地州 22 个贫困县的 44 个自然村试点"温饱试点村",即以"五个一工程"为主要内容,对每个试点自然村援助约 17 万元,建设一所村校、一个卫生室、一批沼气池、一批小水窖和一个种养殖项目。上海的这一做法成效明显,被云南当地称为帮助贫困乡村脱贫的一个"金点子",云南省政府还专门发通知要求推广。我们就想,何不把上海在云南试点的成功经验复制到三峡来呢? 于是,自 1998 年起,上海开始有步骤地将援建重心转移到沿江接收移民的乡镇上来。一方面,上海筹集 400 万元资金,帮助万州五桥修建沿江移民公路并改造桥梁,从根本上解决了农村移民"出行难"问题。2002 年,上海市水务局还出资 100 万元，帮助五桥改造沿江乡镇自来水厂，让当地农村移民喝上清洁卫生的自来水。另一方面，上海筹集资金约 800 万元，投入"移民安置试点村"建设，到 2003 年底，两地政府在万州五桥沿江 8 个乡镇各建设 1 个试点村。在每个试点村都援建一所学校、一个卫生室、一个农技站、一个文化站、一个养老院或幼儿园。这 8 个试点村共安置移民约 2000 户。这"五个一"工程在解决移民子女上学问题，以及医疗保障、养老安居、农业生产、精神文化等方面很快发挥积极作用，增强了上海对口支援的实效。此后，上海在三峡移民新农村建设方面持续投入，至 2012 年底，援建移民新村 40 余个，多集中在万州长岭镇、新田镇、太龙镇、陈家坝镇以及夷陵三斗坪、乐天溪、太平溪等移民聚居村，援助资金达 6912 万元。

上海的做法得到了国务院领导表扬。2006 年 12 月，在北京召开的全国对口支援三峡库区移民工作会议上，国务院副总理曾培炎就要求在库区乡村应帮扶建设"五个一"工程。2008 年 10 月，国务院三峡建委在万州区召开工作会议，国务院三峡办主任汪啸风指出，上海在三峡库区新农村建设中实施了"五个一"工程项目建设，这种推动库区社会主义新农村建设的做法，应给予充分肯定。

亮点之三是建设移民就业基地。三峡工程三期建设目标是蓄水至 156 米，移民搬迁 24 万人，这一阶段大约从 2003 年至 2006 年，搬迁人数已远远少于二期，移民工作的重心由"搬得出"逐步转向"稳得住、逐步能致富"。与此同时，国务院三峡办也提出"两个优先"，即优先发展产业、优先解决移民就业。

这个阶段着重是要解决当地产业空心化问题，关键在于吸引企业投资。然而，由于当地经济发展水平与上海存在客观差异，上海本地企业"空运"库区后，往往出现"水土不服"现象，或因市场变化而陷入困境。上海方面逐渐意识到，必须改变政府"拉郎配"的尴尬，解决企业落户难扎根问题。怎么办？上海再次创新思维，发扬大气谦和的海派精神，提出要突破"上海援助资金只能用于上海

项目"的狭隘想法,树立起"只要对库区招商有利就都应该支持"的观点。于是,我们发扬"敢试""敢闯"的精神,2003年至2004年,上海拿出600万元建立"万州五桥招商引资基金",帮助五桥成功引入重啤集团、索特恒坤、奥力生化、雄鹰矿泉、快乐宝宝等30余家企业,总投资达3亿元。不到两年时间,五桥招商引资的大项目就达到前十年的总和。一时间,"上海对口支援600万元帮助五桥招商引来3个亿"的故事被传为美谈。

招商引资基金作为一种尝试首战告捷,之后,上海进一步探索以建设移民就业基地为平台、以援建标准厂房为主要手段、以培育招商引资能力为主要目标的对口支援新举措。移民就业基地分别于2004年和2005年在万州和夷陵区开工。从2006年起,援助目标更加明确,上海明确每年在万州和夷陵各援助1000万元,各建设2万平方米移民就业基地标准厂房,同时由当地政府配套道路、电力、供水、绿化等"七通一平"设施。截至2012年底,上海累计投入无偿援助资金1.9亿多元,帮助万州、夷陵区援建标准厂房近30万平方米。

这种通过援建移民就业基地助推库区产业发展的上海探索,再次受到国务院三峡办的肯定。2007年6月,在上海援建的移民就业基地二期标准厂房开工仪式上,国务院三峡建委副主任、三峡办主任汪啸风亲自出席。而在国务院2008年3月下发的《全国对口支援三峡库区移民工作五年(2008—2012年)规划纲要》中则特别提到,"要通过援建标准厂房、支援管理和专业技术人才等,扶持库区产业园区建设,吸引各类企业到园区投资"。2010年1月,国务院三峡办就上海援建移民就业基地的做法,还专门发表《创新对口支援思路,积极探索"造血"模式》一文,予以通报。

成绩也是显著的。据统计,从2003年起,上海市每年安排无偿援助资金,创造性地帮助万州、夷陵援建移民就业基地标准厂房,截至2012年底,累计投入无偿援助资金1.9亿多元,援建标准厂房近30万平方米;其中,在万州工业园区的

2007 年 6 月，上海援建的移民就业基地二期标准厂房开工仪式在万州举行

五桥园、天子园、联合坝三个片区，建设"万州上海移民就业基地"标准化厂房
19.3 万平方米。在夷陵区建设了三峡移民就业基地、三峡移民生态工业园，以及
太平溪和乐天溪两个镇的移民就业工业（产业）园标准厂房建设，太平溪镇产业
园标准化厂房 10.1 万平方米。

亮点之四是联席会议。2008 年，全国对口支援工作开始进入第十六个年
头。当年，三峡水库具备 175 米水位蓄水条件并开始试验性蓄水，三峡百万移民
搬迁基本完成，工作重点进入到安稳致富新时期。这年 3 月，以国务院名义下发
的《全国对口支援三峡库区移民工作五年（2008—2012 年）规划纲要》正式颁布；
上海市政府也先后出台了《上海市服务全国和对口帮扶"十一五"规划》《关于进

一步加强国内合作交流工作的若干政策意见》,对今后五年对口支援三峡工作提出了明确目标。这些都意味着上海对口支援工作踏上了一个深入持久开展的新阶段。

此前,作为落实对口支援工作的一线部门,我们对口支援处曾多次召开处务会进行专题研究,主要聚焦"三个如何",即如何及时有效地把国务院三峡办和上海市委、市政府领导的要求贯彻落实好,如何及时有效地将受援地区的需求了解到位,如何及时有效地借鉴和推广对口地区的好做法。

大家一致认为,应当在工作机制上有所突破,并且不约而同地想到要借鉴在云南召开联席会议的做法——根据国务院的安排,上海自1996年开始对口帮扶云南。从1997年起,沪滇两地采取"轮流坐庄"的方法,建立起由两省市主要领导(或分管领导)参加的"帮扶协作联席会议"工作机制。而对口支援三峡工作涉及三省市、两个受援区,更有必要通过联席会议来交流经验、统一思想、取长补短。

这个建议很快得到委办领导的肯定,同时,受援地区和两省市主管部门也十分支持。而当时作为对口支援处处长,我又"贸然"打电话请示国务院三峡办经济合作司黄建国副司长,他的答复更加肯定,不但支持,而且表示届时一定出席会议。首次联席会议的时间和地点很快敲定,2008年正月十五后的第一周,即2008年2月15日在重庆市万州区召开。当时还有个小插曲,开会需要经费,但又不能因此而增加对口地区的负担。说来也巧,原设想在2007年邀请东部沿海地区来沪举行对口支援工作交流会因故取消,节余下的会议经费正好派上用场。

首次联席会议非常成功。黄建国副司长如期到会,发表了热情洋溢的讲话;上海市合作交流办副主任周振球、万州区区长李世奎、夷陵区区长刘洪福签署了联席会议纪要;湖北省三峡办、重庆市移民局等领导到会并讲话;上海对口的浦东新区、卢湾区、静安区、闵行区四区政府合作交流办主任分别与万州区、夷陵区领导签订对口支援项目协议书;上海市经委、劳动保障局、国资委、工商联等有关部门和有关企业负责人等共计 60 多人参加会议。会议明确以促进移民安稳致富为目标，突出"两个倾斜"（向基层倾斜、向移民倾斜），实施"两个优先"（帮助发展产业优先、解决移民就业优先），发挥"两个优势"（上海区位优势、库区资源优势），决心要在新起点、新水平上再创新业绩。

此后三次联席会议，分别在夷陵区、万州区举行，都开得非常务实、管用。到 2012 年，对口支援三峡进入到第二十个年头。这年 5 月，国务院三峡办决定在云南省昆明市召开全国对口支援三峡库区移民工作会议，总结《全国对口支援三峡库区移民工作五年（2008—2012 年）规划纲要》的执行情况，研究三峡大坝建成后续阶段的对口支援工作。得知这一情况后，我们对口支援处马上提议：将第五次联席会议开到云南去！——一箭双雕，既可以第一时间把国务院三峡办的要求布置下去，又可以学习借鉴上海对口支援云南的帮扶经验。这一提议立刻得到委办领导和万州、夷陵两区领导的支持。于是，在云南省扶贫办的帮助下，全国对口支援三峡库区移民工作会议在昆明召开后第二天，上海对口支援三峡库区第五次联席会议也在昆明举行。全国会议成果是丰盛的，既总结了成绩，又部署了三峡大坝建成后续阶段对口支援工作，还表彰了在四期移民期间表现突出的先进集体和先进个人。上海市政府合作交流办荣获先进集体称号，我也荣获了先进个人称号。

第五次联席会议召开这年，是我在市政府合作交流办（市政府协作办）工作的第十六个年头。2012 年 9 月底，在协助夷陵区政府在沪举办"上海市对口支援夷陵区二十年"系列活动之后，根据组织安排，我调任至上海市政府驻新疆办事处工作。

尽管不再负责援三峡工作，但受援地区的情况依然牵动我的心。我很高兴地看到，在我任处长时启动的三地联席会议坚持至今，已经开了 10 次。更让人欣慰的是，开好与对口地区联席会议作为"加强领导，逐级压实主体责任"的内

容之一,被写入 2017 年 7 月上海市委、市政府下发的《关于本市进一步做好东西扶贫协作和对口支援工作的意见》中。

为上海对口支援工作存史

许多事情往往是这样,你对它投入了,就会慢慢产生感情。感情越深,就越想投入。

要为上海对口支援工作存史的起因,最早可以追溯到十多年前。

2004 年 6 月,我轮岗到市政府合作交流办沪办工作处当处长。为做好上海市政府驻外办事处党建工作,这年夏天,我随市委组织部副部长、市委党史研究室主任冯小敏,市合作交流工作党委副书记鹿金东,到上海市政府驻广州、深圳、海南办事处调研,并有幸结识了市委党史研究室研究二处处长严爱云。在与其交谈中,我了解到当时市委党史研究室正策划以当事人口述形式,出版记录上海历史的"口述上海"系列丛书。

2006 年 1 月,我回到了对口支援处。6 个月后,我收到了严爱云寄来的"口述上海"系列丛书的第一本——《实事工程》。

此后,我格外留意"口述上海"的进程,发现到 2009 年,该系列丛书已先后出版多本,除《实事工程》外,还有《纺织大调整》《电影往事》《改革开放亲历记》《重大工程》《记忆 1949》等,其影响力也越来越大。由此,我也萌发了要为对口支援出一本口述书的冲动。

想干就干。我特地找到严处长,我们两人一拍即合。随后,我们的想法又得到市政府合作交流办主任林湘的大力支持,口述书被列入 2010 年度计划,资金也得到了落实。只可惜,2010 年大家都忙于举世瞩目的世博会,《口述上海·对口支援》迟迟无暇启动……

但有些事情只能被延迟,却注定无法被忽略和忘记。2013 年,冯小敏部长调任市政协文史委当主任。而他在市委组织部工作时，就曾分管过对口支援工作，与援外干部、援外工作有着深厚感情。在冯主任的领导下，市政协文史委确立一个项目——要为上海的对口支援工作存史！而且，2014 年恰逢上海援藏二十年，而 2016 年和 2017 年则是上海援滇和援疆工作二十周年。于是便有了"口述上海"对口支援系列。其中，《对口援藏》于 2014 年 8 月出版；《对口援滇》于 2016 年 10 月出版；《对口援疆》则于 2017 年 1 月出版。市政协文史委特别给力，文稿的征集动员工作做到每一位援外干部身上，形成了一整套援藏、援滇、援疆干部的"三亲"史料专辑（指历史当事人、见证人和知情人"亲历、亲见、亲闻"的第一手资料）。很荣幸，我参与了援藏、援滇文稿的征集，并加入到"援疆史料征稿组"。

2016 年 8 月，在冯小敏主任的带领下，我们从乌鲁木齐到克拉玛依，再到阿克苏、喀什，采访到了自治区领导买买提明·牙生、朱昌杰、张国梁和地区领导窦万贵、陈新发、曾存等。途中，我特地向冯小敏主任提及，改革开放后在全国范围内开始的对口支援工作，其实最早发端于对口支援三峡。1992 年 3 月，国务院正式下发《关于开展对三峡工程库区移民工作对口支援的通知》，这比此后对口支援范围更广、力度更大的援藏、援滇和援疆要早 2—4 年。所以，如果"口述上海"对口支援系列丛书中少了"先锋"对口援三峡，那多么可惜啊！在我的建议下，市政协文史委和市委党史研究室把编辑出版《口述上海·对口援三峡》一书列入 2017 年度工作计划，正好这一年，上海对口支援三峡工作开展了二十五年。

可谓念念不忘，必有回响。由此，我多年的心心念念，终于将要实现了！

然而，口述援三峡真要操作起来困难不小。首先是选派的挂职干部人数相对较少。二十五年间，14 批总共 46 人，这比起援藏、援疆干部来是数量级的差别。其次，二十五年间，上海相关的区和对口地区的行政体制一直在变，上海承担任务的区由最初的 6 个减少到目前的 2 个，但承担过对口支援任务的区有 7 个（宝山、嘉定、卢湾、黄浦、闵行、静安、浦东新区），加上在沪接收三峡移民安置

的 7 个区县(崇明、南汇、奉贤、金山、松江、青浦、嘉定),总数达到了 13 个区县。挂职干部人数少、行政体制变革大、承担任务区县范围广,要想把二十五年以来的事情说清楚并不容易。

但再难,也难不过我们完成任务的决心。2016 年 11 月,在市政府合作交流办对口支援一处韩沪幸的热情联络下,我们来到湖北省宜昌市和重庆市万州区,落实了对马旭明、白文农、汤志光、刘洪福、王万修、陈文刚等同志的采访。在宜昌,我又一次登上了三峡大坝的坝顶,再次感受到了高峡出平湖的壮观与骄傲。在万州,我利用采访间隙,特地重访了曾为之付出心血的"上海中学""上海医院"和已经升格为大专的"重庆安全技术职业学院"(原万州职教中心)。我还去了万州区经济开发区投资促进局,在那里,与原万州区对口支援和经济协作办公室工作人员合影留念;在那里,看到上海援助的标准厂房依然在发挥积极作用……

2016 年 11 月,方城(后排左五)与原万州区对口办工作人员合影留念

　　回沪后，承蒙编委会信任，由我承担后续组稿任务。责任在身，我尽自己所能，利用手中掌握的资料，整理出1992年至2011年的"大事记"，并通过微信与口述者、整理者交流，将自己积累的资料与他们共享，并且花大功夫为每篇文章配上合适的照片。我还从刚刚结束援疆返沪的市政府合作交流办夏红军那里获悉，原国务院三峡办副主任、移民局局长漆林愿意接受采访。听闻此消息，我非常兴奋，立即向市政协文史委报告，并在《解放日报》记者的协助下，利用休假专程前往湖北采访。在此期间，我们还采访到了国务院三峡办原经济合作司副司长黄建国和湖北省三峡办原副主任马忠星等。后来，我又联系到了重庆移民局副巡视员郭雪梅。这样一来，该书的内容就更为充实、更具代表性了。

　　如今，我到上海市档案局（馆）工作已经有半年多了，但对上海对口支援工作依然存着牵挂，也感到心有余力，希望能结合现在的工作，继续为上海对口支援工作存档和留史作些贡献。我想，这既是我的分内事，也是我的荣幸。上海的援外干部们都对上海对口支援地区有着十分深厚的眷恋，譬如援藏、援疆干部都说"三年援藏（疆）路，一生援藏（疆）情"，更何况我，跟对口支援工作有着近二十年的交集，这份"情债"，又岂是轻易能舍得和放下的呢？

邵林初，1960 年 2 月生。1985 年 4 月至 2003 年 1 月，先后担任共青团青浦县委副书记、书记，青浦县朱家角镇党委副书记、镇长，青浦县莲盛乡党委书记，青浦县莲盛镇党委书记、镇人大主席，青浦县华新镇党委书记、镇人大主席，青浦区华新镇党委书记、镇人大主席。2003 年 1 月至 2009 年 4 月，任嘉定区副区长。2009 年 4 月至 2016 年 9 月，任市委农办副主任、市农委副主任。现任政协松江区委员会主席。

要把三峡移民当作市民那样，同等对待

口述：邵林初
整理：施飀赟
时间：2016 年 12 月 1 日

三峡移民集中迁入上海的那段时期，我正在嘉定区担任副区长，负责嘉定地区的三峡移民安置工作，曾参与前期前往重庆云阳县，深入移民所在乡、村走访调研，拟定移民安置方案。2009 年 4 月，我离开嘉定来到市农委，担任市委农办副主任、市农委副主任的职务，当时分管的恰好是全市的三峡移民工作。记得从前，上海市副市长冯国勤同志曾在三峡移民推进工作会上要求，安置工作要让移民们"迁得进、稳得住、逐步能致富"，我们上海始终围绕着这个思想，把移民当作自己的市民那样，同等对待。服务好移民，让他们能够尽快习惯在上海的生活，在上海安居乐业，为国家的三峡重大工程尽心尽责。

嘉定老百姓拿出了宝贵的土地与移民分享

当时，上海为了安置好移民，出台了一系列优惠政策：移民承包地和自留地面积不低于该市安置区县的人均耕地水平，移民依法享有经营自主权和收益权；

移民从事第二、第三产业后,可以依法转让承包地;对移民生产过渡期给予一定的扶持和补贴;对移民子女上学费用予以适当减免等。

嘉定区位于上海西北部,城市化发展较早,土地资源较为稀缺。但秉着"以农为主、以土为本"的安置原则,考虑到农业是三峡农村移民世代从事的本业,是他们最为熟悉的职业,为了让他们更快地适应移居上海后的生活,我们还是动员安置镇、村的老百姓拿出土地与移民分享,给予他们不低于当地村民标准的基本土地(即三块地:宅基地、自留地、承包地),"以土为本"以外再给他们安排其他行业的工作,让他们对今后的生活少一些顾虑。

受三峡库区移民委托新建的住宅

让我们感到安慰的是,嘉定的老百姓都很善良朴实,非但拿出了珍贵、有限的土地与移民分享,还将上海的农耕经验与情况毫无保留地与移民分享,各个村都建立了水稻、蔬菜、经济作物的种植工作小组,指导移民开展种植和田间管理。

乡镇的农科技术人员不辞辛劳地到田头传授种植技术，使移民尽快适应、掌握当地的生产技能。

安置移民的所有房屋都是新建造的，在房屋布局等各方面，我们都充分征求了移民们的意见。为移民们建造房屋的施工队伍也十分认真，不仅在选材上严格把关，还按时、按质、按量地完成了新房建造任务，经过区县移民办、建筑公司、迁出地政府、监理公司的四方面把关，这些房屋的建造质量很好，直到今天都还保存得很好。

上海移民安置部门及民政部门共同发动没有移民安置任务的中心城区向移民家庭赠送了移民们不易搬迁和携带的各种生活用品：包括全新的电饭煲、电水壶、电风扇等家电，每家每户都赠送了桌子和四条长凳，甚至移民孩童的学习用品。

在三峡移民还没有来到前，嘉定安置镇、村的干部百姓就已经自发为他们在承包地、自留地上种上了农作物，让移民到来后就能吃上自留地里种的蔬菜；为他们采购生活所需的各种用品，比如油盐酱醋、锅碗瓢盆等，给他们的生活提供保障；甚至还有热心的村民为他们烧好了热饭热菜，让移民一进新房就能够感受到家的温暖，也向他们展示了嘉定人民对他们的欢迎。

而移民们也十分朴素。我至今仍记得，在宝山宝杨码头迎接移民们到来时的场景。移民们拖家带口远道而来已是十分不易，但他们依然历经艰难地把老家能够带上的家具都带了过来，有些家具已十分陈旧，但即使是一个破旧的小板凳、一个热水瓶，甚至一把旧雨伞、一床旧棉被，他们都不舍得丢弃，山长水远地带到了上海，完完整整地将这些用品搬入了新家。我想，这其中不仅仅说明了移民们生活上的简朴、节俭，过去生活水平较低，也说明他们对故乡的一种眷恋，一种不舍。这些物件在我们看来很破旧，但也许在他们眼里，这些生活用品也是他们祖祖辈辈留下来的珍贵记忆，一种乡愁。冯国勤副市长当时在码头就感慨道："移民们舍小家、为大家、顾国家的精神值得学习。"

看着他们这样拖家带口、背井离乡地来到上海,我作为一名上海的干部,感觉到一种责任——要照顾好他们,让他们尽快融入我们上海,让他们不再有身在异乡的孤独感。按照市里的要求,我们为每个移民落实一亩承包田,积极为移民家庭安排至少一人的"非农"就业,开辟"绿色通道"优先帮他们办理户口、房屋移交、子女上学等手续。同时,发放《生产生活指南》、搞好移民点的环境美化和卫生整治,落实帮扶结对,为他们开展各类技能培训,帮助他们适应我们这里的生活,也鼓励他们自主创业。我们的干部也千方百计地帮助解决移民在生活生产中遇到的问题,做移民的贴心人,想方设法地推荐移民就业。

"融入"是对迁入地的全方位认同

当年安置到嘉定的移民,有一部分是安置到朱桥镇与外冈镇的,随着朱桥镇建造工业园区,外冈镇新市镇的快速发展,有些移民在迁入不久后,就遇到了当地的动拆迁。可能在移民的内心,总会有种"金窝银窝不如自家草窝"的恋乡心理。动拆迁后,有一部分移民将动拆迁后分得的房屋保留了一部分自住,另一部分则打算出售后,变现回到重庆老家购置房产。

本地的村民得知情况后,多次上门劝阻,希望移民们放弃回老家购房的念头,安安心心地做个上海人。"上海就是你们的第二故乡,上海未来的发展一定会越来越快,上海的房产一定会涨得更快、价值更高。你看,外国人都要来我们上海工作、来上海读书。你们已经在上海了,何不安心留下来,好好生活。"像这样的言论,有不少移民在后来回忆起来,心里都充满了感激。他们听从了热心的上海邻居、朋友的建议,最终放弃了卖房回老家的念头,留在了上海。通过几年来兢兢业业的努力与打拼,他们在上海都有了不错的工作,也结交了不少上海朋友,甚至学会了上海话,融入了上海,生活也过得有滋有味。

大多数的移民在迁入后,在当地村民的帮助下,都能较快适应当地的生活,与当地的老百姓和睦相处。但难免也会有些移民在初入上海时抱着一种"是党中央叫我们来的"的优越感、特殊感,想要做一个"特殊公民"。也可能是想尽快过上好生活,有一小部分移民在原有住房的基础上违章搭建,想通过房屋出租来增加收入,改善生活。

这在上海其实是不被允许的,嘉定本地的村民在这方面做得很不错,充分展现了本地主人翁的胸怀与度量,非但没有跟风违章搭建,还能够站在移民的立场上,为他们考虑,理解他们的困难,不盲目攀比。通过几年来的朝夕相处,大多数存在违章搭建的移民们都受到了当地村民的感化,在后来的"五违"整治工作中,有些移民因为感激嘉定本地村民的大度与包容,也因为多年共同生活后思想有了转变,他们也都主动、积极地配合当地政府做好整治工作,主动拆除了违章搭建。由此可见,移民们通过几年的生活,已慢慢地融入上海这个大城市,并逐步认同与喜爱上了这个城市,移民们已将上海视为自己的第二故乡,像热爱自己的家乡一样热爱上海,逐渐有了归属感与安全感,愿意入乡随俗、愿意安安心心地留在上海发展。

真情关爱每一位移民,为他们争取利益最大化

上海在移民安置工作中一直都做得比较好,各方面考虑得比较细致,也曾多次受到国务院三峡建委的表扬。尽管上海没有专门负责这项工作的工作人员,但我们农委移民办的同志们共同努力、高度重视,三峡移民工作一直进展顺利。移民工作开展至今,不曾有移民到北京上访。

2009 年我调任市委农办、市农委担任副主任后,分管三峡移民工作,面对的是全市的三峡移民,接触面更广了,也遇到过不少移民前来寻求帮助的案例。

让我印象最深刻的是移民何永胜,他是为数不多曾多次到信访办上访的移民。何永胜当时已经 60 多岁了,当年作为三峡移民的一员,迁入了浦东新区。

在移民前，他曾在铁路部门工作，当初作为民兵参与修建襄渝铁路得了矽肺病，因为常年需要治疗，生活较为困难，希望能够得到浦东新区政府的补助。但按照常规政策，通常都是在哪里患的病，就要去哪里申请补助。何永胜的矽肺病是在移民前患上的，按理说与上海、与浦东新区没有关系，浦东新区有权拒绝对他进行补助，但是这户家庭实际生活又确实十分困难。我们移民办的同志得知他的情况后，十分重视，为他想了不少办法。

当时，重庆政府曾发文说，凡是因为建造襄渝铁路患上矽肺病的患者，可以到相关医疗机构鉴定患病等级，并根据不同等级获得每月200—400元不等的补助。但这一政策只针对依然在重庆生活的居民有效。何永胜虽然是在重庆生活时患上这一疾病的，但后来作为移民来到了上海，便无法享受这一补助政策。

移民办得知这一情况后，先是在全市范围内对所有三峡移民做了普查，确定三峡移民中仅有何永胜是这样的情况。于是，我们移民办的同志为了他特地发函到重庆相关部门，希望向当地了解像何永胜这样的病人，是否能够享受到重庆市民同等的补助待遇。

重庆相关部门当时答复我们，如果所有离开重庆的矽肺病患者都想要回到重庆享受补助，那开支将扩大，所以不能破例增加。移民办为了帮助何永胜得到补助，建议重庆相关部门发文由上海特例照顾。可是由于各种原因，重庆方不便专门发文。

我们移民办的同志十分负责任，并没有就此放弃帮助何永胜，包代红同志还把自己的电话留给何永胜，让他耐心等待，有问题随时与她沟通。刚开始，何永胜常常会在半夜打电话给小包，向她诉苦，说自己身体不舒服。小包接到电话，总是耐心地安抚他，也从未放弃为他奔走。看到小包和移民办同志如此热心帮助，何永胜也不再上访，愿意耐心等待。

　　最终，通过我们移民办与浦东新区的多次沟通协调，在浦东新区分管民政的副区长陆民的帮助支持下，在了解何永胜个人的诉求后，我们与移民安置村的书记反复沟通，最终协定由何永胜所在镇、村，以特事特办的方式，通过财政补助为他开设"绿色通道"报销所有治疗肺病的费用。

　　何永胜对此十分感激，尤其在比较其他得病后到其他省市的移民的待遇后，他觉得十分感动，更为自己通过移民能够成为一名新"上海人"感到骄傲和自豪，还为相关部门送上了表示感谢的锦旗。像何永胜这样到移民办寻求帮助，并最终获得帮助的移民还有很多很多。正是因为我们移民办的同志有热心肠，能够设身处地为移民着想，也因为我们上海市政府对移民有好的政策，移民们信任我们、依赖我们，我们的移民工作才能顺利开展。

邵林初（前排左一）深入乡村，了解三峡移民的生活现状

认真对待每一项与移民相关的工作

2009年,国家出台了针对移民的《三峡工程农村淹没土地新增补偿资金使用实施方案》,对那些迁出故土的移民给予经济上的补偿。这是一件好事,是让移民得益的实事,对此我们十分重视。但移民资金的管理始终是各项移民工作中较为棘手的一项,如果处理不当则容易引发矛盾。该方案中还有这样一项细则"以项目为载体,按标准落实到户,不准发钱",对这笔资金如何发放做了要求。

一方面是得知消息后迫切想得到补助的移民反反复复地询问,希望这笔资金可以尽快发放,且发放到个人;另一方面又是政策上的要求,要以项目为载体,不能发钱,并对人均补贴做了金额上的设定。与此同时,移民安置村的老百姓也提出了自己的想法:移民来到后,我们拿出了自己的土地与他们分享,从某些方面来看,我们才是"失地"的对象。如何做好这项工作,发放好这笔资金,同时又能安抚好移民以及所在村村民的情绪,我们移民办的同志想了很多办法。

这项工作得到了市委、市政府的高度重视,时任市委书记俞正声、副市长姜平十分关心此事,俞书记多次批示,姜副市长组织开展了多次会议,对我们的工作提出了针对性要求,与我们一同探讨如何将政策完美落户,既让移民充分享受到政策,又不让兄弟省市为难。

在市委、市政府的领导下,我们充分调研,严格细致地制定方案,并在崇明首先试点。当时我们的实施办法是,采取多策并举,对每一户移民在移民过程中产生的费用,凡是拿得出凭证的,均给予补助,在金额上则按照人均1万元的标准严格控制。不管是搬迁后新购置的家电、子女读书的费用,还是承包农田、购买农资、自主创业产生的费用,不论是生产还是生活方面,凡是有凭证的都可以立项补贴。

对于移民安置村村民的想法,我们让村干部上门做他们的思想工作,"移民的到来也为村里作了贡献,政府也给予了我们移民安置村其他方面的补贴。他们背井离乡来到这里,我们应该以大度包容的心态来看待这个问题"。不得不说我们的老百姓还是很通情达理的,这项工作进展得十分顺利。

在崇明试点成功后,姜平副市长还特地为我们开了总结会,将崇明的工作开展情况向各区做了宣传,并逐步将这一工作在全市推广。

这项资金最终顺利发放,真正做到了移民高兴、老百姓满意,把好事做好,这与上海市委、市政府对我们移民办工作高度重视是分不开的。我们将这一经验总结汇报到中央后,得到国务院三峡建委的首肯,全国很多兄弟省市得知后都来到上海取经,听取我们的总结经验。

一切为了移民更美好的明天

上海虽然不是接纳移民最多的城市,却是移民工作做得最细致的城市之一。一方面是我们各区县负责移民工作的同志都兢兢业业、勤勤恳恳,能够设身处地地为移民着想,真诚地帮助他们,为他们服务;另一方面我们市委、市政府高度重视这项工作,前期做了大量的调研,充分听取意见,选取民风较好的镇、村作为安置点,推出了有特点、有针对性的政策,制定了既符合上海农村实际情况同时也让移民满意的安置方案和政策措施,想移民所想,解决他们的后顾之忧。同时,也是我们上海市民海纳百川、大度包容的胸襟,给予了移民们温暖的第二故乡,帮助他们更快、更好地融入这座城市。可以说,这是我们全市"一盘棋"、众志成城、万众一心的努力结果。到目前为止,在这项工作上,我们可以无愧地说,我们向全国交出了一份满意的答卷。

我们没有因为外迁移民是农民,就仅仅简单地为他们安置必要的土地,而是从长远来看,从实际着手,推动他们跟随历史发展的潮流,把他们当作我们自己

的市民一样对待,帮助他们学习各种生产致富的技能,掌握农业生产以外的技术,对他们进行培训,拓宽他们的就业门路,帮助他们从事第二、第三产业增加收入,并给他们的后代提供优质的学习机会。不少移民在我们的帮助下都找到了合适的非农工作,还有不少移民青年与当地青年结为伉俪的美好案例,移民的子女中,也有相当一部分人取得了大专、大学本科甚至更高的学历,更可喜的是有些已成为村两委的领导干部。移民们通过自己的努力,生活水平逐步提高,这让他们看到了未来、看到了希望,也更坚定了留在上海的意愿,共同在大上海这个国际大都市过上明天美好的生活。

陆鸣，1958年7月生。1998年3月至2015年9月，先后担任崇明县副县长，南汇区委常委、副区长，浦东新区副区长等职。现任上海市委农村工作办公室、上海市农业委员会副主任。

国家行动：三峡库区
移民安置试点在崇明

口述：陆　鸣

时间：2016 年 11 月 28 日

　　三峡工程关系到我国经济建设大局，举世瞩目。库区百万移民不仅是一项世界级难题，更是一项重大的政治任务，移民工作的好坏直接影响到三峡工程的成败和社会的长治久安。世界移民组织对此予以高度关注。

　　1999 年国务院决定将三峡库区移民迁徙到沿长江的 12 个省市，并向各省市下达了试点任务。上海市政府决定将上海的试点放在崇明县。市政府成立了以时任上海市副市长冯国勤为组长，市政府副秘书长周太彤、姜光裕为副组长的上海市安置三峡移民工作领导小组。崇明县成立了以县长顾国林为组长，我为常务副组长，19 个职能部门和 11 个乡镇为成员的领导小组。我是副县长兼常务副组长，具体负责此项工作。记得在 1999 年第一次到重庆参加全国安置三峡移民工作会议时，我对移民工作还一窍不通。会上聆听了时任国务院副总理吴邦国的重要讲话，感到责任重，压力大。之后冯国勤副市长指示："崇明不仅要把试点工作做好，还要出经验推广复制到全市。"面对压力和挑战，我暗暗下决心,无论试点工作有多么艰难,一定要承担起使命和责任,全力以赴把任务完成好。我先把国际国内移民历史和经验教训案例进行梳理和研究,认真研读了《世界银行OD4.30导则》《长江三峡工程建设移民条例》《黄河小浪底水利枢纽工程移民安置实施办法》等政策性材料和专业性书籍,还向三峡建设委员会移民局领导、移民专家、重庆当地市县领导请教,从而对国务院提出的"搬得出、稳得住、逐步能致富"和市政府提出的"融通、融合、融化"的要求有了深刻的理解,并在试点工作中自觉遵循。工作中做到清醒脑子,定好位置,迈好步子。坚持在市移民安置工作领导小组及其办公室的领导和指导下,团结带领委、办、局、乡镇干部,边实践,边总结,边研究,既认真执行好国家的方针政策、市政府的决策意见,又创造性地把试点工作做深做细做实,尽力做得让各方都满意。回顾试点工作全过程,心潮起伏,感慨万千,一幕幕情景展现在我的眼前。

主 要 做 法

(一) 精心选择移民安置点

按照国务院关于坚持"以农为本、以土为本",使外迁移民"搬得出、稳得住、逐步能致富"和上海市委、市政府关于使移民尽快与当地"融通、融合、融化"的要求,我们通过调查研究,经过反复考察和比较,在11个乡镇中确定了47个村、48个移民安置点。在选点中,着重把握以下三个原则:

第一,相对集中、分散安置。对移民安置点的选定,既考虑便于移民迁入后的教育和管理,又综合当地农民建房规划和土地资源等因素,确定每个乡镇一般安置移民13—14户,安置在3—4个村,每个村安置在1—2个村民小组。

第二,方便移民生产生活。一是方便交通,安置地距公路相对比较近,与乡镇政府所在地相距2—3公里;二是方便入学就医,安置地距学校和乡镇卫生院相对比较近;三是方便耕种,自留地和承包地比较近。

第三,有利融通、融合、融化。选择在村风、民风相对比较好,村级经济和农民生活水平在本乡镇中等以上的村(组),使移民迁入后有一个良好的社会氛围和较好的生活、生产环境。

（二） 严格把牢移民对接关

在整个移民安置过程中,我们把移民对接作为工作的重中之重来抓,主动跨前,提前介入,精心部署,细致操作。主要抓了三项工作:

一是印发资料,让移民全面了解安置地的基本情况。为使迁出地的领导和移民能比较全面地了解我们迁入地的整体概况,在云阳县党政领导和移民代表实地考察移民安置点的基础上,将崇明县的总体概况和11个安置乡镇的社会、经济等基本情况整理成册,提供给来崇明考察的移民代表,使移民全面了解当地经济和社会发展状况。对此,无论是云阳县的党政领导还是移民代表都比较满意。一位移民代表在考察后大为感慨地说:"开始我们认为到崇明岛是开垦荒地的,现在感到崇明岛的生产、生活环境比我们想象的好得多,通过考察,我们心情很舒畅,对落户崇明心里更踏实了。"

二是认真审核移民资格,确保落户移民质量。为把好移民资格审核关,我先后三次率队赴云阳县,与当地政府一起对移民资格进行审核对接。审核对接前,制定了走访调查、审核的工作方案,确定了审核对接的内容,并对参加审核对接的人员进行培训。针对移民居住分散的状况,我提出了"一、二、三、四"工作法,统一各审核小组的做法,即一询问(询问移民家庭基本情况)、二查看(查看移民居民身份证、户口簿、移民证、移民房屋及附属设施淹没调查表)、三填表(填写"三峡库区移民基本情况调查表")、四拍照(移民家庭成员和房屋每户一照)。整个对接工作共走访了2个乡镇12个村30个村民小组247户移民家庭,对995名移民的资格条件挨户逐个进行了审核。

三是对每户移民实行档案管理。本着对历史、对两地政府和对移民负责

陆鸣(中)在云阳县移民家庭调查访问现场

的精神,我们从安置试点工作一开始就加强各种资料积累,建立完整的书面、音像档案,并对每户移民实行"一户一档"管理。主要有八大类 28 项:移民身份证、户口簿、结婚证明、移民身份公证书等法律文书;计划生育准生或处罚证明;迁出地宅基地、承包地、住房情况资料;迁出地经济补偿明白卡;迁入地建房委托合同和贷款合同;承包地、宅基地使用权证;劳动力和在校子女情况调查;移民旧居、新居及家庭成员留影等。这些资料为历史留下了客观、真实的依据。这一做法得到了国务院三峡建设委员会的充分肯定,并作为经验推广到全国有关省市。

（三）切实抓好移民建房质量

移民安置房建造，由移民向崇明乡镇村镇建设办公室提出委托，并签订委托合同和建房意向书。意向书中明确房子面积、房型、贷款金额和自筹资金，再由各乡镇统一组织建造。在建房过程中，具体抓了三个环节：

一是合理设计建房图纸。为使移民的住房既适合移民实际需要，又符合规范设计要求，县规划设计部门在综合移民户主和各有关部门意见的基础上，根据市政府有关规定和本县农民建房实际，按照移民户的人数，设计了式样新颖、结构合理、经济实用、建筑面积90—200平方米不等的五种图纸。

二是严格选择施工队伍。明确各试点乡镇选择三级资质以上的施工单位承建移民住房。全县150幢移民住房分别由11个施工队承建，其中三级资质企业9个，二级资质企业2个。

三是建立监督管理机制。县移民办制定下发了《关于加强移民建房工作的通知》，对工程管理、质量检验等提出了明确的要求。各乡镇和各施工点普遍建立了施工现场监督管理机制，落实专人对房屋质量进行全方位的跟踪监督检查，并邀请移民代表到现场一起监督施工质量。同时，各乡镇采取了统一采购主要建筑材料，按规定取样复试，从建筑材料上保证了移民建房的质量。经验收，150幢移民住房全部符合质量规范要求。

（四）组织社会各界做好移民搬迁落户

移民的搬迁落户是整个移民安置工作中承上启下的一个重要环节。为确保移民搬迁落户工作的顺利进行，县政府成立了搬迁工作指挥部，由我担任总指挥，县有关部门和移民安置乡镇行政负责人为成员，具体组织和实施移民搬迁落户的各项工作。

按照市政府关于"热烈、简朴、适度、安全"的原则，县移民安置工作领导小组对搬迁落户中的欢迎仪式、人员运送、物资装卸运输等制定了具体的工作方案,并组织驻崇部队、志愿者共同参与,充分体现了三峡库区移民安置工作的社会性、群众性和广泛性。尽管在移民落户的搬迁运输中分别遇到了高温、台风等困难,但由于各级领导高度重视、准备工作充分、组织计划周密、社会各界支持,使欢迎落户仪式取得圆满成功,移民和物资安全运送到目的地。

2000 年 8 月 17 日上午,满载云阳县 150 户 639 名移民和移民物资的江渝 9号轮安全抵达崇明县南门港 3 号码头。移民徐继波是我接到的踏上上海土地的移民第一人。国务院三峡建设委员会副主任、办公室主任郭树言,重庆市委副书记、副市长甘宇平,上海市委常委、副市长蒋以任,上海市副市长、市安置三峡库区移民工作领导小组组长冯国勤和国务院三建委、重庆市、上海市的有关领导专程出席了在崇明南门港码头举行的欢迎仪式。在欢迎仪式上,黄浦区代表向移

陆鸣(中)迎接第一个踏上上海土地的三峡移民徐继波

民代表赠送了生活用品,上海市领导和崇明县领导还向移民颁发土地承包权证、宅基地权证、移民生产生活指南、农业实用手册。欢迎仪式后,三峡移民随即被专车送到了各乡镇的安置点,并在新居吃上了当地政府为他们准备的第一顿午餐。在整个移民搬迁落户和物资装卸运输中,没有出现人员伤亡和物资丢失事故,确保了移民和物资安全、顺利搬迁落户,得到了国务院三建委、重庆市和上海市有关领导的充分肯定。

(五) 及时落实帮扶措施

做好对移民的帮扶工作,是实现移民"迁得进、稳得住、逐步能致富"和与当地"融通、融合、融化"目标的重要举措。移民落户后,在移民帮扶的方法上做到三个结合:一是条块结合,以块为主。县有关部门做好业务指导,乡镇具体负责。二是上下结合,以村为主。县、乡镇和村建立上下联动、分级负责的移民帮扶工作组织网络,使得移民的反映有人听、移民的困难有人帮、移民的帮扶工作有人做。具体由村党支部和村委会组织村干部、党团员、妇女干部、村民骨干结对包户,落实帮扶工作。三是帮扶结合,以扶为主。在移民落户初期着重于"帮",在移民逐步适应后,着重于"扶"。在帮扶内容上着重落实三个方面:一是政治上关心。让移民与当地群众同等享受各种权利和政策。二是生活上帮助。印制《移民生产生活指南》发给每户移民。移民落户崇明后,为每户移民家庭准备一个月的粮食和一定数量的生活必需品。学校建立由班主任、任课老师和学生干部组成的帮学小组,帮助移民子女学习。对生活水平低于本市农村最低保障线的移民贫困户,按规定给予社会救助。三是生产上指导。编写印制《农业实用技术手册》供移民学习,并及时开展培训指导,实施户对户、手把手、面对面帮扶。同时,还组织移民参观当地种养专业户,引导移民发展特色经济。

主 要 体 会

（一）领导重视，精心谋划，作风深入，是做好移民安置工作的保证

自从崇明被确定为市安置移民试点县以后，上海市委、市政府领导对安置试点工作极为重视。徐匡迪市长三次召开市政府常务会议进行专题研究，冯国勤副市长和周太彤副秘书长亲自带领市、县有关部门的同志深入云阳县移民家庭作深入调查、访问，并多次主持召开市移民工作领导小组全体成员会议，研究制定有关政策和部署工作。冯国勤副市长还专程到崇明召开移民安置动员大会，对崇明的移民安置工作作指示、提要求。市移民办主任张祥明同志十多次带领有关人员到崇明现场指导移民工作。崇明县委、县政府的主要领导多次听取了汇报，研究移民工作，并实地察看移民安置点，督促检查移民安置工作。在移民安置过程中，县安置工作领导小组根据工作需要，随时召开会议，及时分析情况，研究办法措施，并坚持深入基层、深入一线，现场解决问题，许多会议都在现场召开。各有关乡镇、村也成立了安置工作领导小组，负责乡镇、村的移民安置工作。实践使我深深体会到，各级领导重视，讲政治，顾大局，周密部署，精心操作，作风深入，才保证了移民安置工作顺利进行。

（二）统筹规划，精心选点建房，是确保移民"迁得进"的重要条件

移民远离祖祖辈辈繁衍生息的故土，到完全陌生的异地他乡重建家园，都希望有一个比较好的生产、生活环境。移民能否"迁得进"，迁进后能否"稳得住"，首先要确定好移民安置点和保证建房质量。因此，在坚持"相对集中、分散安置""方便移民生产生活""有利融通、融合、融化"等三个原则基础上，我们注重兼顾三个方面的因素。一是兼顾村镇建设规划，移民安置点选择在原有的规划点或在规划点上延伸；二是兼顾村组土地资源容量，安置移民的村组有集体平复还耕或当地农民在土地延包中调整的土地；三是兼顾移民宅基地的地势、地质情

况,避免在地势低或沟形等地质松软基地上建造移民住房,以节省基础设施费开支和确保移民住房的质量。由于坚持三个原则,兼顾三个因素,加上建房图纸设计式样新颖、结构合理、经济实用,建筑质量规范放心,移民到崇明的对接十分顺利和满意。

（三）换位思考,有情操作,是做好移民安置工作的重要环节

三峡库区移民和崇明人民同住长江边,同饮一江水,他们舍小家为大家,理应得到党和政府的关怀,这也是国际上对工程性移民的通常要求。我把"假如我是一个移民",坚持"换位思考,有情操作"贯穿在试点工作的始终,要求各级干部真正带着责任,带着感情,针对不同的阶段、移民不同的思想变化,有的放矢地去做好工作。

换位思考,就要站在移民的角度,充分体谅移民的难处,从特殊的地缘关系出发,引导干部群众加深对移民的感情;有情操作,要从心里想着移民,以热情的态度欢迎移民,积极做好移民的各项安置工作,主动帮助移民克服生活、生产中遇到的各种困难。换位思考、有情操作的理念方法为试点任务的圆满完成奠定了坚实的基础,也取得明显成效。如在选择移民安置点时,各乡镇和各村都主动把地势高、环境好、交通方便的宅基地让给移民;在移民安置对接中,各乡镇热情接待、积极引导、耐心做好移民思想工作。如落户在庙镇镇米洪村的一位移民,开始由于期望值过高,一度对安置点颇多挑剔,甚至不愿办理对接手续,进而不辞而别。该镇领导没有嫌弃和厌烦,反复耐心做好教育疏导工作,最后使这位移民愉快地办理了对接手续。落户后,这位移民主动向镇领导认错,并表示要带头致富,为落户移民树立榜样。为帮助移民解决生产、生活的困难,在移民落户后,全县11个乡镇47个村都建立了帮扶小组。各个乡镇的党政班子领导和机关干部分别定点挂钩一户移民,与村干部和其他村民一起对移民实行结对包户。有关学校也建立了移民学生帮教助学小组,农业部门及时组织农业生产技术培训

等。这些措施对稳定移民落户后的思想情绪,帮助移民顺利过渡起到了十分重要的作用。通过换位思考、有情操作,使党的政治优势、组织优势得到充分发挥,移民深深地感受到安置地各级政府和社会方方面面对他们的重视和关心,感受到社会主义大家庭的温暖。

(四) 以农为本,积极引导,让移民致富有望,是确保移民"稳得住"的关键

移民在外迁落户中,首先考虑的是"安居",在满足"安居"后,则期望着"乐业"。试点安置的移民在落户后反映最多、最强烈的是要求政府安排工作,增加家庭的经济收入。但是,移民的身份是农民,对移民的安置必须坚持国家政策,坚持"以农为本、以土为本"的原则。因此,引导移民在立足农业的基础上发展其他产业,逐步勤劳致富,对稳定移民的思想起着十分重要的作用,也是确保移民"稳得住"的关键。移民落户后,我们要求各乡镇及时把移民安置工作的重点从确保"迁得进"转到使移民"稳得住"和逐步"融通、融合、融化"上,针对部分移民存在的特殊公民的心理和要求政府安排工作的想法,组织乡镇、村干部深入移民家中进行宣传教育,反复向移民讲清移民的身份是农民,必须牢固确立"以农为本、以土为本"的思想,要求移民在立足农业的基础上再考虑发展其他产业,寻找其他就业门路,从而纠正了一些移民中存在的"移民的要求应当得到更多的满足"和"移民的工作要由政府统一安排"等想法。由于各乡镇、村干部引导得当、措施有力,全县落户移民思想稳定,对勤劳致富充满了信心。

崇明县移民安置试点的成功,被国务院三峡建设委员会评为"全国移民安置工作先进单位",我本人被评为"全国移民安置工作先进个人"。继 1999 年试点安置后,崇明县又在 2001 年、2004 年接收安置了两批移民,三批移民共 348 户 1514 人,占全市五分之一,分布在 14 个乡镇 85 个村 113 个组。有了第一批试点经验,后两批的安置工作就顺当多了。2001 年、2004 年的两批移民安置,还扩展

安置到市郊各区。市政府在崇明专门召开工作会议,我代表崇明县政府作了经验介绍,会上还印发了移民安置政策汇编和工作指南等材料。

移民试点工作使我经受了考验,得到了锻炼,在移民理论研究方面我也作出了探索和努力,使自己的移民理论水平得到提高。我撰写的论文《人本理念和移民安置》,在南京河海大学召开的国际移民问题研讨会上作了交流;在三峡库区外迁移民思想政治工作座谈会上,我作了《实践三个代表,坚持有情操作,增强移民思想政治工作的针对性和有效性》的大会发言,得到三峡建设委员会领导的肯定和表扬;上海大学成立"上海市移民研究中心"时,聘请我担任特约研究员,还应邀去上海大学作专题报告。2010 年 8 月 12 日,我在浦东新区政府工作时陪同区人大视察工作时,接到了移民徐继波的电话,他问我还记得今天是什么日子吗? 他说今天是我们第一批三峡移民踏上上海第二故乡十周年的纪念日,还说他们包括孩子现在都很好,还时常想到我。徐继波的电话让我惊喜和感动。想不到过了这么长时间,移民还记着我。我由衷地为移民们过上好日子而高兴,又为能有机会参与移民安置这一国家行动而感到荣幸和自豪。我得到的荣誉不是我自己的,我要感谢时代,感谢组织的信任,感谢各级各方面的关心支持。三峡移民安置试点工作虽然已经过去十七年了,但这段经历是刻骨铭心的,是我四十多年工作生涯中弥足珍贵、终生难忘的。

【口述前记】

唐海东，1961 年 4 月生。1996 年 6 月至 2001 年 10 月，任南汇县副县长，南汇县安置三峡库区移民工作领导小组常务副组长，2001 年 10 月至 2006 年 12 月，任南汇区副区长，南汇区安置三峡库区移民工作领导小组常务副组长。2006 年 12 月至 2016 年 9 月，先后担任杨浦区委常委、副区长，杨浦区委副书记。现任上海市松江区人大常委会主任。

考虑细节做到位，
是安置工作顺利开展的关键

口述：唐海东
整理：张红英
时间：2016 年 12 月 13 日

2000 年，原南汇县（2001 年南汇撤县变区）接受上海市安置三峡移民办公室交给的三峡移民安置任务。南汇成立安置三峡库区移民工作领导小组后，陈德昌县长任组长。我当时是副县长，分管民政等条线工作，就担任副组长，具体负责安置工作。

当年，上海开展三峡移民安置工作，在做法上跟其他城市相比，是非常仔细的。我们南汇这一工作顺利开展，也是注重把关严格、操作规范、考虑周全、工作到位。

各个细节考虑周密

首先，我们要求在每个细节上做到严谨周密。就拿移民资格审查来说，我们要求到重庆当地进行实地考察，移民家庭每家每户都必须要走到，每个人都要看到，问清楚情况，每家照一张全家福（在家门口），拍照留念，留一个新旧对比，让他们日后对老家有一个念想，同时也是留下资料，方便日后移民过来后能对得上号，避免冒名顶替。我自己带队去了重庆好几次。我们过去三四十人，到了当地后，两人一组，分组了解移民情况。人和镇那边是山区，看上去一家离另一家不远，但是走过去要花很长时间，翻越山头要爬一两个小时。所以一天走不了几家。我们坚持每家都要走访。我们白天跑移民家庭，晚上回到驻地，就进行材料的比对、整理工作。正因为前期工作做得非常仔细，实行一户一档，所以后期复核时就没有出现意外情况，也没有什么后遗症。

其次，南汇对三峡移民安置工作力求做得到位。我们想，移民为了国家建设作出了贡献，作出了牺牲，背井离乡来到一个完全陌生的地方。虽然上海是大城市，但是在很多移民眼里，总归还是故乡好，还是故乡亲。所以移民来了以后，我们就要想办法让他们尽快"融入、融合、融洽"，创造一切条件，让他们对上海有认同感。我们宣传"你住长江头，我住长江尾"，"同饮一江水，都是一家亲"，使他们产生亲切感。另外，他们来了以后，我们也尽量让他们感受到我们工作的细致和温暖。移民来的时候，我们已经为他们精心挑选了移民安置点，造好了房屋，配置好基本家具，准备好锅碗瓢盆等生活用品，可以使用一个月的柴米油盐酱醋茶。另外，自留地里种好番茄、茄子、辣椒、豆角等蔬菜，承包田里插好水稻秧苗，所以他们到了上海的新家后，几乎什么都不用准备，拆包整理好东西，马上就可以摘菜、烧饭。用现在的话说就是"拎包入住"。可以说，为了能让移民顺利开始新生活，细节方面我们都考虑到了。所以，移民来了以后说："你们想得真是仔细，真是周到！"我们对他们的关心，也让他们感受到了温暖，他们说："你们上海人真好，你们对这个工作很重视。"

再次，我们强调既要坚持原则，也要有情操作。移民大多数都是讲道理的，但有时也会提出不合情理的要求，所以也需要我们耐心做好思想工作。有几件事情我至今还记得。

一件事是关于移民住房。我们请正规的设计单位设计房型,并挑选专业施工队伍建造移民住房。帮忙造房,这其实是一件"吃力不讨好"的事情。因为造得再好,移民也不一定都会满意。但是当时他们还在重庆老家,叫他们过来造,这可能吗? 不可能啊,没这个条件。所以,我们请他们一户派一个代表来上海,实地了解这里的城市面貌、风土人情,让他们看自己未来的新家在哪里,看图纸了解未来的新家是什么样。房子建造之前,先请每户移民家庭对房屋图纸进行审核确认。在造房过程中,虽然委托专业监理公司派员进行现场监理,我们也还请移民代表过来做"监工",监督房屋建造质量,如果有什么要求或者发现有偷工减料的情况,就及时向我们反映。房子造好后,移民验收合格后,再入住。移民对房子质量总体上基本满意。

当时,有的区县因为房子实际层高小于设计层高,移民对此不满,引发"层高"风波,最终,按少的平方数获得一笔经济补偿。有的区县虽然不存在房屋"缺斤短两"问题,也顶不住来自移民的压力,给予了"补偿"。消息传来后,我们南汇的移民也聚集在一起,并向政府提出了补偿要求。我就明确讲,一是我们每套房子的设计图纸都有移民签字认可,手续完备;二是严格按照图纸要求,房子不少结构、不少面积,所以这个不合理的要求,我们不能答应。凡事都要在讲原则的情况下进行,没有原则,就等于没有底线,退了一步,就可能退一百步,那就没底了。我的态度是:我们没错,不该赔的就坚决不能赔,不能留下后患。我们与区镇领导一起赶赴现场,直接与移民开展面对面的交流,坚持原则讲道理,所以后来,移民不再提这件事情,这场风波得到了平息,我们成功地顶住了压力,也赢得了市移民办和邻近区县的好评。

另外一件事,是用移民来管理移民。上海的移民安置工作,细节方面想得特别周到,还特别讲究方法。比如说,我们需要了解移民的需求。因为如果不掌握移民的思想状况,就有可能酿成大事情。我们希望什么事情都在苗头出来时就能够解决掉，那就不会逐步扩大，逐步发酵酿成不可挽回的大事情。那怎么知道移民的真实想法呢？为了及时掌握移民的思想动态和生活情况，我们在移民中挑选出优秀人才，充实到我们的工作队伍，让他们掌握和了解移民政策，并在移民中进行自我宣传、自我教育。移民彭文国曾在重庆云阳县人和镇做过综治干部，移民前担任龙泉村村支书，我们在去当地了解情况时就发现他虽然年轻，但为人正直，熟悉群众，各方面素质都还不错。所以来到上海后，我们就吸收他到移民办协助开展安置工作。他与移民语言相通，知道移民的真实想法，也熟知移民的性格脾气，有时候由他出面做移民的思想工作，效果比我们去讲要好得多。大部分移民也认为有代表在移民办工作，移民就不会吃亏。事实证明，这样的做法非常有利于移民的稳定，有利于移民工作的正常开展。所以说，要使移民稳得住，很重要的一条就是在源头及时掌握情况，及时做好工作，把矛盾化解在萌芽状态。这样的话，矛盾就不会酝酿、发酵，乃至不可收拾。

整个南汇的移民安置工作没出什么闹得很大的事情，没发生过影响特别大的事件。一发现有什么苗头，我们就立即予以制止。教育工作做在前面，告诉移民哪些事情可以做，哪些事情不可以做。比如说，不可以随便打鸟，不可以随便砍树……他们原先在老家都是那样做的，但我们这儿不允许，这个情况他们不知道，我们就要告诉他、教育他。还有，他们的交通安全意识普遍比较差，因此也发生了几起移民交通事故，那么我们要去看望他，尽可能帮助他解决困难。

事事确保想得周全

移民们心里都明白，上海是个好地方，自己在故乡待了一辈子，也不想离开家乡，但是考虑到子女的将来，还是愿意过来的。移民过去在家乡生活很适应、对家乡有感情，到上海的最初一段时间里，他们总是习惯于把老家好的地方与这边比："我们那里烧饭用柴火，不用花钱。你们这里要用煤气要花钱。我们那里

河水干净,关键是不要钱,你们这里用自来水要花钱。"也有的移民对安置工作提出这样那样的要求。这些都需要我们慢慢做思想工作,慢慢通过与当地群众的融合,使我们的政策和措施能够落实到位。这是一个缓慢的过程,需要在细节上做好种种工作。

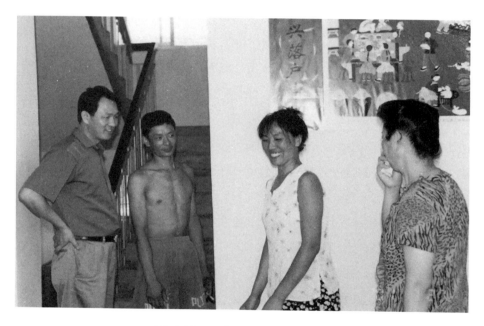

唐海东(左一)看望已入住三峡移民家庭

在实际工作中我们也发现,三峡移民有着非常浓重的"平均主义"。我记得有一件非常有意思的事情。中秋节到来前,我们南汇有一个镇给镇里的三峡移民发月饼,表达对移民的关爱之情。当时,镇里也没考虑那么多。但因为移民刚过来时对当地不熟悉,语言又不通,空闲时间经常骑车或坐公交到相熟的老乡家里串门聊天,彼此之间走动得很勤,有啥消息传得也特别快。所以,其他镇的移民马上就知道了发月饼这件事,然后就有意见了:"人家那里送月饼,我们怎么就没有?"我们了解情况后,赶紧安排给移民发月饼,而且讲明就要同一种牌子同一个包装,大家都有月饼领,全部都一样。这事发生之后,我们意识到,移民的想法就是"别人有的,我们也要有,而且要一模一样,不能有一点点区别"。后来就明确,所有安置有移民的镇要为移民做好事,都必须经过区里的同意,在区里的统一安排下进行,还要向市里通报。不然的话,这里的移民满意了,其他地方的移民就不满意了,容易产生矛盾,引发不稳定因素。此后逢年过节再要发放物品,哪怕是些很小的东西,也要做到区里全部统一,保证一模一样。"月饼风波"提醒我们,做移民安置工作,在具体操作上一定要考虑到面上平衡的问题。

做好对移民的帮扶工作,是实现移民"迁得进、稳得住、逐步能致富"和与当地干群"融通、融合、融化"目标的重要措施。我们对每户移民家庭组建了由镇干部、管段民警、村干部(共产党员)、技术能手四人组成的帮扶队伍,确保移民的话有人听、移民的事有人做、移民的困难有人帮。移民原先在山地种果树,他们的种植习惯和我们这里的差别很大。很多在那里能干的事情,在这里就干不了。所以到了这里,移民大都没有什么劳动技能。那个时候南汇乡镇工业因为发展得比较早,效益还是可以的,所以我们会对当地镇村企业做工作,鼓励他们接收移民就业安置。我们规定,镇里必须一户人家至少推荐一个人到企业就业,这样就有固定收入,就能保证一户家庭的基本生活。有的移民本领不大但要求很高,这个工作不干那个工作不干,我们允许他挑三次,也就是说为他提供三次就业机会。如果他还是不愿意去,那就只能请他自己另想办法。

南汇的农业也发展得非常好,很多南汇农民种水蜜桃、甜瓜、"矮脚青",养鸡养猪,勤劳致富。移民种不来承包地和自留地,我们就发挥帮教队伍作用,由村干部、村民小组长安排种养能手,结对帮扶移民,教他们如何开展农副业,生产一些经济效益好的、市场上受欢迎的农副产品,收获以后再优先帮助移民进行销售。所以,这方面也成为移民很好的生活来源。

生活不用发愁,移民的情绪自然就会稳定下来。慢慢地,他就会融入当地,认同感也会越来越强。

对于移民子女读书问题,我们也给予了很大的帮助和照顾,他们的学费、杂费都不予收取。移民中有的小孩子不肯读书,移民家长也说"算了,不想读就不要读了,去帮着干活吧",这时候,我们就要上门去做工作,告诉他们不让孩子读书是不对的,应该完成九年制义务教育。我常说,我们更要把眼光放在下一代,下一代肯定能很快融入上海的生活,另外,小孩子语言能力很强,过一两年就学会南汇这边的方言,跟当地人没啥区别了。现在十几年过去了,移民新一代人肯定已经融入当地生活了。

安排工作必须到位

为了迎接三峡移民的到来,确保移民安置搬迁运输工作的顺利进行,南汇县成立临时指挥组织机构,由我兼任组长,县移民办主任王正明同志兼任副组长。我们制定了周密的搬迁运输方案和实施计划,对搬迁运输方法、时间、路线等进行了统筹安排。

2001年7月,我们南汇接收第一批来自重庆云阳县人和镇的三峡库区移民194户811人。移民搬迁到上海,是东西先到人后到。我那时分管民政条线,包括双拥工作,所以和驻区武警部队领导都很熟悉。我就和他们讲,关键时刻要请部队帮忙。部队也很支持,在请示了上级之后,他们也明确表态说:"三峡移民工作,我们也应该支持。"所以,当时部队出车、出人,协助地方搬运移民货物。记得当时我带队,每个移民安置镇配备人员随车去码头。地方车辆加上军车,共约百辆货运车辆组成一个长长的车队,半夜集合出发,开到提篮桥公平路码头是凌晨3点钟左右,然后原地待命。早上五六点钟,船到了码头,我们就立即开始组织卸货,然后一辆接着一辆有序装车,以镇为单位集中运货,每个镇一到两辆

满载着三峡移民货物的货船抵沪

车，然后开回南汇，再按照货物包装上标注的地址和门牌号，送到每一个移民安置点，再把货物卸下放进屋内。就这样，1300多件移民货物全部搬运到位，没有出现漏缺现象。

两天后，移民到达上海。接人相对来说就简单多了。我又带队，带上镇里相关人员，几十辆大巴士开到海军高桥码头。移民乘坐的船只靠岸，码头上彩旗飘扬，锣鼓喧天，气氛相当热烈。一个镇一辆大巴士，接了移民到达各自镇里。每个镇都召开欢迎会，欢迎移民的到来。移民到达新家时，看到我们连生活用品都已经为他们准备齐全，都既高兴又感动。

三峡移民舍小家为大家，来到上海很不容易。所以，我们也向南汇的干部群众宣传，要体谅他们，理解他们。我们要把工作做到位，尽量使他们满意，使他们

能尽快稳定下来,适应新生活。当时,我们的想法就是这样的。慢慢地,移民和当地村民之间消除了陌生感和隔阂感,建立起了感情和友谊,比如说有的移民女青年与南汇当地男青年结婚,移民子女和当地同学成了好朋友。各种细致工作和活动,帮助他们尽快融入了当地。

我们也经常去移民家庭走访。比如,逢年过节时,会去看望慰问移民家庭,平时我们也要进行走访;有时中央分管移民工作领导以及邻省市相关工作同志来南汇考察时,选看几个移民点,或者一些机构比如联合国相关组织关注移民情况,来看看移民的生活现状,我也会陪他们去移民家庭。所以,好多移民我们都是很熟悉的。他们非常感谢上海为他们提供了很好的安置条件。记得有一次,我到一个移民点走访,一名移民妇女送给我一副鞋垫,她说:"家里也没有什么好东西,这是我自己做的,表示一份谢意。"鞋垫是她自己一针一线手工缝制的,我到现在仍然记得很清楚,鞋垫上面还绣着精美的花朵图案。当时,这个礼物让我既激动又开心,觉得我们的努力都是值得的。

对于三峡移民安置工作,上海在政策上给予了很多倾斜,提供比较充足的资金。市里也考虑得比较周到,安排经济条件较好但没有安置任务的区结对支持安置工作。我们与徐汇区结对,徐汇也给我们提供了很多支持,除了资金上的支持,我们的移民新居里的桌椅板凳、坛坛罐罐等一些生活用品也都是由他们提供的。我们南汇不是所有的镇都有安置任务,所以我们区里也有统筹平衡。总体来讲,南汇这方面的资金还是比较充足的,保障了安置工作的顺利进行。同时,我们对移民资金的使用与管理把控得比较严,所以既保证了用于移民,也保障了移民安置工作的可持续开展。

因为我的工作有了调整,赵雯同志接管第二批移民安置工作。2004 年,南汇又顺利接收重庆万州的第二批移民共 72 户 253 人。

回顾当年三峡移民安置工作,虽然出现了一些困难,但总体是比较顺利的,也得到了相关方面的肯定和认可。从我个人来讲，参与这项工作让我更加明白，细节决定成败。做任何工作，只要用心和努力，一定能够找到方法和对策，问题再多也都会迎刃而解。

陶夏芳，1964年2月生。1998年3月至2011年10月，先后担任青浦县副县长、青浦区区长助理、副区长。2001年，任青浦区三峡移民工作领导小组常务副组长。2011年11月至2016年10月，任宝山区副区长。上海市第十届、第十一届、第十二届人大代表。现任青浦区人大常委会副主任。

让三峡移民爱上青浦这块土地

口述：陶夏芳

整理：尹　寅

时间：2016 年 12 月 22 日

　　十四年前的一个暑天，满载 162 户 689 名三峡库区移民的江渝 23 号客轮，经过四天四夜的日夜兼程后，于 2002 年 8 月 29 日早晨 6 点缓缓停靠在上海市宝杨路码头。码头的一个镜头至今令人难忘，好多移民随身带上了家乡的泥土和树苗，立誓要让它在第二故乡生根开花。

　　现在，重新说起青浦区接收安置三峡库区农村外迁移民的这段工作历程，好多回忆不禁涌上心头……

　　2001 年 10 月，根据市政府关于安置部分三峡移民的指示，在青浦区委、区政府的直接领导下，建立了由时任区委副书记、区长巢卫林为组长的青浦区安置三峡库区农村外迁移民工作领导小组，抽调人员成立了移民工作办公室，我作为区长助理，具体负责此项工作。自 2001 年下半年开始，到 2004 年 8 月 5 日止，历时四年，青浦区分两批共安置了 241 户 990 名三峡移民。其中，第一批来自重庆市云阳县 162 户 689 名，第二批来自重庆市万州区 79 户 301 名，分别安置在

夏阳和盈浦街道,以及重固、白鹤、赵屯、朱家角、练塘、金泽镇、金泽、西岑镇的56个村。

周到准备,力保"迁得进"

从三峡库区到青浦,从山地到平原,种植的农作物从地瓜、苞米到水稻、果树,差别不是一点点。人说故土难离,更何况是要舍弃一部分世代传承的耕作、饮食和风俗习惯呢!因此,第一步,如何保证"迁得进",是当时摆在青浦区委、区政府面前的首道难题。

青浦区各级领导把接收安置三峡库区农村外迁移民工作作为一项政治任务,以"三个代表"重要思想指导整个安置工作,坚持讲政治、讲大局,为逐步实现移民与当地群众"融通、融合、融化"和"迁得出、稳得住、逐步能致富"的目标进行细致的工作。

建立了区安置三峡库区农村移民工作领导小组,成立相应的工作机构,抽调工作人员,在全区范围内分层次设立安置镇(街道)、安置村三级移民管理机构,形成网络,实现直通式领导、管理体系。公安、工商、交通、建设、教育、卫生、土地、规划、农业等各级政府部门出人或出力,形成全区合力,安置三峡库区农村移民工作实行统一领导、分工负责、各司其职。

为了掌握第一手资料,我们先后六次组织区、安置镇、街道以及有关工作人员到重庆市云阳县、万州区五桥移民开发区实地考察,了解移民到上海落户最关心的是什么,最需要解决的问题是什么。通过考察,在掌握第一手资料后,认真研究落实各项具体工作。同时,在全区范围内利用新闻媒体等各种宣传手段,认真做好安置三峡库区移民的教育。通过教育,使大家认识到,国务院决定三峡库区部分农村移民外迁,关系到三峡工程能否如期建成和发挥效益,关系到三峡库区的经济发展和社会稳定,关系到我国的国际形象和声誉,是高瞻远瞩的科学决策,青浦接收安置三峡移民,是实践"舍小家为大家"的精神。

在这一过程中,让我印象最深刻的一件事是移民资格审核。2002 年 1 月,正好是重庆市云阳县最冷的冬天,由我带队,区、安置镇、有关职能部门人员组成的工作小组 30 余人,来到云阳县,按照外迁移民的条件,一户一户、一人一人地审定准迁落户我区的移民。重庆山路崎岖,我们一行人往往是上山一身汗,走村串户审核时又冻得瑟瑟发抖。白天,我们马不停蹄地走访农户,通过一询问、二查看、三填表、四拍照的方式,全面掌握移民家庭的成员、人数、年龄结构、婚姻、计划生育、经济收入等,为了赶进度,晚上,所有成员还要整理汇集村民材料一直到凌晨。就这样,整整四天三夜的满负荷工作,终于完成第一批 162 户移民的资格审核,工作圆满完成了,可是我们一行中有不少人却累得病倒了。

紧张忙碌的资格审核结束后,便迎来关键的建房选址工作。市、区对移民建房给予适当补贴,3 人户以下每户 120 平方米,4 人户每户 150 平方米,5 人户每户 180 平方米,6 人户每户 200 平方米,不足部分移民可申请无息贷款。相关镇和区建设部门按照每户移民人数确定的建房面积,为每户移民建造一幢质量保证的崭新住房。为了保障建房质量和进度,设计、施工和质监、监理等部门通力协作,施工单位也克服各种困难,坚持施工质量,确保第一批移民新房按原计划时间节点顺利竣工。

2012 年 8 月底,在所有准备工作就绪后,三峡库区的移民也按照既定时间要来青浦了。在接收首批 162 户移民的过程中,两次到码头接运移民家具和组织欢迎人员是对我们工作的一次重大考验。为了做好接运工作,我们一次又一次地研究修改,制订了周密而详尽的计划,明确从青浦到码头的来回路线以及到码头后车辆的安排、搬运人员的分工、物资的清点和双方交接手续。8 月 27 日接运物资时,原计划的 1000 吨货物可到岸时却增加到了 2150 吨,200 多名工作人员二话不说,紧张地投入到物资搬运工作中。那天上海恰逢台风,天气时晴时

雨,大伙儿没有半句怨言,衣服湿了一身又一身,从27日凌晨出发直至28日中午返回青浦,坚持工作了整整30多个小时,所有物资足足装了175辆大卡车。为了保证道路畅通和车辆人员的配备,我们请交警支队出面用警车开道,保证一路绿灯,并向驻青武警求援,借用100辆汽车和120名武警官兵,帮助码头装卸和装运物资,保证了物资搬运的安全顺利。8月29日接运三峡移民时,我们组织了医务人员、志愿者到码头接待,对于老弱病残上下车不便者由志愿者搀扶,遇到病人由救护车和医疗人员及时治疗,保证了移民安全。当满载着移民的车辆驶进各安置镇村时,各个村委会设宴招待,为颠簸了一路的移民端上了专为他们烹制的丰盛饭菜。新房里,移民们携带的家具行李,一件不损、一件不少井井有条地摆放着,一个月的生活必需品一应俱全,包括大米、油盐酱醋、电饭煲、洗漱用品,甚至连他们喜欢吃的辣椒酱也考虑到了,半个月内有结对帮扶人员按日赠送蔬菜。"青浦政府想得真周到,就像回到了自己家里",不少移民看着眼前的情景感慨道。

抓住环节,力求"稳得住"

迁得进,更要稳得住。三峡移民到青浦后人生地疏,如何确保他们安心扎根第二故乡?青浦区政府坚持以科学发展观为指导,把国务院安置移民政策和本区实际情况相结合,做到规划先行、政策配套,既有利于移民迁得进,尽快适应当地生产生活,又有利于移民稳得住。

移民工作是一项系统工程,同时也是一项复杂的社会工作,需要全社会的支持和各部门的密切配合。我们在落实接收安置任务的过程中,对于移民资金的供应、"三地"安排、建造移民住房、人员物资搬迁运输、结对帮扶、子女入学就读、卫生医疗、社会保障等工作,都建立了相应的工作责任制,做到分工明确,在工作操作上把好七个"关"。

满载着希望的云阳县移民踏上了青浦这块土地

一是把好移民安置经费使用关。国务院三建委和市财政拨款 1200 万元,区财政拨给专项资金 601 万元,向没有安置移民任务的赵巷、徐泾、华新镇和青浦工业园区筹措调剂基金 1060 万元,从而落实了各项安置经费。移民安置经费实行专户储存、专款专用,所有项目都进行审计结算。

二是把好移民点选址关。按照"相对集中、分散安置"原则,选择在离小集镇较近、进出交通较便利、村风民风较纯、经济发展较快、基层建设较好的村组作为移民安置点,每个移民点安置 3 到 4 户移民。在移民安置选点工作初期,区委书记钟燕群率领四套班子领导,冒着凛冽的寒风,到朱家角的李庄村和练塘镇的沈练村安置点进行实地检查,有力地推动了安置工作的进展。

三是把好建房质量关。我们实行"四统一监",即统一设计、统一选材、统一施工、统一验收,由专业机构专门监理,确保了移民住房的建造质量。第二批移

民房建造时"三材"涨价,区政府增拨每平方米50元建房款。在施工中发现练塘镇太北村、金前村和朱家角镇新胜村住房的地基有问题时,及时采取措施,予以返工。其间累计架设供电线路23506米、自来水管网188770米、电话线及有线电视电缆26356米,水利配套188770平方米,铺设白色水泥路面34公里,保证各项基础设施一应俱全。

四是把好土地丈量关。在划定承包地、自留地、宅基地时,向移民明确土地"四址"和使用土地中的有关规定,并及时颁发使用权证书、承包责任书。在落实移民承包地和自留地上,确保人均承包地不少于1亩,自留地不少于0.1亩,这个标准在当时已超过上海农民人均耕地水平。在土地使用证和房产证的发放上,房地部门密切配合,给予方便,使移民在住进新房的同时即可顺利取得权证,颇受移民欢迎。

五是把好秋收和秋种衔接关。移民搬迁正值秋收换茬时期,各镇农业部门及时举办移民农业技术培训班,将当令作物的播种技术传授给农民,及时解决落实种子、肥料、农药的供应问题,还发动当地农民主动结对移民,手把手指导移民种植蔬菜,以最短的时间解决移民蔬菜自给的问题。而早在5月份,村里的农民和干部就自发利用业余时间,提前为新邻居们种上了粮食和蔬菜,确保到10月就能收获。

六是把好移民子女入学关。根据云阳县移民局提供的学龄儿童就读资料,区教育局负责具体落实"三定"(定学校、年级、班级),令不少三峡移民惊叹的是,他们的孩子初来乍到,转眼到9月1日都能"无缝对接"顺利进入本地学校。考虑到三峡移民的子女英文基础较弱,每个接收三峡移民子女的中小学都开展"一帮一"活动,专门配备了英语教师为其"开小灶"。

七是把好享受政策关。对移民迁入后的养老、医疗和子女教育等均按上海市民待遇执行,在两年过渡期内,移民还可以享受免交各种税费、养老保险费、合作医疗费、子女上学的部分书本代办费;两年过渡期后,我们又根据市政府部署制定了完善结对帮扶工作机制、落实移民帮扶帮困资金、拓宽移民非农就业渠道、给予移民困难家庭子女教育费用减免优惠、合作医疗补贴、切实维护移民合法权益等六个方面的政策措施。

这些政策措施的贯彻实施,对移民"稳得住"起到了重要作用。在迎接第二批 301 名三峡库区移民落户的前一天,我们领导小组几个成员特地来到练塘镇,实地查看迎接工作。为移民新建的房子是两层楼房,面积从 120 到 200 平方米共 4 款房型,每幢房前均有 4 平方米大的"小院子",房子全部装饰一新,里面还配备了卫生设备、液化气灶具瓶罐,客厅里是 1 张大桌 8 只凳子。"我们还给他们备好了'柴米油盐酱醋茶',他们来了就可以开始新生活了。"从工作人员递来的赠送品清单上,我数了数,送给每户家庭的各类生活品不下 30 种。

综合帮扶,力争"逐步能致富"

稳得住,是安居;能致富,是乐业。我们意识到,三峡库区农村外迁移民落户到青浦,对他们来说是一个大转折,由于生产、生活习惯不同,语言不通,他们有一个逐步适应和熟悉的过程。为此,我们始终不遗余力,广泛开展帮扶工作,发动农村党员和当地农民与移民"结对子",积极推荐移民在非农岗位就业,使得新移民得以在新家乡开始新生活,展示新风采。

重视思想上的帮扶。由移民办牵头,组织综治办、派出所、文明办、农业办、计生办、村建办等部门,举办各种类型的培训班,宣传安置政策,公开国家规定的各项补贴和补助政策,增加透明度。同时,介绍当地村民勤劳致富的事例,通过一段时间较有效的工作,帮助移民增强市场意识、发展意识和法制观念,较好地解决了部分移民存在的"三个担心、三个错误认识"。白鹤镇移民秦茂贵被镇移民办聘请为联络员,帮助掌握移民的动态,特别在移民初期,对稳定移民的情绪

练塘镇妇联免费为移民开办羊毛衫编织技能业务培训课

起到了积极作用。

突出生产技能的帮扶。上海和重庆两地的气候、土壤、农作物种植、生产习惯都不同,为了让移民更快更好地融入当地生活,区移民办印发了《移民生产生活指南》小册子,镇农办举办各种技能培训班,开展生产技能帮扶。我清楚地记得,各安置镇、街道、村更是根据特色农业、加工业的特点,帮助移民发展生产。如朱家角镇、练塘镇、金泽镇,手把手帮助移民栽种茭白,从移栽、肥水管理、防病治虫等方面加以指导。重固镇的移民在原籍有栽种果蔬的经验,为此,在镇移民办、农办的帮助下,区农业部门无偿提供果树。练塘、白鹤是青浦三峡移民人数最多的两个镇,为帮助落户在两镇的三峡移民尽快适应当地环境,融入社会,增强他们科技致富的本领,区科协资助近 4 万元培训经费,会同两镇科协,开展了三峡移民实用技术培训工作,安排了茭白叶编结、羊毛衫编织、水产养殖、食用菌栽培和服装缝纫等培训内容,培训人数近 200 人次。为帮助落户三峡移民中的女性重新就业,练塘镇妇联免费为她们开办了羊毛衫编织技能业务培训课,练塘镇的 16 位编织女能手还与女移民开展"一对一"帮教活动,课程开办以后,已有 40 多名女移民接受了培训,并成为羊毛衫编织业中的一员。在这期间,也涌现出了不少移民致富能手。白鹤镇王泾村移民秦茂贵,在镇农业、科技部门的扶持指导下,成为移民种植食用菌示范户,2004 年创收达 5 万余元。落户练塘镇张联村的聂菊芳、苏绪兰妯娌俩,在村委帮助下,依托富民羊毛衫市场,添置了织机从事编织加工。

积极推荐非农就业。我们根据市、区政府提出的,在入住以后一个月时间内要解决移民非农就业的指标,各安置镇、街道移民办把安排非农就业作为一项硬性指标予以实施,主动征得劳动部门、工厂、企业的帮助,千方百计解决移民的非农就业。至 2005 年,第一批移民户均就业率为 1.64 人,第二批移民户均就业率为 1.84 人,月收入在 600—800 元,个别的超过千元。三峡库区移民入住青浦以后,随着时间推移,加深了对市场经济观念的理解,较好地克服"等、靠、要"的平均主义思想,他们发扬巴蜀儿女吃苦耐劳的优良传统,用勤劳的双手在江南水乡立足生根。

关心弱势群体的生活扶持。安置村的干部群众在生活上给予移民全方位的帮助,对那些有特殊困难的家庭更是重点关注。朱家角镇邱姚村移民宋某不幸患上乳腺癌,村委会先后借支医疗费用 2 万余元,使她得以及时治疗,宋某丈夫逢人就讲,青浦政府关心我们移民,青浦的干部待我们像亲人。落户在重固镇章埝村的邬前云的女儿邬春梅于 2004 年与当地青年喜结良缘。

在不少安置点,新移民不约而同地在自家门口张贴了两张照片,一张是来沪之前在老家门口照的全家福,另一张则是在新家门口的留影。一位移民说:"老

家门前照,原是作为'传家宝',想告诉子孙后代不要忘记家乡,不过现在老照新照一对比,发现我们这里的新生活更美好!"

回顾安置三峡库区农村外迁移民这段工作历程,可以说我们做了一件"空前绝后"的大事。"空前",是因为上海历史上由政府组织接收外省市移民到本市落户的还是第一次;"绝后",是因为类似像三峡移民一样由政府集中组织接收安置的,恐怕今后不会再有了。我怀着敬畏和忐忑之情参与完成了整个移民工作,这不仅是为我们继续做好移民后期的工作提供有益的提示,也留给了我一笔宝贵的精神财富。

2006年,国务院出台政策,再给移民二十年扶持时期,我衷心地祝愿所有来到青浦的990名移民能爱上青浦这块土地,能在青浦的新家创造并享有更灿烂的生活。

陆保明，1946 年 10 月生。1991 年 3 月至 1998 年 10 月，任宝山区经济技术协作办公室主任。

心系援外　情牵五桥

口述：陆保明

整理：周文吉　姜　楠

时间：2017 年 7 月 29 日

1991 年至 1998 年,我任宝山区经济技术协作办公室主任,援外任务的安排是我们协作办的工作之一,当时由我重点负责。虽然没有像前去支援的干部一样在万县市五桥区(现重庆市万州区五桥)感受当地的生活,与当地百姓同甘共苦,但这十年的风雨发展路,我始终一路随行。可以说,五桥发展之路上走的每一步,添的每一块砖瓦,建起的每一处工厂,启动的每一个项目……都时时刻刻牵动着我的心。这是我在这十年协作办工作的真实感受,如今细细回忆起来,甚有滋味。

好山好水,有待振兴

1993 年 3 月,撤地设市新置五桥区,区址定在百安坝,是万州移民迁建的主要安置区。1994 年,万县市城市居民最早搬迁的 86 户 212 人,就是从这里开始的。十多年前,坝上还是一派田园风光,今日已是一派都市景象。

　　五桥百安坝移民安置新城，累计投资 12 亿元，建成区面积 3.76 平方公里，是三峡库区最大的移民安置城之一。城区常住人口 5 万人，其中主要是移民。新建移民安置小区 6 个，修建移民房 89 幢，面积 36 万多平方米。万州第一条宽阔的城市大道展现在百安坝，万州第一座公路立交桥修建在百安坝……这里城市基础设施配套完善，城区"六横五纵"道路宽阔，是目前万州城市规划建设最好的地方之一。

　　为什么会选这里作为移民区？五桥占万州辖区面积的二分之一，万州的农业资源、旅游资源、水能及矿产资源大部分集中在五桥。五桥区地势开阔平坦，地质结构坚硬，可开发利用的建城区面积在 36 平方公里以上，被长江三峡水利委员会誉为库区难得的建城良址。百安坝不是平坝，而是缓坡，唯其是坡而又成坝，才有了独特的立体感。

　　五桥辖区海拔从 106 米到 1763 米，立体气候明显，适宜各种农作物生长。主要种植水稻、小麦、玉米、大豆等粮食作物和柑橘、蚕桑、柠檬、茶叶、油桐、橄榄、白肋烟等经济林木；养殖业主要以猪、牛、羊、兔等为主；森林覆盖率 25.5%，活立木蓄积 199.8 万立方米，占万州的 71%；水资源潜力巨大，境内河流（不包括长江）水能理论蕴藏量为 23.39 万千瓦，可开发量为 16.74 万千瓦；有矿产资源 10 多种，尤其是天然气、岩盐、石灰石等储量较大；旅游资源有潭獐峡、龙泉两个重庆市级风景区，王二包国家级自然保护区，盐井龙洞和乌龙池林区。

　　五桥山好水好，应该是适宜发展的区域，这是支撑我们工作的重要信念。有了这样坚定的发展信念，我们才能在面对困难的时候勇往直前，秉承心中的理想信念，不断推动五桥的发展进步。

　　不得不说的是，虽然自然条件优越，但受到诸多限制，五桥的经济曾止步不前。以耕作为主的农业经济，闭塞的交通条件，都让五桥无法发挥自然环境方面的诸多优势。随之而来的是当地医疗、教育等民生事业发展滞后，这些问题直接

关系到当地人民的生活质量和后续发展,是我们工作的重点和难点。

健全机制,迎难而上

我记得,1992 年 12 月,市政府召开上海市对口支援三峡工程移民领导小组第一次会议,决定卢湾、宝山对口万县。次年 10 月,宝山区与万县市五桥区结为对口支援友好关系。宝山区积极响应党中央、国务院"会师库区、共建三峡"的号召,按照"优势互补、互惠互利、长期合作、共同发展"的指导思想和"看得见、摸得着、见实效"的原则,拟从项目、资金、技术、人才、政策等方面对五桥移民开发区进行全方位、多层次、宽领域的支持和援助。

于是,在宝山区专门成立了负责对口支援工作的工作机构,有关部门也确定专人负责对口支援工作。我在任期间,每年都至少陪同一次区领导带队到五桥现场考察指导对口支援工作,当时的区委副书记康大华,区人大常委会副主任吴根法、李燕珍,政府副区长朱达、马其龙,政协副主席石庆明等领导,多次去五桥检查指导对口支援工作。同时,自 1994 年起,我区先后选派区里优秀中青年干部徐正康、丁志国、陆惠平到五桥挂职,任原五桥区区长助理;2003 年,又派雷曙光到万州区任五桥移民开发区管委会主任助理。

大多数援建干部家中都是上有老人,下有孩子,而且孩子还很小,正是需要父母亲照顾的时候。但他们克服种种困难,积极响应组织的号召和要求,千里迢迢来到五桥,担当对口支援的先行者。

当时,五桥的工作条件极为艰苦,没有统一办公的区域,只能借用办公地点;交通不便,上下班都要渡江;当地夏天气温很高,有 40 多度,只能依靠唯一的电风扇解暑降温……在这样的条件下,我们的援建干部们依然不断为项目穿梭奔忙,为五桥经济发展出谋划策,充分发挥了两地交流合作的桥梁作用,赢得了五桥人民的高度赞誉。他们肩上承担的,是五桥人民的希望,是五桥人民对新生活

陆保明(前左)代表宝山区政府向五桥区捐赠援助资金

的向往,也是宝山区委、区政府和协作办对他们赋予的殷切期望。而我作为当时协作办五桥区项目的主要负责领导,虽然身不在五桥,心却始终和他们牢牢地绑在一起。

十年援建,成果斐然

大量移民到新城以后,本来就是工作重点的经济问题更是成了重中之重,可以说,经济问题是民生、就业等一系列问题的基石。

在农业上,由于当地经济条件发展限制,内需不足,无法拉动消费带动经济增长。于是,我们将五桥区卖不出去的作物和水果运往上海,在宝山区进行推销。同时宝山区还援建了高效生态农业园"三良(良种、良苗、良畜)示范基地"

和农业智能温室大棚工程,同时引进优良新品种10余个,在推动移民乡镇农业结构调整中发挥了重要的示范作用。我们不仅推广了技术、输出了管理、更新了经营理念、更重要的是带动了移民走发财致富、科技兴农的发展道路。目前,该园区已成为万州区三个重点园区之一。

在工业上,我们牵线搭桥,积极帮助五桥地区招商引资,坚持"输血型"支援和"造血型"支援并举。为改善移民生产、生活条件,实现"稳得住、逐步能致富"目标,宝山区投资援建了五桥上海工业园区、龙驹灯塔园区等基础设施项目。这批项目和设施为发展壮大五桥工业经济奠定了坚实的基础。

上海援建的高效生态农业园"三良"基地

在教育事业上,宝山区一直重视智力支援工作,大力实施"希望"工程、"春蕾"工程及"培优"工程。宝山区月浦镇出资57万元援建宝钢月浦实验小学,宝山区大场镇出资 22.5 万元援建凉水中学教学楼,宝山区淞南镇出资 15 万元援建白羊镇二中,宝山民科公司出资 80.5 万元援建赶场小学教学楼,宝山飞士公司出资 76 万元启动援建飞士幼儿园等。这些项目相继建成并投入使用,解决了当地学校条件差、子女上学难的实际困难。此外,宝山区通过"1+1"结对救助失学儿童 400 名,使他们重返校园。

在医疗卫生上,十一年间,宝山区累计支援五桥卫生系统 202 万元,其中资金 30 万元,设备 41 台件、价值 172 万元;培训人员 12 名,派出对口支援医疗巡回队 2 批 15 人。因为有了上海的无私援助,在财政十分拮据的情况下,五桥卫生体制改革仍顺利进行,卫生事业进入良性发展的快车道。五桥人民医院、中医院、妇幼保健院、防疫站等相继建立,广大移民就医的环境、条件明显改善。

经过十年的开发建设,特别是通过对口支援,五桥经济社会发展取得明显成效。工业经济由 1993 年 1 家企业、年产值不足 800 万元,发展到 22 家规模以上企业、年产值超 5 亿元,并初步形成农副产品加工和建筑建材两大骨干产业。2003 年国内生产总值实现 18.1 亿元,年均增长 11.2%;社会消费品零售总额实现 6.7 亿元,年均增长 4.3%;全社会累计完成固定资产投资 10.7 亿元,年均增长 29.9%。

宝山区卓有成效的对口支援,给五桥注入了新的信息、机制、生机和活力。1994 年至 2003 年,上海市宝山区共实施对口支援项目 42 个,到位资金 995.8 万元。加上后来支援的 320 万元,共支持项目 54 个,到位资金 1315.8 万元。在 1996 年 10 月召开的三峡工程移民暨对口支援工作会议上,我获得国务院三峡工程建设委员会颁发的荣誉证书,以表彰宝山在对口支援三峡工程移民工作中的显著成绩。

至今,我已退休十年,与当地的联系已经不多。但就任期间,我每年总会有一至两次的常规考察。经过这些年的大力发展和建设,五桥区的变化是有目共

睹的——从全国贫困县到如今农业、工业、医疗、教育齐头并进,五桥的十年蜕变之路,我未曾缺席。每当回想起与援建干部一同工作时的点点滴滴,那段共同奋斗的岁月就好像又浮现在我的眼前……让我在卸任多年后,依然心系援外,情牵五桥!

黄嘉宁，1965 年 2 月生。2011 年 1 月至 2016 年 8 月，任闵行区政府合作交流办公室主任。现任闵行区人大常委会侨民宗工委主任。

有种温暖,触手可及

口述：黄嘉宁

采访：周文吉　周　萍

整理：周文吉　周　萍

时间：2017 年 7 月 24 日

长江雄浑壮阔,穿山越峡,经宜昌滚滚东来。在三峡工程的修建过程中,一百多万移民背井离乡,用自己的实际行动奏响了万众一心的时代壮歌。

1993 年起,闵行区与宜昌市宜昌县(现夷陵区)结缘,宜昌县成为闵行区首个对口支援地区。闵行区委、区政府始终高度重视对口支援工作,提出对口支援宜昌县的任务是,"应优先考虑安排移民,利用当地资源,抓好有市场、有效益项目"。二十年来,除市统筹项目资金 3000 万元外,闵行区财政项目资金累计投入 4712 万元,涉及项目 145 个,动员社会各界捐赠资金 2537 万元。闵行区 9 位援外干部被先后派到夷陵区挂职,翻山越岭奋战在当地人民最需要的一线。

2011 年 1 月至 2016 年 8 月,我任闵行区政府合作交流办公室主任,虽然没有全程参与闵行夷陵的对口支援工作,但在相互合作与学习中,对两地情谊感触颇深。"有种温暖,触手可及"。2011 年湖北省副省长来上海考察时说过一个故事,我至今记忆犹新:上海2010年举办世博会,他们也把这场盛会当成自家的事情,郑重对待。为了保障世博会期间的用电安全,他们在当地每一个主要的高压线塔下都安排专人站岗,这一站就是半年。由此可见三峡人的淳朴无华,两地人民早已亲如一家。

2014年4月,黄嘉宁(前排左一)代表闵行区参加上海市对口支援夷陵区项目签约仪式

培训就业见真章

追溯到对口支援的最初几年,我们从区里各部门实际出发,集中帮助宜昌县办实事。

1993年,闵行区劳动局与宜昌县劳动局商定,设立宜昌县驻闵行区劳务管理站。同年12月,第一批库区移民30人抵达闵行区,被安置在一家服装厂工

作。1994年起,区里把安置宜昌库区移民列为对口支援的一项常态工作。初到上海的移民,生活必需品由区里免费提供。移民所在的企业,更是由区劳动局精挑细选,让他们边工作边培训,既能学到一技之长、在最短时间达到岗位业务要求,又能通过和谐的劳动关系尽快融入城市生活。让人欣慰的是,有4位女职工被工作环境吸引,嫁在闵行吴泾当地。闵行区安置三峡移民就业,也得到国务院三峡办公室的肯定,三峡办公室领导曾亲临闵行区视察,并把闵行区安置移民就业情况刊登在三峡办《情况简报》。

随着库区移民对闵行区劳动力市场认知度的提高,库区移民就业由组织安置逐渐向市场化转移。在此基础上,我们投资500万元援建移民就业基地培训中心和白玉兰远程教育基地,不断加强移民就业技能培训,累计培训2000人次。培训与就业的良好对接,使夷陵区在2007年被评为"湖北省农村劳动力转移输出工作示范县"。

开阔了移民的就业空间,当地干部人才和技术骨干的培养也不容忽视。我们先后举办了40多期培训班,培训内容涵盖党建、电子政务信息化建设、行政干部管理、新农村人才建设、城镇化建设与发展、中青年干部、政法综治维稳、公共管理核心课程,以及中小学校长、卫生院院长专题研修等,培训人员达1300名。近几年,根据当地需求,我们还多次把专家、科技人员请到夷陵讲课,传授农村致富带头人的经验,以及村级经济管理、现代农业种植、招商引资和园区管理等方面的知识。在区委组织部的支持下,40多名干部和专业技术人员也走出库区,来闵行挂职锻炼。

"输血"向"造血"转型

"搬得出、稳得住、逐步能致富。"夷陵有部分移民来闵行安家就业,但是当地还有很多老百姓的生产生活问题亟待解决。授人以鱼不如授人以渔,最重要的还是要帮助夷陵区因地制宜发展产业。

宜昌市夷陵区位于长江西陵峡畔，是葛洲坝和三峡工程坝库区，也是西部开发的桥头堡，拥有独特的区位优势。根据当地的实际情况，我们设立了移民发展生产小额贷款；投资 100 万元援建"良种、良苗、良蓄"基地建设和渔业水产养殖，优化农作物、家畜品种；拓展销售渠道，提高产量和农民收入。我们还在乐天溪镇陈家冲村、瓦窑屏村投资了近 200 万元用于平整、改良土地建高标准茶园46.7 公顷，定植茶苗并套种花卉，茶园可安排移民 300 名，人均收入可增加 6000元。在王家坪村投入 200 万元用于产业扶持项目，改善全村环境，改造奇石馆。另外我们还援建 80 万元用于金狮洞景区改造工程，整合旅游资源，发展旅游业，增加当地旅游收入。

鸦鹊岭镇，享有"柑橘之乡"的美誉。针对当地柑橘种植的特色优势，我们先后投入 300 万元资金，援建了鸦鹊岭镇柑橘加工园。收获季节里，园区的企业门前停满了前来等待装货的加长货车；加工车间内，工人们各司其职，对收购来的柑橘进行分级、保鲜、包装、装筐……一派热火朝天的忙碌景象。鸦鹊岭镇公路沿线，也随处可见忙于采摘柑橘的采果队和运输柑橘的大货车。柑橘产销一体化的实现，延长了柑橘产业链，也增加了柑橘生产的附加值，成为当地农民的"致富果"。

区里的紫泉饮料公司与统一企业（中国）公司联合在宜昌市高新区投资新建了一条无菌灌装饮料生产基地，用于生产开发非碳酸饮料（茶饮料类、果汁蔬菜汁类等），2016 年已安置当地约 120 人就业。

此外，我们还援建了三峡移民就业基地（一、二、三期）和生态工业园区的标准化厂房及夷陵区食品加工基地。这些项目的建成，起到筑巢引凤、搭建产业发展平台、增加就业岗位和招商引资等具有"造血"功能的作用，有力地促进当地经济发展。

向科技要生产力

通过相关部门的牵线搭桥,两地企业也加大了经济合作的力度,许多有实力的企业被吸引到夷陵考察投资。上海的高新技术、"人才头脑"与夷陵丰厚的资源嫁接,使夷陵的经济乘势而上。

其中最亮眼的便是上海爱登堡电梯集团。这是国内领先的电梯制造企业,由该集团研发的电梯双通道监测系统达到国际领先水平。在我到区合作交流办之前,闵行区政府就和爱登堡集团有过接触。我到任后,也和爱登堡集团董事长有过多次深入的商谈。工夫不负有心人,2011年下半年,爱登堡集团董事长随我们到夷陵考察,当即和夷陵区政府草签了一份协议。2013年,上海爱登堡电梯(宜昌)有限公司落户小溪塔高新技术产业园,主要开发生产高速电梯和自动扶梯。这是当时夷陵区从上海引进的"金凤凰",也是湖北省内产能较大、技术先进的专业化电梯生产企业之一,被夷陵区政府纳入重点支持项目,并从征地拆迁、项目报批等方面提供了一系列配套服务,为项目建设和发展开辟了"绿色通道"。

经过一年多时间的精心筹备,2015年,爱登堡电梯公司在完成厂房建设、设备安装调试后,正式投入生产,填补了宜昌乃至湖北电梯生产的空白。企业当年即迎来"开门红"——实现产值2亿元,利润2000万元。喜人的形势得益于企业对科技的重视,向科技要生产力。从建成投产开始,企业就把申报2015年夷陵区高新技术重点培育单位纳入工作的重点,多次与区科技部门联系,就申报工作作好前期准备,同时积极与中介服务机构进行沟通,对总公司的发明专利、实用新型专利等核心自主知识产权进行梳理备案,力争早日将这些成果转化为现实生产力。为此,爱登堡公司还分别获得了上海市政府合作交流办和闵行区人民政府300万元、200万元的专项奖励。2016年,上海爱登堡电梯(宜昌)有限公司成功申报了国家级高新技术企业、五星级电梯维修保养单位,完成销售收入达

2015年1月，上海爱登堡电梯（宜昌）工厂在夷陵区正式投产

13360万元，实现税收1167万元，已成功安置当地70人就业。2017年，爱登堡电梯集团还将扩大在华中地区各类节能型电梯设备的生产能力，加大高新技术产品的研发和原有先进产品的优化改进。

促民生从教卫抓起

我曾在云南工作过三年，三年在云南的见闻使我深切地感受到对口支援工作开展的必要性和重要性。各个对口支援地区在民生上的差距，主要体现在教育和医疗方面。

为了帮扶夷陵教育事业，我们共投入1720万元，先后援建了三峡高中电教中心、塑胶跑道、篮球场，宜昌市上海中学综合楼、教学楼、运动场和食堂，三峡小学和初中教学楼与运动场，以及三斗坪、金球、烟糖、政法等七所希望小学，并动员闵行区学生与夷陵区贫困学生开展1+1结对助学活动。闵行区的干部还采

取"一帮一",承担了 150 个农村贫困儿童从小学到大学的学习及生活费用,帮他们圆了上学梦,有的孩子现在还成了上海家庭的一分子。

值得一提的是,宜昌市上海中学教学实验综合楼建筑面积 3000 平方米,总投资 400 万元,闵行区无偿援助 300 万元。上海市与闵行区领导及社会各界关注学校建设,时任中央政治局委员、上海市委书记俞正声曾到施工现场视察。2009 年 8 月综合楼竣工并投入使用,可容纳学生 1550 名,满足了库区移民子女就近入学的需求。

在卫生方面,上海先后援助资金 1400 多万元,改善了夷陵医院、区妇幼保健院、三斗坪卫生院、太平溪卫生院等卫生医疗机构硬件设施,提高了医疗保障水平。特别是 2008 年冰雪灾害的大雪封山期间,区妇幼保健院采用上海市援助的医疗救护设备,到夷陵区下堡坪、雾渡河等山区乡镇紧急抢救转运 10 多名即将分娩的孕产妇,使得小宝宝平安降生,产妇生命安全得到保障。

虽然如今因市政府的部署,闵行已渐渐淡出了支援夷陵的工作,但两区仍互缔友好,我们共同描绘的友谊长卷也将如长江水般浩浩荡荡,生生不息。

计培钧，1947年5月生。原上海市农委机关工会主席、农委机关党委委员。1999年开始担任上海市安置三峡移民办公室移民干部，从事上海市安置三峡移民工作。2007年退休后经返聘，继续在上海市安置三峡移民办公室工作，从事移民的后期帮扶工作。

荣幸参加三峡外迁移民
安置验收的工作

口述：计培钧

时间：2016 年 12 月 20 日

三峡工程是我国历史上规模最大，也是世界上罕见的大型水库工程，是集防洪、发电、航运、供水等功能于一体、效益显著的特大型综合水利项目，原国务院总理、三峡工程建设委员会主任朱镕基多次指出："三峡工程重点在移民、难点在移民。"由于三峡工程规模大、周期长、任务重、涉及面广、问题复杂，规划动迁农村和城镇人口多达 110 多万人。三峡移民的外迁安置直接影响到三峡工程完成的关键。三峡移民外迁人数之多也是世界所罕见的。

1992 年 4 月 3 日，第七届全国人民代表大会第五次会议通过《关于建设长江三峡工程决议》，1993 年三峡工程开始施工准备，1994 年 12 月 14 日正式开工。为了有效缓解三峡库区人多地少、环境容量有限的基础性矛盾，促进三峡库区生态环境保护和可持续发展，1999 年国务院做出"两个调整"重大决策，提出加大三峡移民外迁安置力度，鼓励和引导更多农村移民外迁安置。经国务院批准确定三峡工程库区共外迁农村移民 12.5 万人，实际最后完成外迁三峡移民

19.63 万人（其中政府组织外迁 15.3 万人，自主分散外迁 4.32 万人）。由于三峡库区农村移民顺利完成外迁到 12 个省市的任务，有力地保证了三峡整个近百万移民撤迁安置和三峡工程顺利建设。

上海市顺利接收安置三峡库区移民

上海市安置三峡库区移民工作是从 1999 年下半年国务院布置任务后开始的。1999 年组建成立了"上海市三峡移民安置工作领导小组"，由市政府办公厅发文成立了"上海市安置三峡移民办公室"，这是市政府的一个临时办事机构，领导小组组长由时任上海市副市长冯国勤兼任，副组长由市政府两位副秘书长周太彤、姜光裕兼任，上海市安置三峡移民办公室主任由时任上海市农村党委副书记张祥明兼任。我是从市农委机关调到市三峡移民安置办公室的正处级干部，保留了原机关工会主席的职务。2007 年 5 月正式办理退休后，继续接受聘用帮助工作，想不到居然一直在三峡移民办做到了现在，一干就干了近 20 年的三峡移民安置工作，也算在移民工作战线上工作时间比较长的一名工作者。

上海市接收安置三峡移民工作自 1999 年下半年开始，到 2004 年 8 月份安置结束，历时 5 年。在市政府的正确领导下，在国务院三峡办的指导下，分四批共接收安置 1835 户 7519 名三峡移民，分别安置在崇明、金山、奉贤、南汇（现浦东新区）、松江、青浦、嘉定 7 个区县。在上海落户的三峡移民，目前生产、生活水平都得到了很大的提高，还逐步融入了当地社会。在前几年三峡移民返流的潮流中，上海的三峡移民没有一户、一个返回老家的。上海的安置三峡移民工作，多次得到了三峡办的称赞。据初步统计调查了解，三分之一三峡移民的收入已超过当地老百姓的生活水平；三分之一三峡移民的收入与当地老百姓生活水平相近；但还有三分之一的三峡移民生活还处于比较贫困的阶段。所以还需各级政府部门关心、扶持好这群三峡库区来的新上海人。

荣幸参加三峡外迁移民安置验收工作

三峡工程的建设,三峡库区移民的安置情况,都是全国人民、国家有关部门非常关心的大事。三峡移民安置是否成功,关键看三峡移民的生活有没有得到改善、提高,移民是否稳定了,这是主要的标准。根据国务院长江三峡工程整体竣工验收委员会(简称三峡工程验收委)部署,2014 年 9 月至 2015 年 1 月,上海、江苏、浙江、安徽、福建、江西、山东、湖北、湖南、广东、重庆、四川等省市分别开展了三峡外迁移民安置的初验收工作。2015 年 4 月,三峡工程验收委移民工程验收组委派三峡外迁移民安置验收专家组(简称外迁验收专家组),分别对 12 省市政府组织集体外迁的三峡移民安置情况进行了现场验收,国务院三峡办在有安置任务的 12 个省市中抽调了十多位移民干部,有现在还在工作的,也有已经退休的,组成验收专家组。我从直接参与上海市的三峡移民安置开始,到安置三峡移民工作完成,又参与了三峡移民的后期帮扶工作,在 2015 年被国务院三峡办抽调参加了三峡外迁移民安置工作终验现场验收。在我一生中,这是一项难忘的、非常有意义的工作。三峡外迁安置,是我国水库移民安置工作的一项创举,是运用科学发展观解决百万移民搬迁安置工作的具体实践,是社会主义精神和中华民族团结协作精神的生动体现,是中国水利水电工程移民史上的一座里程碑。通过参加验收工作,我的感受很深。下面讲一讲终验工作的具体要求与过程:

(一) 讲政治、顾大局、完成任务

担任过三峡移民安置工作的移民干部,不管是从中央部长还是到最基层的村支书、村主任,都深刻体会到要安置好三峡移民,要真正做到为社会负责、为历史负责、为移民负责这"三个负责"是非常不易的。三峡移民为了响应国家号召,为了三峡工程建设,他们的这种"舍小家、为国家、为大家"的三峡移民精神,

值得赞美与发扬。但是迁移到外省市安置后,要求这个特殊群体能够融合、融化到当地社会,使三峡移民生活逐步提高、改善、稳定,还是需要一个较长的时期。后期扶持帮助三峡移民的工作给当地政府、各部门干部提出了更高的要求,有时处理不妥,就会引起移民不稳定,影响社会发展。但是,通过这次终验,使我看到了12个省(市)讲政治、顾大局,认真贯彻执行了国务院关于加大三峡外迁移民安置力度的决策,全面完成了三峡外迁移民安置任务,基本实现了"搬得出、稳得住、逐步能致富"的阶段性目标。外迁移民资金使用与管理合规合法,已通过国家审计署竣工财务决算审计,审计提出的问题全部整改到位。每个省市在安置三峡移民时,都有各省市的特色,如此百万移民工程,移民生活得到提高、逐步能致富,融合、融入当地社会,使西方有些国家目瞪口呆。在我国刚开始筹建三峡工程时,需要从国外银行筹集资金,当时国际上的银行都不看好三峡工程和三峡移民的安置,不愿意贷款给中国。2002年5月,联合国人权组织、世界银行、亚洲银行同国外专家来我国考察,特别来沪考察上海的三峡移民安置情况,都竖起大拇指赞扬。据说这之后世界许多银行都纷纷愿意贷款给中国、贷款给三峡工程,从国际社会态度上的这一改变,也说明了我国三峡工程、三峡移民安置工作是成功的。

(二)验收方法科学

根据国务院三峡工程整体竣工验收委的要求,有三峡移民任务的12个省(市),首先都进行了自己的初步验收工作,并把初验报告上报国务院三峡办,接受长江三峡工程建设委进行终验。按照《长江三峡工程整体竣工验收移民工程验收大纲》及《长江三峡移民工程竣工验收移民安置验收工作方案》,上海市于2014年8月制定了《上海市三峡移民安置竣工验收工作计划》,经市政府批准同意后实施,并呈报国务院长江三峡工程验收委备案。根据工作计划,成立了由上海市农委、发改委、财政局、民政局、公安局、住房保障局、规土局、档案局以及七个移民安置区县组成的市三峡移民安置竣工验收组,市农委邵林初副主任担任

组长。同时组建了由市农委、市民政局当时亲历移民安置工作的有关同志组成的专家组,对本市的三峡移民安置工作开展了初验工作。

(三) 验收的内容符合实际

2015 年 4 月初,三峡移民工程验收组在北京举办了三峡外迁移民安置终验工作培训班,部署三峡外迁移民安置终验工作,外迁移民安置工作验收专家组分为两组前往 12 省(市)开展三峡外迁移民安置终验现场验收工作。专家一组负责验收上海、浙江、江西、福建、广东、湖北 6 省(市)的移民安置工作,我作为专家二组成员负责验收山东、江苏、安徽、湖南、重庆、四川 6 省(市)的移民安置工作。验收时按照要求,听取省(市)及有关市(县)关于三峡外迁移民安置和验收

移民认真观看新领到的住房产权证与崇明县编制的《生活指南》小册子

工作的情况汇报;查阅三峡外迁移民安置档案资料 5268 卷(包括移民生活生产安置,移民安置投资完成情况等资料);抽查并现场查看了 36 个三峡移民安置的县 72 个移民安置点(涉及 1199 户 4738 名三峡外迁移民);对各省市三峡外迁移民生活生产安置情况初验工作组织情况及移民资金使用情况进行查验。

三峡外迁移民安置效果明显

　　通过参加三峡移民安置工作终验,我认为三峡移民外迁安置效果明显,主要表现在四个方面:第一,三峡外迁移民生活条件全面得到了提升。为妥善安置三峡外迁移民,12 个省(市)为移民划拨宅基地并建造(购置)了新房,移民人均住房面积不低于 25 平方米。各安置点交通较为便利,基础设施配套基本齐全,水、电、路、固定电话、广播电视全部到户;附近学校、医院等公共设施较为完善,外迁移民子女上学、购物、就医、出行等生活条件全面提升。上海安置的三峡移民住房人均超过 35 平方米,超过 12 个省(市)移民的人均住房面积,三峡移民 3 人户建 120 平方米,4—5 人户建 150 平方米,6 人以上建 180—200 平方米的住房。而且当时上海市按照市领导要求,给三峡移民建造的房屋标准高于当地住房平均水平,要有二十年不落后的标准,让三峡移民住一栋崭新的楼房。由于区、县城市建设以及新农村发展,截至目前,已有 100 多户三峡移民动拆迁,住进了新城镇、新农村住房,又大大改善了他们的生活条件,有的移民说:"自己做梦也没想到,外迁上海之后,生活条件一下子提高了几十倍,如果在重庆库区想要达到现在的生活水平,几辈子也不可能。"三峡移民落户上海后,按照上海市民待遇执行。在两年的过渡期间,移民免交各种费用,包括养老保险费、医疗保险费、子女上学的费用等。同时,移民合作医疗参保率达到 100%,移民全部参加了农村养老保险。第二,外迁移民生产条件得到了显著改善。12 个省(市)共为 15.3 万名三峡移民调整落实了 16 万多亩的耕地,移民人均耕地 1.08 亩,都不低于安置

地区人均水平,并办理了相应的土地承包手续。在上海这样的国际化大都市,土地资源紧缺的情况下,根据市政府的要求,三峡移民人均承包地依然不少于1亩,自留地不低于0.1亩,三峡移民人均达到了1.1亩的标准。三峡移民拿到的耕地也相对集中,土地较为平坦,便于耕种与管理,并且还有完善的水利、电力、道路等配套设施,比起外迁之前,生产条件有明显改善。第三,三峡外迁移民收入水平整体大幅提高。三峡外迁移民在搬迁以前的收入来源主要是农业经营性收入和少量的务工收入;搬迁后,移民收入普遍增加,尤其是搬迁到经济较为发达地区的移民,其收入除了农业经营性收入和务工收入外,还有经商办企业经营性收入、房屋出租财产性收入及社保、后期扶持转移性收入等。因此,移民家庭经济收入大幅超越搬迁以前的水平。据统计,至2013年底,安置在12个省(市)的三峡外迁移民中,已有65%左右的移民人均收入达到或高于当地农民的平均水平,如安置在广东省的三峡外迁移民2013年人均收入为13175元,已超过广东省全省农民人均纯收入10542.84元;安置在上海市的三峡移民中,已有70%人均年收入达到(或超过)上海市农民人均纯收入(19208元)。上海市各级政府都想方设法推荐三峡移民非农就业,保证每户移民至少有一人从事第二、第三产业,已经有2900多名移民被安排到非农岗位就业,户均1.59人。如:三峡移民刘涛于2000年落户崇明县新村乡新乐村,他坚持自立自强,走勤劳致富的道路,于2001年承包30亩土地,按不同季节分别种上了柑橘、冬瓜、西瓜、卷心菜等农作物,取得了较好的收益,2004年在城桥镇菜场租了一个卖肉摊位,通过六年勤劳发展,2010年,他又在城桥镇租了一个店面,开了一家餐饮店。由于他善于经营、货真价实,以优质的服务和价廉物美的菜肴吸引顾客,生意一直相当红火,每年有近20万元的收入。如今,他已买房买车,两个女儿也都在县城上学,一家人的生活蒸蒸日上,越过越好。在本市松江新浜镇的林建村,三峡移民郎永政是远近闻名的家庭农场主,他的家庭农场小麦产量达到了每亩675公斤,比全区平均

移民还未落户,但季节不等人,邻居帮助他们先把稻谷种下去

水平高出许多,承包 82 亩粮田,靠种田便赚了 8 万元,加上他在外打工的收入,年收入超过 10 万元。第四,三峡外迁移民较好地融入当地社会。安置在 12 个省(市)的绝大多数三峡外迁移民已基本适应了当地的生产、生活环境,与当地村民习惯相近,与当地居民的沟通、交流逐步常态化,移民的社交半径、社会关系以及政治地位不断扩大和提升。移民与当地居民通婚人数逐年增多,参与当地事务管理的意识逐步增强,部分移民先进代表在安置地积极参政议政,被选为村干部、人大代表和政协委员等。据统计,安置在上海的三峡移民中有 189 位与当地人通婚,382 位移民子女被大专及以上学校录取,有 13 位移民还被选为村委会干部或人大代表。三峡移民蒲自云积极融入当地社会,2003 年进入村委会工

作,2006年通过竞选当选为村主任,担任两届村主任的同时,又连续两届被选为区人大代表。三峡移民徐继波是第一批登陆崇明岛的三峡移民,曾被国务院三峡办评为先进移民,原重庆市委书记专程去他家慰问。尽管他早已因城市建设动迁到镇上,转为城镇户口,但依然工作在乡村,后被选为崇明县人大代表,积极发挥着三峡移民的带头作用,中央电视台、新华社、上海电视台曾先后多次报道过他。

2006年,国务院出台国发17号文件《国务院关于完善大中型水库移民后期扶持政策的意见》,决定,再给三峡移民二十年的扶持时间。可以预想,二十年后,老一代移民逐渐退出历史舞台,新一代移民逐步和当地社会融合,思想观念也将发生很大变化。最早一批的三峡移民,至今已有十六年了,2006年,国务院的政策让他们的被扶持时间一直到2026年才结束,这也是至今上海市三峡移民办公室还保留的原因。毕竟对移民来说,这也是一颗定心丸,移民有什么问题,后期的政策落实、反映问题都能找到移民办。

自己能参加三峡移民安置工作,让我感到非常荣幸。毕竟这项工作一辈子只能有一次,正好让我遇上了,而且我又有机会参加三峡外迁移民安置验收工作,学到外省市安置三峡移民的工作经验。尽管我已经退休多年,仍被邀请回来继续尽自己的一份绵薄之力,所以我怀着强烈的责任感来完成我的工作,如今回想往事,在有生之年,也是倍感荣幸和自豪。

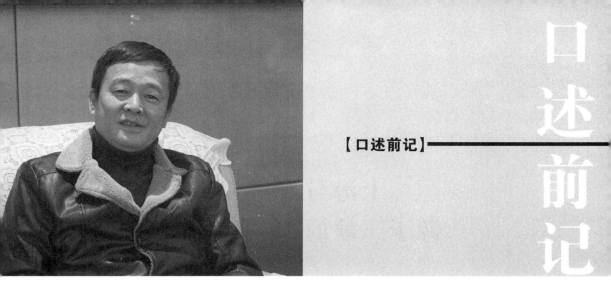

【口述前记】

　　陈文刚，1959 年 10 月生。2002 年 4 月任重庆市万州区委副秘书长，2007 年 3 月，任万州区政府副秘书长、万州区对口支援主任。2010 年 12 月，任万州区政府副秘书长，万州区对口支援和经济协作办主任。2014 年 12 月，任万州区旅游局局长。

上海与万州：
源于三峡的 25 年情缘

口述：陈文刚

采访：谢黎萍　韩沪幸　周奕韵

整理：周奕韵

时间：2016 年 11 月 24 日

　　三峡工程是一个世纪工程，工程浩大，仅移民就达百万。而这其中，万州是一个移民搬迁的集中地。作为三峡工程库区的重镇，万州以县为单位，动态移民超过 30 万人，是整个三峡库区的五分之一，占重庆库区的四分之一。万州人民为三峡工程作出了重大牺牲和贡献，在这样的背景下，1992 年开始，中央安排了很多省市对口支援到万州的各个区。南京、天津和厦门对口支援万州龙宝区；福建和黑龙江对口支援万州天城区；上海和宁波对口支援万州五桥区。从此，开启了上海对口支援万州的历程，万州在从万县到"重庆第二大城市"的蜕变发展中也开始了和上海延绵二十五年的情缘。

三个阶段的对口支援结累累硕果

上海市委、市政府始终立足"上海是全国的上海、上海服务全国"的大局观,对万州开展对口支援工作。20 世纪 90 年代,上海宝山、黄浦、嘉定和卢湾四个区率先启动对口支援,随着上海在全国几个省市的对口支援工作逐步铺开,上海对万州的对口支援工作也做了调整,宝山和黄浦区结束任务,卢湾和嘉定区继续对口支援万州。不久,上海对口支援万州的区变更为浦东新区和卢湾区。2013年底,上海部分行政区域重新划分,卢湾、黄浦合并后的新黄浦区担负了对口支援万州的重任。虽然历经多重调整,但上海始终按照中央对三峡移民三个阶段的要求,在对口支援万州的过程中也经历了三个阶段。

第一阶段,1992 年至 1998 年,目标是"搬得出"。当时上海具体对口支援的是万州的五桥区,如何使移民顺利搬出家乡开始新的生活? 上海市委、市政府从实际出发,把启动的工作重心放在了基础设施的援建上。想人之所想,急人之所急,确立了"重点需要重点推进"为援建思路,把基础设施作为重点支援项目,真正帮到了百姓的心坎里。在城镇基建方面,一是修路修桥。在库区蓄水、水位上升后,很多道路被淹没,没有桥梁,一些地方就成了孤岛,百姓无法通行,这是亟待解决的问题。二是建设通讯。了解新闻、和亲人通讯联络都离不开广播电视,这是当地百姓的生命线。所以上海在五桥相继修建了上海大道、广播电视大楼、卢湾桥、浦东桥、嘉定桥等,至今仍能看到众多以上海命名的地标。

第二阶段,1998 年至 2008 年,目标是"稳得住"。为了让老百姓搬迁后能够安心留在万州这个新家,上海又把工作重心放在解决库区移民的基本生活、基本教育、基本医疗上,着力解决三大问题:教育、医疗和就业。在这个十年中,上海紧紧围绕万州的教育事业、医疗卫生和就业的发展,以三大先进理念贯穿和指导对口支援工作,援建项目让广大万州移民直接受益。

上海援建首个项目——五桥广播电视中心

　　首先是系统性立体性的帮扶。教育上,纵向来说,上海援建了体系完整的教育机构,涵盖幼儿园、小学、初中、高中以及职业教育,一应俱全。从横向来说,上海援建范围广、体量大、质量高。地域上,上海援建的学校覆盖到城市和农村;内容上,不仅仅是帮助盖校舍,引进、安装实验室成套设备等硬件对援,还包括学校内课程和科目的设计安排、师资力量的引进和培养等软件上的支援，带来了先进的教学理念。如今，上海援助的两所中学都成了重庆市重点中学。一所是万州城区的上海中学，一所是我们农村的新田中学，尤其是新田中学成为万州区农村办学规模最大、移民学生最多的高完中学校，成为万州区农村唯一一所市级重点中学，这是不多见的。这种在教育上全方位的立体帮扶，使万州的教育成为吸引移民留下的一个重要因素。医疗卫生上，从硬件改造来说，上海帮助我们升级改造了很多医疗机构。例如把一所乡村卫生院升级成为二甲医院，它的耳鼻喉科成为万州特色专科和上海浦东新区耳鼻喉学科建设群成员，这所医院现在就叫万州上海医院。将万州区人民医院腔镜中心打造成重庆市特色专科，发挥了社会效益。从软件上，上海率先把白玉兰远程医疗会诊系统引进到万州当地医院，而且覆盖到二甲三家医院、地区卫生院和乡镇卫生院，使当地百姓都能享受到来自千里之外的像瑞金医院这样的众多上海三甲医院的远程支援，共享优质医疗资源。同时我们的卫生干部进修学院也引进了这套软件，惠及了万州的医疗教学。就业上，为了稳住移民一代、二代以及更多后代，上海倾注大量心血帮助发展职业教育，帮助解决移民职业教育和技能培训的问题。上海教委、教科所将先进的教学理念和成套的教学实验设备引入万州职教中心，成功开展了宾馆酒店、旅游、家电、电气、机械、汽车等众多专业的教育培训，重点帮助移民进行劳动技能和上岗培训，使该校在不到三年的时间里升格成为一所高等专科学校——重庆安全技术职业学院，为移民就业打下良好基础。

其次，在新农村建设发展中，上海提出了"整镇规划、分步实施、整村推进、梯度转移"的理念。经过大量翔实调研和专业研究，帮助每个村进行了富有特色的优势产业发展规划，实现了一村一特色。例如长岭镇的老土村着力发展中药材生产；板桥村致力于香葱种植，市场占有率很高，号称万州卖出的葱中每十根就起码有九根产自板桥村。同时，上海还提出，将每个村的产业发展同支部阵

地建设相结合,共同发展。在每个村都加强了村级公共服务中心建设。这是上海特别强调做的,也是成果尤为突出的。村级公共服务中心按照"五个一"工程的标准,包括建立了一个卫生所、一个文化站、一个小超市、一个党员活动室以及一个党员服务中心。在上海的帮助下,长岭镇的龙立村公共服务中心被评为重庆优秀基层组织阵地建设和农村产业发展示范项目,成为远近闻名的新农村建设示范村,作为农村发展的样板在全重庆市得以推广。

再次,在产业发展上,上海率先提出了"筑巢引凤"理念。要稳住移民,就要稳住万州的产业发展,要实现万州产业发展的可持续性,就要靠招商引资。如何将"凤"——上海和全国的企业引到万州来?上海提出:先筑"巢"——修建标准厂房。于是,从2006年开始,上海几乎花了整个对口支援资金的一半,迄今为止援建了30万方的移民就业基地标准厂房。我们将这些标准厂房以廉价的租金租给符合条件的企业,甚至对上海企业给予免租金的优惠,从而将一些全国知名乃至世界品牌的企业吸引过来,顺利打开了万州招商引资的大门。财衡纺织、双星运动服饰都搬到了万州。老凤祥将整个西南销售中心放到万州,结算中心也从重庆转移到万州来。在企业的引入标准方面,上海也动了脑筋,引进的企业既要有产业带动性,又不影响生态发展,如生产蓝牙耳机的合智思创、电脑硬盘驱动架产量占全国60%的肯发科技、国产汽车先进企业长安跨越、世界五百强企业施耐德电器等,提高招商引资竞争力,增强了万州自我发展的能力。可以说,筑巢引凤的理念是上海对口支援三峡中具有引领性和示范意义的。

这三个理念的传输,说明上海的对口支援,不仅仅是物质上的支援,更是给我们送来了新的思路、新的理念。

第三阶段,2008年至今,目标是"逐步能致富"。为了实现这个长远的目标,上海市委、市政府从长计议,把对口支援的资金逐步向基层倾斜,提出"对口支援+扶贫+创新"的工作思路,把扶贫和对口支援紧密结合。

　　为什么对口支援三峡移民要和扶贫结合？这是有针对性的。万州很多的贫困人口是移民。以前沿江居住的人，在江边有门面，靠着长江黄金航道生意兴旺。三峡工程施工后，他们成了移民，向后向上搬迁，原来的旺铺门面没有了，也就失去了经济来源，成了贫困人口。因此，这些年上海对口支援资金有很大比重都致力于扶贫。

　　怎么扶贫？上海合作交流办按照上级的要求提出了以创新的思路帮助万州全方位的产业发展。开拓新兴生态产业，例如观光旅游，开辟了一条上海到三峡的黄金旅游线。其间连接起上海对口支援三峡的两个地方：万州和宜昌。游客可以从万州开始游览三峡美景至宜昌结束，也可以从宜昌开始至万州结束。旅

2006 年 4 月，在上海南京路上举行"新三峡、新万州、新起点"旅游推介活动

游业的发展是上海对口支援三峡的长远之计,既可以保护库区生态,又能带动当地人逐步致富。如今,我们和上海市旅游局、黄浦区旅游局共同合作,开辟了六条在万州和宜昌之间的三峡旅游线路,每年的上海旅游节、旅博会、旅游洽谈会都会邀请万州参加,而且为万州提供免费展台。除了旅游业,还帮助万州农产品走出去,每年邀请万州参加上海的农产品博览会,把农副产品推广到上海市场。每年提供资金,安排万州政府到上海招商,开专题招商推介会。帮助万州逐步走上致富道路,对万州带来了深刻的影响。

三个"一号通报"盛赞"上海模式"

我从 2002 年开始担任万州区委副秘书长,2007 年开始兼任对口办主任,到 2014 年为止,我与上海的对口支援合作了整整 8 年。我认为上海在创新对口支援思路、推进库区经济发展方面始终走在全国对口三峡库区的最前面,并探索出了具有鲜明上海特色和作风的对口支援方式。

一是在坚持原则中体现尊重。这是始终贯穿所有上海干部支援万州的工作方针,也是我最钦佩的一点。坚持原则,就是一切从工作本身出发,凡是工作中认为当地政府安排不合理的、对今后项目和万州发展不利的,都会毫不客气地指出来,坚持让大家一起商讨。而在此过程中,又非常尊重当地政府和当地干部,丝毫没有"我出钱就必须按照我说的做"的颐指气使,一旦按照可持续发展理念讨论出来结果,就会坚持在当地党委、政府的领导下开展对口支援工作。这些年上海对万州的对口支援工作都是按照这个模式展开的,事例比比皆是。例如标准厂房的建设。当初提出建设标准厂房的,就是上海的干部。当我们轰轰烈烈如火如荼地建设了好多年后,上海干部又转变了态度,说不能再建了。我们当地干部一时会不理解。上海干部就和我们当地干部一起讨论。原来上海干部根据全国招商引资的形势判断,厂房修建到一定程度之后,就要考虑有多少企业来容纳的问题，并不是说越多越好，而是有一个临界点。那么这个临界点是多少？两地的干部又根据形势判断和经济学、管理学的发展原理，坐在一起商讨。所谓理越辩越明，虽然讨论中有时双方态度会很激烈，甚至针锋相对，但都是为了一个共同的目标：如何将对口支援有限的资金利用最大化，更有利于万州当地的平衡发展。最终我们达成了一致，并且实施至今。万州的标准化厂房体量把握得很好，基本满足了现有企业的使用，又不至于闲置，保持在一个合理、科学的状态。这就是上海干部坚持原则又尊重我们当地政府部门的体现。再比如在支援万州医疗卫生方面，我们当地干部曾设想，是不是可以扩大支援覆盖面，将对口支援资金放到所有的乡村卫生院。但上海的干部还是根据实际情况出发，坚持认为应该将资金集中起来，重点改建几个点，做出示范效应来。这也是上海干部和我们万州当地干部经过无数次讨论的结果。现在看来，这种做法有带动性，也成了援建医疗的一个范本。

二是将对口支援上升为合作。对口支援可能是一项阶段性的、单项的工作，而合作是长期的，相互促进的。上海的对口支援，从一开始就不是仅仅考虑经济上单方面的支持，而是从双方合作共赢的角度考虑建立长效机制，并且率全国风气之先，将合作理念落实到具体实践中。从人才培训上，上海干部在万州援建学校，万州向上海输送劳动力。从农业产销上，万州向上海提供农副产品，上海为万州提供市场。现在我们万州的农特产品展销中心在上海农产品中心批发市场扎根落地，库区的诗仙太白酒、鱼泉榨菜、飞马味精、白羊柠檬、大红袍红橘、山胡椒油、橄榄油等万州特色产品多次参加上海举办的大型展销活动，打开了上海市场，沪万两地实现了可持续发展的经济合作。

三是授人以渔，从输血到造血。上海对口支援万州的干部不光从资金的角度开展对援工作，还一直在思考三峡库区最需要也最缺少的东西，这就是当地干部的培养，并从各种途径关心我们万州人的素质培养。每年，上海都会在浦东干

部学院开设培训班,安排万州的领导干部到上海学习先进的理念;其次是对万州高教系统、卫生系统的对口培训,组织学校校长教师、基层卫生干部到上海挂职进修;还有在上海开设专题培训班,将万州的农村致富带头人、社区的管理人员送到上海接受培训,与上海的同行交流。这些培训费用都由上海的对口支援资金提供,培训的选题、班次和时间都由上海合作交流办和万州区一起在头一年商量决定,并列入第二年的年度计划中,由上海市区两级和涉及的部门一起负责实施。这些年来,我们万州各层次、各领域、各行业的干部和优秀人才从上海学到了很多先进理念,也开阔了眼界。除了万州干部到上海培训,上海干部还组织上海专家到万州来交流。例如上海黄浦区工会组织上海市劳模到万州疗休养,并同当地劳模进行了交流;上海市教委组织上海优秀教师到万州挂职,上海中学有两任校长都到万州的学校里任职讲课讲学,带来了新的教学理念,大大带动了万州教育的发展。

从 2007 年至今,有三年国务院三峡办的一号通报上,都是对上海对口支援三峡库区工作的总结通报,对包括筑巢引凤、人才培训、整村推进这些经验做法给予了充分的肯定,我们都说,这是上海干部创造的"上海模式"。

"上海模式"还体现在援助的广度上。在三峡库区万州,上海的对口支援并没有局限于几个上海对援项目,而是融入了万州当地的发展。上海对口支援的资金不仅用于帮助建立示范性的教卫点,还参与改造了万州当地 40 个乡村基层卫生院,参与改造了 29 所乡村幼儿园,帮助万州的基层教育卫生实力增强,发挥了良好的社会效益。在长江下游的上海,调动了方方面面的力量,牵动了众多部门,将对口支援三峡放在了一个大平台上一起来做。上海市教委、市旅游局、市卫生局、市国资委,都参与到对口支援具体工作中。除了市级层面,还调动了各个区的力量。曾经与万州对口支援的宝山区、嘉定区,尽管现在已经没有对口支援关系了,但友好关系还在。他们每年依然通过介绍企业、爱心助学、扶贫帮困等形式支援万州,成了重要的"编外"支援力量。

不收上海干部擦鞋钱吐露万州人对上海的真挚情感

　　对口支援三峡的上海干部,2016 年已经是第十三批了。相对于对口支援其他地区,援三峡干部批数比较多,但在人数上是不多的,至今只有二十多位。这些年轻干部在万州当地挂实职,干实事,发挥了很大作用。他们是上海与万州的桥梁纽带,我们一块儿到项目单位考察,了解项目进展情况,协调解决推进过程中的有关问题,对项目建设工程进行全过程管理,促进了对口支援项目的高效、高质量实施。他们是对口支援的实践者、监督者,负责对口支援资金落地、项目监督,在资金划拨方面严格把关,加强对项目资金的监管,确保了项目资金的安全。在二十余年的对口支援三峡工作中,上海和万州的干部都没有在资金上出现过一点违法违纪问题。我经手的上海对口支援资金就有六亿多元,在我离开对口办的时候接受审计,审计结果只有简单的两页纸,清清楚楚明明白白,一点问题都没有。为什么我们能做到二十余年对口支援资金零事故? 因为我们的干部在做所有项目的时候,严格资金使用制度,始终坚持一个原则:对口支援资金绝不落入企业,绝不落到个人口袋。所有落地的项目都是国家设施,不和私人民营企业有瓜葛。因此我们的干部个个清正廉洁,我们的项目经得起审计考验。这也是我特别骄傲的。

　　上海的干部以务实、正派、亲民的作风无私地开展支援库区工作,也潜移默化地感染了万州的干部和百姓。这些年里,上海干部与我们结下了深厚情缘。

　　今天万州的五桥区留下的诸多带有"上海"的标志,这其中还有一段故事。其实,上海是不同意将援建的基础设施冠名"上海"二字的。上海市委、市政府坚持认为,对口支援三峡库区的工作要默默无闻,万万不能四处树碑立传。但万州五桥的百姓强烈要求以援建方上海或者上海对口支援区来命名。因为五桥区

是上海对口支援万州最早的区,原名叫万县,属于万州非常贫困的县,几乎全是农村,只有50多万人口,全县财政收入不到一亿元。三峡库区蓄水,从一期水位上升到三期水位,当地群众靠后搬迁,改为五桥区的万县当时正面临严峻问题。这时候,上海同胞们带着几百万元的援助金开始了对口支援。虽然这笔资金现在看来不多,但当时主要都用在农村修建道路、桥梁、通信等百姓急需的基础设施建设上,是真正的雪中送炭。所以当地群众坚决将这些设施名加上了"上海"二字,以示感谢。因为这些名称,当时上海的对口支援干部还挨了上海市委、市政府的批评。但这是万州群众感恩之情最直接的印记。

再说一个擦皮鞋的故事。上海在五桥援建了好多设施,所以五桥的百姓对上海干部感情最深。当时五桥街头擦皮鞋是一块钱一双的价钱。一次,上海的一位挂职干部去擦鞋,擦鞋的人听出这个客人说的是普通话,不是万州本地话,就问客人是哪儿的人,一听说是上海的挂职干部,立刻说:"我帮你擦鞋不收钱。我们这儿的上海大道就是你们修的,上海帮我们做了好多好事啊,我一定不能收上海干部的钱。"这是发生在万州街头真实的故事,淳朴又感人。

要说万州人对上海干部的特殊感情,不是文字能够简单描绘的。你若是去了农村,就会发现那些农村卫生院的护士都能叫得出我们每个上海挂职干部的名字,农村的普通老百姓都能认得出上海挂职干部,甚至上海合作交流办的同志。老百姓们会高兴地说:上海人来了,我们这里就有路可修了,就有希望了。这些点点滴滴的故事中都透露着百姓的真挚情感,因为他们能清楚看到上海干部带来的是真金白银,做出的是真抓实干,付出的是真情实意。他们能真切感受到上海对口支援给他们生活带来的积极变化。

口述前记

　　陈华远,1943 年 5 月生。1984 年至 1997 年,先后担任原湖北省宜昌县常务副县长、县长,宜昌市三峡工委书记等职。现已退休。

最难忘怀的记忆

口述：陈华远

整理：易小红　姚志斌

时间：2017 年 3 月 20 日

作为一名曾经投身三峡工程恢弘建设的当事人，从 1992 年 3 月国务院办公厅印发《关于开展对三峡工程库区移民工作对口支援的通知》之日起，我也非常荣幸地见证和参与了沪夷友谊步步升华，上海对夷陵真心真情、尽心尽力、全心全意的生动历史。虽然离开工作岗位已经多年，但当年那情那景始终烙印在我心中，成为我在宜昌县（2011 年 8 月改为夷陵区）工作期间印象最深、感动最多的美好记忆。在上海对口支援夷陵 25 周年之际，我十分高兴能够受邀以一名亲历者和开拓者的身份，将沉睡许久的思绪梳理，再次回顾沪夷之情从无到有、从摸索到深入的点滴往事。

领导悉心关怀让人难以忘怀

上海市对口支援夷陵工作从 1992 年初开始酝酿，第二年初步对接，以后逐步深入，各界各方都十分关注对口支援工作，全县人民也充满了期待。

上海市主要领导从一开始就高度重视对口支援工作,把援宜工作当作上海重大的政治任务。1993 年 10 月,时任上海市副市长孟建柱同志带领上海市政府考察团一行 31 人来宜昌县进行了考察洽谈。到宜昌县第一天,他就表示:"上海对口支援三峡库区是响应党中央的号召和国务院的动员,这是上海的应尽之责。虽然对宜昌县的实际需求还不是太了解,但只要是对三峡工程建设有利、对移民安置有益的,当前迫切需要而又力所能及的问题,大家都可以提出来,两地共同为移民生产生活和经济社会发展出力。"孟副市长这一番实在又具体的表态给我们吃下了一颗"定心丸",也为我们日后对接工作铺平了道路。1995 年 6 月,蒋以任副市长率团考察了宜昌,就加强对口支援和经济合作进行了广泛接洽,他认为,上海市与宜昌县的合作已初见成效,尤其是两地企业间的合作深度和工作效果令人十分欣喜。上海市领导一次次的来访,不仅为我们带来了帮扶资金和合作项目,更温暖了坝库区百姓的心窝。

1993 年底,上海市明确闵行区、静安区为具体帮扶单位。两区从一开始就把坝库区群众的需求作为帮扶的第一信号,真心真情关爱着宜昌大地的百姓民生。1994 年 3 月,闵行区和静安区领导来宜昌县进行了考察。随后,我们也首次回访了两区,并得到了上海各级领导的热情接待,建立起联络协调机制,拉开了对口支援帮扶序幕。给我留下深刻印象的是,接洽后不到三个月时间内,闵行区就向宜昌县捐赠了 10 辆东风 5 吨载重卡车,这是上海市开启对口支援宜昌县以来实施的第一个重大项目。这 10 辆承载着友谊的车辆,一方面为坝库区移民提供了就业岗位,诞生了一批"移民司机";另一方面,我们把 10 辆车租赁给专业的土石方工程公司运营,将经营收入全部用于解决特殊困难移民的实际困难,扩大了卡车本身的帮扶范围。这 10 辆车也仿佛成了对口支援工作的引擎,迈出了实施项目帮扶的第一步。

1994 年 3 月陈华远(左一)在上海市向宜昌县赠车签字仪式上致辞

各项无私援助让人难以忘怀

上海市充分发挥政府、企业、市场、社会资源优势,多措并举、多方协调,多渠道加大对口帮扶和经济合作的力度,解决了一大批事关三峡移民群众上学、行路、饮水、看病、就业等方面的实际困难,确保移民搬得出、稳得住。

一是资金项目源源不断,始终坚持利民惠民的第一民生导向。无偿资金投入支持一直是上海对口支援的主导方式,并且年年攀升。1993 年至 1997 年的五年里,上海市累计无偿援助我县资金 352.73 万元,实施各类项目 17 个,主要集中在车辆捐赠、希望小学援建、结对助学、医疗机构改造、文化阵地建设、柑橘品改推广等惠及移民切身利益的方方面面,累计近 1 万移民直接受益,创下了各地对口支援宜昌县工作初期的示范样板,彰显了上海作为国际大都市的热忱与担当。比如,1993 年全县柑橘大丰收,正当柑农为销售门路发愁犯难之际,上海市又伸出援助之手,经过多方发动,一时杨浦区的各个水果销售点都摆上了宜昌县柑橘,这也成为宜昌柑橘第一次正式进入上海市场的标志性事件,当年销量达到 30 多万斤。宜昌县有丰富的农特产品资源,而上海有巨大的消费市场,两地携手合作,既增加了我们库区人民的收入,又丰富了远方的上海市场供给。

二是经济合作层层深入,始终满足输血造血的第一发展需求。二十五年前的宜昌县,产业总量小、底子薄、基础差,上海在深入开展政府官方间对口支援的同时,更是大力推动企业间的合作交流。比如,从上海卷烟厂退休的老骨干毕副厂长婉拒了全国其他多地的盛情邀约,带领 7 名干将来到原宜昌县卷烟厂,从技术操作、企业管理、原材料购进、产品销售到流动资金运作等各方面全方位帮扶县烟厂,使得 1993 年当年的销售额就达到了 2.4 亿元,创税 900 多万元;1995 年起更是加大合作力度,除了继续在技术上扶持三峡卷烟厂,还共同研制了“三峡明珠”牌香烟,并委托生产了“上海”牌香烟;1996 年通过采取定牌生产、实行报销的办法,县烟厂的工业综合效益在全国同行业中上升了 12 个位次,经济效益稳步增长。三峡卷烟厂今天能够成长为税收过 5 亿元的大型工业企业,与上海市当年的帮扶密不可分。又如,上海木材一厂帮助我们修复了长期停产的刨花板生产线,使得 1994 年的产值达到 300 万元,创税 45 万元;上海吴泾化工总厂与宜昌县合作生产 1 万吨冰醋酸,签订了 10 万吨的硫酸生产订单。当年类似这样的例子还有很多。

三是人才支持久久为功,始终打造内外兼修的第一智囊梯队。上海市坚持“扶资”与“扶智”并重,为宜昌县培养了一批推动发展的中坚力量。眼界决定视界,思路决定出路。1994 年 5 月,在闵行区政府有关部门的精心组织下,举办了

三峡卷烟厂

第一期三峡坝区经济管理干部培训班,夷陵有党政干部和县属、乡镇(企业)厂长(经理)共计 38 人参加,有力地促进了学员思想观念的大转变、大跃进。原宜昌县上洋乡党委书记在静安区挂职时曾经讲的一个笑话在老一辈的对口支援工作人员中流传很久,他调侃自己说:"我比你们大,我来自上洋,你们来自上海,洋比海大……"时至今日,上海培训已然成为夷陵党员干部提升能力素质的重要平台和周边县市干部眼红的"福利"。

干部朴实作风让人难以忘怀

1994 年至 1997 年,上海市共选派了陈如璋、孙天翔、吴德明、杨建华、桂绍强、哈亮、王伟民等 4 批 7 名优秀干部到宜昌县挂职。我与他们一起工作了一年的时间,对他们有一定的了解,我认为上海援宜干部政治过硬、素质很高、能力较强、作风务实,都有强烈的国家意识、大局意识、责任意识和奉献精神,他们不仅是服从组织安排选派到宜昌县工作,更重要的是能够把援宜当作践行中央的重大战略决策,履行自己应尽的政治责任。我在宜昌县任县长期间,先后有多位同志挂职县长助理,作为县政府的班子成员,他们理念先进、视野开阔、作风扎实、敬业严谨,工作中有思路、有点子、有能力,成绩突出,在宜昌当地干部群众中反响很好。

我感觉,上海援夷干部都有一个共同特点,就是有扎实严谨的工作态度,有细致深入的工作作风,能真正下沉到乡村一线和基层群众中去获取第一手资料。第一批援宜干部陈如璋,为建好第一所援夷希望小学——三斗坪镇青鱼背小学,多次往返三峡坝区推动项目早开工、早开学;深入田间地头了解移民所想所需,为日后的援建工作打下了坚实的基础。第三批援宜干部哈亮在日常调研时发现,宜昌各地虽然都种植柑橘,但柑橘品种老化、品质下降明显,亟待改良,他便结合自身岗位特点,多方奔走联系,因地制宜地为宜昌引进了柑橘品种结构优化与示范项目,为日后夷陵"橘都茶乡"美名远扬四方埋下了动人的伏笔。正是这些优秀的上海领导,从未把自己当作宜昌县的"过客",视宜昌县为故乡,以宜昌县发展为己任,殚精竭虑,克服诸多困难,做了大量卓有成效的工作,才有夷陵今日的辉煌成就。

上海与夷陵同住一江畔、共饮一江水,斗转星移二十五载,上海用浓情大爱推波助澜,让我们切实感受到了来自长江东头的阵阵暖流。穿越风雨再出发。我坚信,凭借上海讲政治、讲大局的精神境界,务实重行、埋头苦干的工作作风,以及兄弟般的深情厚谊,上海对口支援工作必将为"强区主城、富美夷陵"建设插上腾飞的翅膀。

　　李志红，1962 年 8 月生。2003 年 4 月至 2013 年 11 月，先后担任湖北省宜昌市夷陵区招商局局长、夷陵区支援三峡工程建设领导小组办公室党组书记、主任等职。现任湖北省宜昌市人民政府驻上海联络处副主任。

沪夷牵手　爱铸辉煌

口述：李志红

整理：黄玉海

时间：2017 年 2 月 20 日

　　夷陵区位于长江西陵峡畔，地处鄂西山区向江汉平原的过渡地带，2001 年 7 月撤销原宜昌县建制设立区，是宜昌市面积最大、人口最多的市辖区，区域面积 3424 平方公里，人口 52 万，素有"三峡门户""中国早熟蜜柑之乡""中国非金属矿之乡""中国民间艺术之乡""中国观赏石之乡"等美誉。夷陵临水而建、因坝而兴，既是坝区，又有库区。1970 年县城因修建葛洲坝工程从宜昌城区搬迁至小溪塔，后因兴修三峡工程又大规模移民搬迁，是三峡工程移民最早、就近就地安置移民最多、移民结构最为复杂的地区。2003 年至 2013 年，作为夷陵区三峡办（招商局）的一名工作者，我亲身经历和感受了上海市对口支援和沪夷的友情。二十多年来，在上海市各级领导的高度重视和关心帮助下，历届区（县）委、区（县）政府高度重视移民工作，认真落实中央精神，制定安置移民优惠政策，围绕坝库区实际情况，积极开展培训促就业，大力推进城乡统筹发展，培植坝库区产业、改善基础设施条件，移民生活显著改善，移民群体总体安稳。全区人民的

生活水平显著改善,三峡坝区面貌和移民生活水平发生了根本性的变化。

对口支援,体现了党对群众的关怀

夷陵区是三峡工程所在地,三峡工程移民共涉及夷陵 4 个镇(街道)、37 个村、118 家企事业单位。二十多年来,夷陵大力支持三峡工程建设,搬迁移民 2.3 万人,征淹土地 5.1 万亩,拆迁房屋 95 万平方米,其中三峡工程坝区搬迁移民 12020 人,拆迁房屋 52.79 万平方米,征用土地 25926 亩,安置移民 11886 人;三峡工程对外交通、料场征地 4249 亩,搬迁移民 2528 人,拆迁房屋 10.6 万平方米。夷陵区不仅移民安稳致富任务繁重,也是全国电网最密集的区域。三峡输变电工程是湖北电网和华中电网的核心,也是西电东送、全国联网的骨干工程,该工程 23 回高压输电线路过境我区 10 个乡镇、1 个经济开发区、127 个村,线路总长 686.4 公里,塔基 1462 座。全区因三峡输变电工程先后搬迁 1647 户 6236 人。

夷陵区是三峡工程所在地,是最先启动移民搬迁的区域。为了配合好工程的建设,全区上下积极响应政府号召,人民群众齐心协力,带着难以割离的乡情离开世代守候的家园,纷纷"舍小家、顾大家",形成了"大坝建在宜昌县,全县人民做贡献"的良好氛围。然而,对于长期靠种地、捕鱼为生的坝区农民,搬迁之后失去了赖以生存的土地,他们大部分人文化水平偏低,没有专业技能,没有富余的资金,二次创业举步维艰,生产生活极度困难。为解决百万移民问题,1992 年 3 月,国务院办公厅印发《关于开展对三峡工程库区移民工作对口支援的通知》。1992 年 4 月,第七届全国人民代表大会第五次会议通过关于兴建三峡工程的决议。1994 年 4 月,国务院办公厅转发《国务院三峡工程建设委员会移民开发局关于深入开展对口支援三峡工程库区移民工作意见报告的通知》,明确由上海市、黑龙江省、青岛市对口支援原宜昌县。党中央、国务院作出支援三峡库区的重大战略决策部署后,上海市委、市政府积极响应,率先行动,历任市领导都高度重视对口支援工作,把援夷工作当作上海义不容辞的政治责任和"家庭"责任。

2002年以来,全区共举办移民培训班161期,培训移民9014人次,移民劳力基本上都得到了一次培训。鼓励企业用工,对安置移民企业在税费等方面予以优惠奖励。鼓励自主创业,培养了一批移民致富的"领头人"。劳务输出就业。利用对口支援、劳务协作的契机,大力发展劳务输出,逐步形成以上海为龙头,辐射北京、江苏、浙江、福建等地的劳务输出网络。截至目前,夷陵向上海输出人员由1997年的32人增加到1.8万人,其中移民3800多人。文化卫生公益事业大为改善。先后援助资金2750万元修建、改造学校30所,援建的上海中学成为夷陵办学条件最好的学校,"上学难"问题基本得到解决;升级改造镇级卫生院5所、村级卫生室17所,初步建立了社区卫生服务体系。同时大力繁荣坝区文化,广泛开展群众性文体活动,丰富移民群众的精神文化生活,建村级文化活动室

2016年3月,李志红(右二)陪同夷陵企业考察上海西郊国际

17所,坝区乡镇、村开展形式丰富的文体活动,前几年还组织400名移民参加坝区截流园《盛世峡江》大型文艺演出,提升了三峡的文化底蕴,丰富了群众的文化生活。上海市不断加大对口支援力度,使坝区面貌发生了翻天覆地的变化,移民生产生活条件得到了极大的改善,坝区经济社会得到了长足发展,初步实现了移民群众的长治久安,移民群众正走上安稳致富的康庄大道。

对口支援,助推了地方经济的发展

从2006年开始,上海市每年安排1000万元左右资金用于标准化厂房建设。三峡移民生态工业园已具雏形,该规划总面积3.2平方公里,可供开发土地面积3000亩,已开发1600亩。我们利用上海市援助资金7600万元,先后建设了三峡移民就业基地、三峡移民生态工业园标准化厂房9万多平方米。目前,伟志电子、时创科技、星宇服饰、船舶修造等多家企业落户投产,可实现年产值5亿多元,新增税收近亿元,吸纳3000多名移民就业。

上海不断加强与夷陵的经济交流合作,在上海市合作交流办、闵行区、静安区等支援单位的推动下,成功引进了均瑶集团、粤海纺织、爱登堡电梯、华通机电等一批优强企业到夷陵落户,推动了区域经济转型跨越发展。在上海市对口支援产业扶持下,夷陵农业结构进一步优化,充分挖掘当地的自身资源优势,支持发展生态农业,加快推进官庄柑橘交易平台建设、加快推进小鸦路精品柑橘走廊、宜大路高效茶叶走廊、黄柏河生态林业走廊建设,成了全国知名的"橘都茶乡"。第三产业初具规模,三峡人家、杨家溪军事漂流、三峡观坝和西陵画廊等风景区建成开放。三斗坪镇先后荣获"全国特色景观旅游名镇""湖北旅游名镇"称号;乐天溪镇建成"三峡奇石文化长廊",成了全国知名的"观赏石之乡"。

在对口支援工作中,上海市始终坚持扶资与扶智并重,把人才队伍建设和新型农民培育摆在突出位置,为夷陵造就了一大批经济社会发展的骨干力量。上海市通过多种渠道,大力开展新农村建设、青年干部等培训工作,累计帮助夷陵培训人才 2300 人次,先后选派了 14 批 20 名优秀干部到夷陵挂职,把先进的管理理念和发展思路带到夷陵,为夷陵经济社会发展献智献力。这些优秀的挂职干部克服了诸多困难,无一不把夷陵作为故乡,无一不为夷陵发展殚精竭虑,把上海市干部的优良作风发挥得淋漓尽致,充分发挥了引导和示范作用。夷陵派出党政干部、教师、医护人员到上海挂职,学习先进理念及经验,提高夷陵行政管理、教育、卫生水平。我们每年还选派企业负责人到上海参加培训,这种全方位全领域的培训学习方式,有效地提高了干部队伍的整体素质。

对口支援,架起了沪夷友谊的桥梁

多年来,我们积极争取上海的支持,在上海松江国际食品城、上海西郊国际食品城、上海市闵行区虹桥镇设立特色产品展销中心,并将夷陵 90 个农特产品顺利录入到上海市国内合作交流中心"携手网",实现了农特产品网上推介销售。目前,夷陵特色产品在上海已形成"一网三点"的销售格局,稻花香、萧氏、坤艳药业等多家企业在上海设立了销售点,企业年销售收入明显提高,有力推进了坝库区茶叶、柑橘、医药等特色产业的发展,促进了移民增收致富。我们积极开展"园区对接",夷陵经济开发区与上海市莘庄工业区结为友好园区,在园区建设与管理、人才挂职交流、招商资源共享、产业转移升级等方面加强了园区交流合作。在上海市委、市政府的领导下,市政府合作办积极推动,夷陵教育、卫生、科技、民政等 10 个部门与上海市相关部门进行了"部门对接",就资源共享、优势互补、结对帮扶等方面达成合作协议。同时,积极推进上海市静安区街道与夷陵有关乡镇的对接,在上海市闵行区的支持下,虹桥镇与夷陵三斗坪镇结为"友好乡镇"。上海市还实施"爱心助学"活动,建立贫困移民学生资助保障体系,累计资助学生近 2000 人次。

静安区社会组织联合会和上海乐创益公平贸易发展中心联合开展了三峡坝区移民创业带头人创业培训,活动丰富多彩,结合实际,成效显著。在上海乐创益的指导和帮助下,太平溪镇谢蓉创办公司,成功注册"峡江绣女""三峡·艾"等商标,将手绣技艺与端午文化相结合,开发出牵花绣挂画、艾草绣花工艺枕等数十种工艺产品,产品供不应求,带动坝区移民妇女300多人就业,成为移民乃至全区的创业典型。

为深切表达三峡移民对上海市二十年来无私援助的感激之情,夷陵区委、区政府决定带着夷陵52万人民的深情厚谊,到上海举办一次大型的汇报演出活

2012年9月,在上海举行的"我从三峡来"答谢演出海报

动,活动如何开展,怎样才能表达出我们心中万分感激之情,进一步深化沪鄂两地的合作与交流,增进沪鄂人民友谊,不断推进对口支援工作的深入开展,为此,我请教时任上海合作办的方城处长为活动做总策划和指导。2012年9月12日,一个以工作汇报、经贸洽谈、文艺演出为主题的"牵手三峡·感恩上海"系列活动在上海展开。活动的主要内容为六个"一",即:召开一次上海市对口支援湖北省三峡库(坝)区移民工作座谈会;献上一台"我从三峡来"答谢演出;制作一部反映三峡坝区移民受援后的电视专题片《牵手》;印制一本宣传画册;开展一场宜昌经贸推介活动;举办一届摄影展。活动邀请了国务院三峡办党组成员张宝欣,上海市副市长姜平,市政府副秘书长王伟,上海市政府合作办主任林湘,湖北省副省长田承忠,宜昌市委副书记、市长李乐成等领导,上海市教委、市卫生局、市旅游局、静安区、闵行区有关领导、市政府合作交流办有关处室负责人,湖北省、宜昌市、夷陵区代表团,上海企业家代表以及上海在夷陵历任挂职干部代表等出席了活动。活动取得了圆满成功,起到了感恩、推介的效果。

对口支援,化解了移民心中的积怨

广大移民搬迁后,失去了生产资料,种田无土地,就业无门路,创业无资金,特别是年龄在四五十岁的移民就业率低、二代移民就业难。在已就业的移民中,40%的移民主要靠做零工维持生计,就业质量不高。虽然三峡移民整体生活水平有了一定程度的提高,但依然低于全区平均水平,仍有10%的移民靠低保维持生计。坝库区三镇乐天溪、三斗坪、太平溪农民人均纯收入、村集体经济收入均低于全区平均水平。特别是与外迁移民相比,全区移民生活水平存在较大落差,导致广大移民心中不满,积怨已久。为了从根本上解决问题,上海市委、市政府的领导们高度重视对口支援工作,制定切实可行的帮扶政策,特别是上海合作办的领导们更是不遗余力地排除困难,深入基层调查研究,和广大移民促膝谈心,

他们热情周到的服务，让坝区移民倍感亲切。在上海市的倾情帮扶下，先后复垦土地 1849 亩，发展柑橘 1143 亩、茶叶 1406 亩，有力促进了坝库区农业产业结构调整，使 3000 多名移民直接受益，户平均增加多种经济园 1.35 亩，户平均增收过千元。二十多年来，上海市先后为夷陵举办移民技能培训班 16 次，培训移民 1000 多人。在上海市的帮扶下，移民群众的土地逐渐增加，移民就业、创业技能稳步提升，移民群众心中的积怨逐步化解。

　　上海对口支援主要是协助地方政府经济发展，解决影响移民生产生活上的困境，所以，为摸清移民群众现状，做到精准帮扶，时任上海市合作交流办主任林湘、副主任周振球、处长方城以及夏红军等合作办领导，静安区合作办主任桂绍强、童建民，闵行区合作办王欢平、黄嘉宁等领导多次到夷陵实地调研、考察，为解决移民生产、生活困难出谋划策，林湘同志亲自审核对口支援项目和资金安排，强调夷陵区和万州区相比虽然移民数量少，但夷陵是三峡工程所在地，既是坝区又是库区，是启动三峡移民搬迁最早的区，为支持工程建设作出了较大的牺牲，在政策标准、资金安排上，不能因为夷陵是县区级而降低对口支援的标准，体现了对夷陵区的重视和对移民群众的深情厚谊。分管领导周振球和对口支援处方城、夏红军，在每次确定项目时都是逐村逐点地实地查看，反复走访基础干部和移民，有一次我在陪同方城和夏红军考察一个基层福利院项目时，一位老人来到他们面前说："领导，我想到你们上海援建的福利院养老可以吗？"在上海合作办领导的关心下，这位老人如愿以偿。上海援建的福利院项目不仅仅是硬件好，更重要的是它很人性化，非常符合老年人的生活，到上海援建的福利院养老已成为很多老人的一种奢望。援夷挂职干部，静安区桂绍强、郁霆、李永波、邢剑、丁巍，闵行区徐建平、陈峰、王尧、沈俊华、王涛等人，他们把夷陵当作自己的第二故乡，在任职期间，每年坚持到坝区乡镇调研，到移民家中走访，为坝区移民解决了出行难、上学难、产业发展难等诸多实际问题。

　　二十多年来,上海人民的浓浓三峡情,为夷陵在新时期、新起点上加快发展,增添了极大的信心和动力。夷陵人民自豪:象征中华民族复兴的三峡工程在夷陵拔地而起;夷陵人民幸运:25年来有上海这座国际大都市的不尽惠泽;夷陵人民感恩:正是因为有上海人民的无私牵手,夷陵的发展才有今天的日新月异,夷陵人民才有今天的幸福生活;夷陵人民期盼:沪夷两地心相连,合作牵手续新篇。"我住长江头,君住长江尾。日日思君不见君,共饮长江水",上海对夷陵的恩情,我们永远铭记在心;上海与夷陵的亲情友情,犹如奔腾不息的长江水,世世代代化为永恒。

口述前记

刘海清,1951 年 10 月生。1995 年 8 月至 2013 年 10 月,任云阳县委常委、副县长,县委副巡视员。现已退休。

五千五百移民安家上海

——2000 年云阳移民外迁上海纪实

口述：刘海清

时间：2016 年 12 月 9 日

    云阳有三峡库区"第一移民大县"之称。兴建三峡工程，云阳要动迁移民 16 万人，搬迁涉及一座县城，23 个集镇，181 个工矿企业，760 个单位。特别是进入二期移民阶段，每天要完成投资 100 多万元，安置移民 75 人，其中外迁移民 37 人。

    1999 年 5 月，国务院召开三峡移民工作会议，正式确定了三峡库区农村部分移民外迁到 11 个省市安置。同年底，国务院办公厅发出了《关于做好三峡工程库区农村移民外迁安置若干意见的通知》，同时分配了具体的外迁任务。根据国务院的通知精神，重庆市下达云阳县 3.6 万人的外迁任务，分别迁往江苏、江西、上海、湖北和市内县外的有关区县，其中上海需要接收 5500 人的安置任务。我主要具体负责外迁上海这一块的移民工作。2000 年 8 月 13 日开始至 2002 年 9 月 29 日，历时三年，云阳县南溪镇、龙洞乡和双江镇 1305 户 5509 人移民外迁至上海市崇明县、奉贤县、南汇区、金山区、松江区、嘉定区、青浦区 7 个区

县、62 个（乡）镇、520 个村组。

想移民所想　忧移民所忧

　　要保证在国务院三建委办公室要求的时间内完成移民外迁安置任务,迁出地、迁入地各级党委、政府都高度重视,全面规划,制定方案。各级领导情系移民,想移民所想、忧移民所忧,亲临第一线,组织指挥对接工作,认真扎实地做好每一项工作。

　　1999 年 12 月 11 日,时任上海市委常委、市政府副市长冯国勤带领对口支援考察团一行 18 人专程来云阳县考察移民外迁工作。12 月 12 日早上,天下起大雨,冯副市长一行冒雨前往南溪镇,在云阳县领导的陪同下来到卫星村,挨家挨户深入到移民家中,了解他们对外迁工作的思想认识、家庭经济状况、生产生活状态、劳动力情况、劳动技能、民风民俗、农民负担等内容。冯副市长一边了解情况,一边向移民介绍上海市各级党委、政府如何高度重视安置三峡移民工作,宣传安置规划、方案政策、措施办法,解除了移民的担心和忧虑。通过他们的实地考察,给当地移民带来了温暖和希望,好多移民放下了思想包袱,表示愿意配合和支持政府的外迁移民工作。南溪镇卫星村 2 组粟绍福是镇移民办主任,他主动申请报名外迁,还说服了自己的兄弟、妹妹和亲戚朋友外迁。他的母亲曾宪桂高兴地说:"上海好,上海好啊! 我虽然 82 岁了,我也要同儿子到上海的崇明县去安家落户。"由于他们的示范带动,当年 8 月,南溪镇 446 名移民外迁到崇明县的三星、合作、庙镇、江口、港西、港东、建设、侯家等乡镇所在村组。

　　2000 年 2 月 28 日至 3 月 3 日,时任上海市安置办公室副主任沈乾忠同志、处长计培钧同志和上海市公安局户政处处长曹松发同志一行五人到云阳县南溪镇和龙洞乡,按照移民安置政策和外迁移民的条件一户一户、一人一人地审定准迁落户上海的 192 户移民,准确把握外迁移民身份的真实性、可靠性,确保了外迁移民对象的质量。

4月4日至6日,时任上海市三峡移民办主任张祥明、副主任沈乾忠、处长计培钧、崇明县副县长陆鸣等同志率移民外迁安置工作组来云阳考察移民外迁工作。南溪镇、龙洞乡所处的地理环境不是水就是山,尤其是龙洞乡沟壑纵横,出门不是跋山就是涉水,山路崎岖,陡峭如削。上海市崇明县的同志一下很难适应这种环境,但为了外迁移民,"宁可苦自己,也不误移民",他们遇山爬山遇水卷裤(管),有时还手脚并用,也要到外迁移民家中与他们面对面。张祥明、陆鸣等同志不畏艰辛,翻山越岭,走访了南溪镇和龙洞乡7个村192户移民家庭,详细了解移民户中的家庭成员、居住条件、农民负担和子女入学费用等情况,广泛听取移民对迁入地的要求、想法和建议。考察组的领导和同志们对移民普遍关心的建房造价差价大和生产、生活环境等问题作了耐心细致的解答,并宣传了上海市各级领导和崇明县广大干部群众热忱欢迎库区移民落户上海崇明县的实际行动,同时也向移民宣传了"以农为主,以土为本"的安置原则,殷切希望移民主动外迁,积极外迁,既支援了国家建设,又为子孙后代创造了良好的环境。移民外迁的各种担心和疑虑化解了,龙洞乡龙江村13组的共产党员易正秀,在听了考察组面对面的考察和实实在在的宣传后,动情地说:"尽管我已经85岁了,也要带头外迁。"当年她高高兴兴外迁到上海崇明县新村乡安家落户,是第一批外迁到崇明县的年龄最大的移民。

2001年12月13日,时任上海市郊区党委副书记、市移民安置办公室主任张祥明同志再次带队,市移民办副处长钟宝龙同志,嘉定区副区长沈永泉同志,嘉定区民政局局长、区移民办主任张潮同志,松江区副区长蔡铮同志,松江区民政局局长、区移民办公室主任朱成伟同志,青浦区区长助理、区移民领导小组组长陶夏芳同志,青浦区民政局局长、区移民办主任金巧林同志等13人组成的上海市移民工作代表团来云阳县双江镇考察外迁移民,并与云阳县委、县政府主要领

导就移民外迁上海的总体方案、工作步骤及搬迁时间进行协商,为大规模移民搬迁工作做了充分的准备和安排。

2002 年 1 月 8 日至 17 日,上海市青浦区、松江区、嘉定区移民工作代表团来云阳县对双江镇外迁三个区的移民进行考察和移民资格审查。双江镇地处云阳新县城所在地,交通便利,土地肥沃,地势相对平坦,农村经济比较发达,农民生活比较富裕。而新县城正在热火朝天的建设中,双江镇的干部在宣传发动中遇到了很多困难和阻力,感到工作压力大。而移民的思想复杂多变,认为自己在双江镇人熟地熟情况熟,三亲六戚都在一块。新县城建成后买个门面,经商办企业可立竿见影,因此,“不愿外迁,不想外迁”的想法普遍存在。“三个区”移民工作代表团的同志了解这一情况后,他们不顾旅途疲劳,认真研究,精心准备,以极端负责的精神,带着三个区人民的热忱和关爱,与双江镇的干部一起逐家逐户深入移民家中,用尽千言万语现身说法。宣传外迁是党中央的英明决策,外迁是响应党中央、国务院号召,为兴建三峡工程作贡献,也是为移民勤劳致富提供的可靠保证。上海市政府专门制定了移民安置文件,对安置地点、土地的提供、房屋设计建造、子女就学以及对移民生产生活的帮扶都有许多措施和优惠政策。连续几天艰苦的考察工作,为双江镇移民外迁动员工作打开了局面。当时就有 10 多名村组干部报了名,并动员亲属和子女外迁。

易吉成,双江镇农民村党支部书记,他身先士卒,率先垂范,在他的带动下,该村有 71 户 310 人外迁上海奉贤县光明镇安家落户;谭汉田,外迁时任双江镇建明村村主任,他的外迁,带动该村 42 户 170 人外迁金山区朱行镇安置。

2002 年 3 月 6 日,时任上海市三峡移民办主任张祥明同志一行再次来云阳,同县委书记王显刚、县长肖敏一起讨论移民对接、建房、搬迁、安置、安全保障、时间衔接等有关事宜。在上海市七个区县紧锣密鼓考察的同时,云阳县分两批对安置地进行了集中考察。第一次是 2000 年元月 11 至 13 日,本人带队,由县政府办公室主任丁宗灵、县移民局局长黄道辉、副局长付远全、南溪镇党委书记朱卫明、副镇长王俊南、龙洞乡党委书记刘泽江、副乡长程善培 9 名同志组成的考察工作组，利用三天时间对崇明县接收安置移民的 13 个镇（乡）进行了集中考察。

第二批分别由县委常委、纪委书记殷梅君同志、副县长李国成同志和我本人带队，迁出地有关镇（乡）工作人员组成的考察工作队从 2000 年 11 月 25 日至 12 月 3 日对金山、奉贤、南汇、青浦、嘉定、松江进行集中考察，结束后集中总结、统一汇报、梳理成文、打印成册，作为向移民宣传动员的资料，统一宣传口径，劲往一处使。通过考察，使我们对迁入地有了更深刻的认识和了解。

上海市各级党委、政府对接收三峡移民工作高度重视，真正体现了认识到位、思想到位、工作到位、措施办法到位、优惠政策到位和对三峡移民的感情到位，我们到 7 个区县、62 个乡镇、520 个安置点，所到之处所接触的乡、镇、村、组干部，当地人民群众都异口同声地说："接收安置三峡移民是贯彻落实党中央、国务院的重大决策，是上海人民支援建设三峡工程、服务全国的一项特殊任务。"表示坚决完成。

全面规划，制定方案，狠抓落实。不折不扣落实移民基本的生产资料和生活条件，给每个移民落实一亩承包地，一分自留地，每户平均占地 150 平方米的宅基地。建造移民住房时，实行以区县为单位的"四统一监"的管理办法，即统一设计、统一选材、统一施工、统一验收，由专业机构专门监理。确保移民住房的质量，坚持有利于移民"迁得进、稳得住、逐步能致富"的工作方针，严格执行国务院提出的"以农为主，以土为本"的安置原则和"相对集中到（乡）镇，分散安置到村、组"的安置方式。充分考虑了三峡移民自身的特点，既方便移民的生产生活，又能使移民与当地村民融通、融合、融为一体。2000 年，上海市政府文件下发执行，在移民点的选择上，规划确定在中心村，每个移民点安置 3—4 户。在移

民的户籍管理上,严格按移民资格审核办理户口迁移手续。对移民迁入后的养老、医疗和子女教育,按上海市民待遇执行。过渡期(两年)移民可享受免交各种税费、养老保险费、合作医疗费、子女上学的部分书簿代办费。移民资金方面,除了中央资金如数下拨外,市、区(县)的配套资金也按时发放。移民对接并签订建房合同后,当地村、组干部和村民为移民的承包地和自留地上义务种上粮食、蔬菜等农作物。发动村民和上海市民捐助,为每户移民准备好灶、锅、碗、瓢、盆、桌椅、板凳等日常生活用品,移民搬迁到来之后,立即就有新家温暖的感觉。同时,各区县在移民搬迁安置后,还要举办农业生产培训班,对移民进行系统技术培训。考察过程中,我们还了解到,各区县政府还制定了从思想上、生产上和生活上帮扶三峡移民的措施和办法。安置(乡)镇还成立了帮扶小组,建立帮贫扶困基金,移民遇到大病或其他突发事件后,都能及时得到资助;组织各种志愿者队伍登门看望、与移民交心谈心、结对帮扶等形式,对移民进行理想信念、移民政策、社会习俗和法律知识的教育,鼓励移民自强自立、遵纪守法、勤劳致富。

通过对7个区县、62个(乡)镇、500多个安置点的考察了解,考察组所有同志都非常感动:"上海市委、市政府高度重视三峡移民安置工作,七个区县把接收安置三峡移民作为一项重大政治任务。62个(乡)镇和安置点的村、组干部作了充分的思想准备和工作安排,当地人民群众非常热忱地欢迎三峡移民的到来。"

考察结束时,我们同七个区县的领导交换了意见,初步确定了全部的安置点。回到云阳,我们立即制定方案,组织所在乡镇对7个区县62个乡镇集中对接工作。

2001年2月26日至28日,南溪镇农村移民第二批与崇明县完成对接;2001年2月22日至26日,人和镇农村移民与南汇县完成对接;2001年2月24日至28日,双江镇农村移民与金山区完成对接;2001年2月25日至28日,双江镇农村移民与奉贤县完成对接;2002 年 3 月 21 日至 23 日,双江镇农村移民与青浦区完成对接;2002 年 3 月 23 日至 25 日,双江镇农村移民与松江区完成对接;2002 年 3 月 25 日至 27 日,双江镇农村移民与嘉定区完成对接。

依依不舍的故乡情

经过云阳县和迁入地党委、政府的通力合作,双方干部、党员共同努力,艰苦工作,广大移民群众与安置地人民群众的大力支持,2000 年,云阳外迁上海崇明县移民试点安置的 150 户 639 人的搬迁运输工作终于启动了。8 月 12 日至 13 日,县政府组织县交通局、公安局、交警队、港监所等 17 个部门参与首批外迁移民搬迁运输工作。南溪镇组织货车 27 台、大客车 10 台,由交警开道,龙洞乡联系货船、客船各一艘,分别送移民及物资从镇乡所在地到云阳港乘坐重庆市云阳县外迁移民专船——江渝 9 号客轮。中央电视台、新华社、人民日报、重庆电视台、重庆日报、上海电视台、崇明县电视台、云阳电视台等 18 家新闻单位 40 余名记者对外迁上海崇明县的移民跟踪报道,我带队县(乡)镇干部、公安干警、医务人员随船护送。同我们随船的有国家移民局两位同志、上海三峡办副主任沈乾忠同志、处长计培钧同志、崇明县三峡办顾宏斌同志。临行前,先期到达的国家移民局、重庆移民局有关领导和云阳县四套班子领导一起亲临云阳港,为首批外迁上海崇明县的移民送行。县委书记黄波勉励外迁到上海崇明县的移民安置后,“发扬云阳人艰苦创业的优良传统,到新的地方要服从领导,遵纪守法,搞好团结,建设自己美好新家园”。8 月 13 日 10 时,一声长笛,江渝 9 号专船满载 639 名移民从云阳港起航了。汽笛声在江面上阵阵回响,“再见了”“一路顺风”“请多保重”“常回家看看”,近处送行的亲人们,远处山坡上的乡亲们,都在向移民挥手致意。移民外迁专船顺江而下,沿途都可以看见这样感人的画面:认识的、不认识的,江边的、山上的,一簇簇的人群聚集起来,都不约而同地向船上的

依依不舍的移民向亲人挥手告别

移民挥手,互致问候。"再看一眼故乡吧,孩子。"一位姓曾的移民指着岸上绿树掩映下的一栋被拆了顶的房子,"我就住在那里,这是我家的老屋,从祖父那一辈传到现在,娃儿的爷爷、奶奶搬到他们的幺叔家去了。"突然一个熟悉的身影映入他的眼帘,那是他十几岁的娃儿,就站在前院坝上,可以看出他在努力控制住自己的感情,喊道:"山娃,我们走了,照顾好爷爷,奶奶!"船到龙洞乡的地段,移民自发地要求船长一路拉响汽笛。那长长的汽笛啊,是外迁移民向故乡最后的告别和祝福,汽笛一直这样响着,直到走完龙洞乡全境。"亲人啊,你们听到了吗? 那不是汽笛,那是我们639个移民的共鸣。"看到这个场面,我深深地体会到移民心里想的是故乡啊!

8月13日下午2点钟,船上的广播声响起了:"船要过三峡了。"听到这个消息,移民争先恐后来到船头,老人和小孩显得格外兴奋。雄伟壮丽的夔门,幽深秀美的巫峡,此时也轻轻地让开水路,注视着自己的儿女们走出家园。有几个年龄比较大的人在小声地讲:要不是外迁移民,我这一辈子都看不到这样好的三峡。江面上吹来习习清风,蓝天上飘着白云,太阳为移民洒下祝福的光芒。移民们一扫离情别愁,心情好,话也多了,话题中饱含着对故乡的深情,对今后生活的期盼。

"我看见大坝喽!"南溪镇移民如是说。8月13日下午5点钟,轮船经过三峡工程坝址三斗坪,移民们早已涌向船头,眺望火热的建设工地。三峡工程这个与三峡移民紧紧相连的宏伟工程,如今正以日新月异的面貌展现在世人面前。"我看见大坝喽!"一个个惊喜幼稚的声音从移民中发出来,只见一群移民小伙伴正拍着手又蹦又跳。南溪镇卫星村移民徐继波向我们谈起了他的心思:"看到三峡大坝,我们真的很自豪! 三峡工程是一项千秋伟业。这其中也凝聚了我们广大移民的奉献和牺牲。1998年抗洪抢险惊心动魄,我们在电视上也看到了,大道理我们懂,国不强则家不旺,没有大家,哪有小家。党中央、国务院从库区的实际出发,要求我们外迁,而且搬迁到好地方,对此,我们举双手拥护。大家都说:'三峡移民是世界级难题,我看只要我们移民人人都作一点贡献,难题就不难了。'"粟绍福(南溪镇卫星村2组移民,外迁时任镇移民办主任)靠着船舷动情地说:"卫星村离集镇最近,各方面的情况很不错,家里条件也比较好,我为什么要主动申请外迁呢? 因为我是一名基层干部,支持党委和政府的工作。干部不带头,又怎么去说服其他移民群众外迁? 我去上海崇明县实地考察过,沿途经过长江中下游,确实是一片富饶的平原,既是粮仓,又是鱼乡,更是经济发达地区,就是靠江堤支撑着城市、乡村的安全。三峡工程,一发电二防洪,彻底消除水患,这是大局。再说,崇明的条件比云阳好,发展有前途,我满意、放心,我是这样想的,也是这样向其他移民现身说法作宣传的。"多好的移民,多好的基层干部啊,但有谁知道,为了这批移民顺利安全外迁,南溪镇龙洞乡的干部艰辛工作几

个月的时间,身心极度疲劳,却不敢有丝毫懈怠。移民毕竟是普通人,既有朴实为国家作贡献的一面,也有狭隘自私的一面。少数人想借移民之机发国难财,稍有不合心意就找干部出气。但正是库区各级干部忍辱负重、艰苦工作,才组织起一批又一批、一船又一船的移民走出家园,奔向他乡。

8月15日深夜,停靠在武汉码头的江渝9号船上,一个婴儿的哭声惊醒了睡梦中的护送人员,原来是南溪镇最小的移民,刚出生一个月时间,母亲没有奶水了,带的奶粉也用完了,小孩断了粮,饿得一直哭闹。孩子的父母急得团团转,江渝船上的服务员满船到处找,还是没有找到奶粉。这时,一个移民听说小孩没有吃的,饿得直哭闹,他拿着一点白糖说:"这是路上给老人兑开水喝的,还剩这么一点,给孩子兑水喝吧,解决眼前的困难。"看到这个情景,我们既感动也十分着急,路途遥远,孩子天天要吃要喝,怎么办? 这时候我想到长江委,随即给长江委一位领导家里打私人电话请求支援,这位领导当即表示:明天一早派人把奶粉送到船上。16日早上5时,天刚蒙蒙亮,三个瓶子的奶粉送到了船上收发室,送奶人钱也未收转身上岸走了。当我们接到服务员送来的东西后,马上跑到船头,准备说声"谢谢"时,那位同志的车已经远去,消失在公路的尽头。孩子的父母接到服务员手里的三瓶奶粉之后,感动得掉下了眼泪。是啊,全国人民都在关心三峡移民,支持移民外迁。

江渝9号船顺江而下,到了江苏南通,与上海越来越近,江面也越来越宽,移民们欢呼雀跃,显得十分高兴和大方,没有了山里人的拘谨。这个时候,上海三峡办计培钧处长来到移民中间,向移民介绍了崇明县的基本情况、地理环境、主要农作物、民俗风情、村民的生活习惯,同时也给移民带来了大好消息:"在你们到来之前,150户每户一幢小洋楼建设完工,经过专业机构验收全部合格,你们的承包地自留地都种上了粮食蔬菜,长得很好,只等你们收获。水泥路通到每个移民安置点,每个移民家庭还置备有灶、锅、碗、瓢、盆、桌椅板凳、油盐酱醋、肥皂、洗衣粉、香皂、牙膏等多种日常用品。"听了他的介绍,移民们倍感温暖和亲切,情绪越来越高涨,问这问那,计处长满脸笑意,给移民们一一作了回答,移民喜在心里笑在脸上。

8月16日下午,距离崇明县南门码头只有一个多小时的航程了,移民按捺不住内心的喜悦和激动,平时没有多少话说的农民们此时却有着说不完的话。你问我到新家有什么打算,我问你到新家外出打不打工。入党多年,已70多岁的老党员张怒森深情地说:"我首先是到村党支部,接上组织关系。然后像家乡一样,做好乡亲们的思想工作,同本地村民搞好团结,建立新的邻里关系,在当地党委、政府的领导下,发挥一个共产党员应有的先锋模范作用,为建设新的家乡的两个文明出力献策,作出自己应有的贡献。"

曾宏明(龙洞乡龙槽村19组组长)在接受新华社记者代群采访时说:"上海是个好地方,要不是外迁,做梦我也不可能到崇明来安家,今天已经成了上海崇明人,应该以主人翁的姿态继续发扬过去那种艰苦奋斗的精神,再建美好家园。"

江渝9号船属于三星级文明船。接到运输移民的任务后,他们在各个岗位上都安排了技术一流的人员,船长、政委带头值班,全体船员发挥超常规服务,热情服务移民,真情照顾船上的老弱幼移民。组织船员与移民联欢,消除旅途的寂寞,把移民当亲人,处处体现温暖和亲情,以实际行动支持外迁移民工作,移民们自发地点歌感谢全体船员。

8月16日晚上9时,江渝9号在崇明县南门码头停靠了,天已经黑了,对面上海市区的灯很亮,根据安排,移民们就在船室休息。

8月17日上午8时,移民们已经站在船栏杆边,满脸笑容,指着岸上好像在说着什么。我顺着他们指的方向一看,崇明县各个镇的志愿者手持指示牌已经在岸边排成两行,期待着新邻居的到来,由少年儿童手执的一条"热烈欢迎三峡

同胞来崇明落户"巨幅红色标语格外醒目,格外亲切。先期到达的国家三建委、国家移民局、重庆市、云阳县的领导同上海市委、市政府的领导早早来到现场。

8月17日上午8时30分,历史将永远铭记这一时刻。上海市欢迎首批三峡移民落户崇明县的仪式在崇明南门码头广场隆重举行,上海市三峡移民办主任张祥明同志主持大会,国家三建委副主任郭树言讲话,上海市、重庆市领导相继致辞和讲话,移民代表徐继波发言。欢迎仪式简短精干,热烈隆重。

仪式结束后,武警战士、公安干警、志愿者服务队义务为移民搬运物资上车。移民们按照安置地顺序坐上了大巴车,同他们的物资一道向安置地的新居前行。

上海市民欢迎新邻居的到来

作为三峡库区从事移民工作,并与首批639名移民同行到崇明县的工作人员,无不为党中央、国务院的英明决策所感动;无不为三峡库区党员干部一心为移民艰苦卓绝的工作所感动;无不为上海市各级党委、政府的领导以及党员干部、人民群众认真负责安置移民的精神所感动;无不为武警官兵、公安干警、新闻

工作者、志愿者和全国各条战线通力协作、情系移民的服务精神所感动;无不为
外迁移民奉献家园、支援三峡工程建设的壮举所感动……

十六年过去了,当年外迁到上海 1305 户 5509 人的云阳移民,分布在上海 7
个区县、62 个乡镇、520 个安置点上,同当地村民亲密一家,融为一体,在新家乡
生根开花结果。如今已有 2930 名移民实现非农岗位就业;68 名移民女青年与
当地男青年结为伉俪;移民子女中有 73 人考上中专,24 人考上大专,17 人考上
大学本科……移民看到了未来,看到了希望。实践证明,当时党中央、国务院提
出的"库区部分农村移民外迁 11 个省市进行安置"的决策是英明的,如今完全
实现了"迁得出、安得稳、逐步能致富"的目标要求。

娄修权，1951 年 3 月生。1994 年 9 月至 1995 年 6 月，任四川省万县市五桥区区长助理，上海市第一批援三峡干部。1995 年 6 月至 2011 年 3 月，先后担任嘉定区江桥镇党委副书记，真新街道党工委副书记，嘉定镇街道办事处主任、调研员等职。

心系三峡情谊长

口述：娄修权
整理：许红兵
时间：2017年8月12日

1994年4月,国务院三峡工程建设委员会下发了《关于深入开展对口支援三峡工程库区移民工作意见》,根据上海市委、市政府的安排,嘉定区同三峡库区中的四川省万县市五桥区确立了对口支援关系。1994年5月,嘉定区委组织部决定本人作为赴三峡对口支援万县市五桥地区挂职干部,同年9月7日,我挂职到万县市五桥区任区长助理,次年6月,因女儿在家发生煤气中毒意外事故,组织为了照顾我,结束挂职提前返沪。在五桥挂职时间虽然只有九个月,实际参与对口支援工作也就一年的时间,时间相对短暂,但当年的风风雨雨留给我太多的回忆与感慨。

一份充满感情的回忆

1994年5月,我奉命到一个人、地、工作都生疏的新岗位工作,自感困难将是不少的。因此,我首先从摸基本情况入手:一是正式挂职前主动摸基本情况。先后于5月在嘉定参与接待五桥区委吴书记所率的代表团,6月到万县参加了

旅游招商会,7月参加上海市政府向五桥、宜昌两地赠车的代表团,8月与嘉定希望办代表到五桥赠送"1+1"希望款,通过听(介绍)、问(情况)、看(材料、文件、实地考察)等,对五桥区的基本情况有了粗略的了解。二是在挂职期间边工作边深入了解情况。我较详细地了解了五桥的经济和社会发展现状,对口支援、移民安置的内容、任务、重点等。现在回顾这些基本情况的了解,是自己履行职责、执行工作任务的必要"本钱"。

任何工作,宣传的效应十分重要。对口支援工作也不例外。除了有行有果地办实事、谈项目外,广泛的宣传不失为一种无形而有效的支援工作。"见人便宣传,全凭嘴和纸。"一年来的宣传造舆论主要从双向和横向多方面进行。一是利用回沪机会,如实而不夸张地宣传五桥面临的困难、五桥发展的前景、五桥迫切需要帮助支援的重点等,让更多的上海嘉定区领导、朋友们了解对口支援三峡库区建设的重大意义,了解上海嘉定区重点支援五桥的责任和义务,争取各级各方面领导、各界人士的关心和支持。二是借助在五桥挂职的便利,坦诚而不炫耀地宣传上海、嘉定在改革开放以来的变化。特别是传达邓小平同志南巡讲话后干部的思想观念更新,各部门服从、服务中心,用好改革和转变作风,加快经济发展步伐等方面,向五桥的领导和同志们一一介绍,以求能有有益的启示。三是抓住参与接待各地各方面来访人员的机会,发挥"外来者"特殊身份的作用,将五桥领导希望介绍而又不便启齿的内容融于自己在五桥工作的体会、感受之中,向宁波、重庆乃至有关的领导做适度的宣传,可以说这样的"言多必失",失的是私,得的是公。与此同时,自己还将收到的"五桥简介""投资材料""优惠政策"等通过上海朋友的帮助,复印了数十份,向一些需要进一步了解五桥的中外客商、朋友们送发,又通过嘉定区委政研室等有关部门和同志的帮助,收集了一批沿海开放的政策汇编、招商投资指南等较有参考价值的文件材料,给五桥区的领导参阅。"嘴"和"纸"在开展对口支援工作中发挥了不小的作用。

1995 年 6 月,娄修权(左二)和第二批援三峡干部张国龙(右三)等合影

　　协调落实项目,是促进当地培养经济增长点的举措,也是实实在在支援的必要。一年来,在项目跟踪上的工作是较为艰巨的。我先后与上海近十家中外客商开展了联络、协调,又为五桥的合作、载体顺利"结缘"出主意想办法,为上海三联汽车线束公司和五桥联办线束项目起到了推动和促进作用,也为嘉定援建五桥区中心这一项目的落实作了前期考察和准备工作。在双方的努力下,这有关经济和社会事业的两个项目终于在 4 月 4 日正式签署。同时,我也从五桥的实际出发,还在牵线建材、汽车维修和养殖业的项目,由于时间关系,只能将此提供接任的同志参考。

　　当好领导参谋,找准定位。在五桥当区长助理,一是便利开展工作的需要,

二是实实在在地协助了一些事务,自己成了上海嘉定区和五桥两地间的通讯员、联络员、宣传员和战斗员。一年来,先后以电话传真和信函、口头的多种形式,经常负责互通两地对口支援方面的重要信息,主动积极地搞好协调和联络工作。同时我也为领导的决策做了些应做的工作。例如,1994年底为上海市政府协作办写了新一年对口支援五桥的建议,为五桥区逐步理顺对口支援工作写了工作意见,组成了工作网络,建立了统计台账。参与了不少来访人员的接待和部分项目的洽谈评审,提出了自己的见解,不少方面的意见被领导采纳。工作中也十分注意到位而不越位,任职而谋其政,负好责。

一个险象环生的接车故事

1995年初,我从万县回沪述职接受了一个任务,为五桥区购买一辆普桑小车,并安全接回去。别以为这是件易事,在当时却是不小的难事。既要尽快买到车,又要省去派人接车的一切费用。回沪后,我通过当时的区协作办等协调,很快办妥了购车手续,并及时提出(上海大众公司在嘉定区内)。经过深思熟虑,我提出了一个方案,并向时任区委常委、区公安分局局长王建翔作了汇报。王局长当即决定,派我的专职司机杨建祥(曾是我的学驾驶的师傅)与我一起驾车去万县,并破例"违规"暂借一副"GA"公安车牌挂在车上,以确保一路少遇麻烦事。1995年2月21日,我们两人正式启程。原本计算三天两夜的行程,足足行了四天三夜。起初一路顺畅,汽车行驶在水泥、沥青公路上,很快就转入坑坑洼洼、颠簸不平的碎石路,满天飞尘,越走越难走。我俩日夜兼程,每晚12时许,才找个路边小客栈过夜。第三天,当车翻过大别山,经过湖北利川,进入恩施山区,难事来临。车沿着蜿蜒的山路向前开,气温骤降,只见树上的冰凌越来越长,有的达到50厘米以上,车刚到山顶,路面已结了厚厚一层冰,车上不去,打滑横走,十分危险,稍有不慎就有滑下悬崖的危险。我赶紧下车,找了石块垫在轮胎下。

就在这时,一位只露出双眼的农民打扮的中年男子,身背大小铁链走了过来,告诉我们车轮必须拴上防滑链才能动。我俩只好花280元从那农民处买了一副防滑链。那农民十分憨厚,拴好防滑链,还当了回向导,将我们安全带出了这个"死亡山顶"。刚下山,夜幕降临,险情再生,道路越来越窄,又出现了一段很长的冰路,一边是峭壁,一边是悬崖,只凭汽车近光灯慢慢前行,车子不时地出现车轮空转、甩尾以及向坡下溜滑等现象,杨建祥赶紧叫我挂一挡,不能刹车。我高度紧张,后背出了一身汗,汽车龟行了两个多小时才走出这条"魔鬼山道"。见前方有个稀疏灯光的小镇,我们决定停下休息一下。于是,我俩敲开了一家小客栈住了下来。回想刚才一幕,我俩感觉像是劫后余生,死里逃生。对坐在火炉旁,越想越怕,毕竟随时可能车毁人亡。这一夜,怎么也没有困意了,我叫房东弄了点吃的,师徒以水代酒,互贺安然。第四天,天刚发白,我们就又启程了。一路颠簸,终于在晨光中驶进了五桥区龙溪镇,我通过电话向区领导报告了所到方位。当夜,这辆被一路尘埃蒙得已看不出枣红色的轿车驶入了临时区政府。

一份沉甸甸的"嘉定答卷"

1994年4月至2004年末,在对口支援五桥地区的工作中,嘉定区共开展各类合作、支援项目40个,投入金额727万元,受益人员达5715名。1994年到2003年期间,通过组织有形有果、立时见效的"硬件"支援和进行渐进缓变、战略效应的"软件"支援相结合,促进五桥地区经济的全面发展。在硬件支援上,嘉定区援建五桥希望小学、保健中心、老年活动中心、移民示范村(五个一工程)、农贸市场、沿江公路等项目,资金投入约550万元。在软件支援上,则是采取开设乡镇局级干部培训班、挂职锻炼、支教支医、劳务和技术交流以及土特产交易和市场开发等方式促进库区发展。先后派遣三名干部赴五桥挂职;为五桥地区培训各类人员1700多名。2004年,嘉定区进一步扩大落实了对重庆五桥地区

的各项支援经费 235 万元。另外,嘉定区根据历年对口支援的项目,安排完善资金 50 万元,8 月份再增加了 25 万元支援经费;万州地区遭受洪水灾害后,嘉定区又支援经费 10 万元。并在当地注册设立了万州农副产品上海经销公司,协调了当地农副产品进入上海集贸市场。

嘉定区在万州区坚持了 10 年的爱心助学活动

从 2002 年开始,嘉定区还积极创造条件,全力以赴做好重庆库区移民落户安置工作。至 2004 年,嘉定区移民落户共 183 户 736 人,做到"不少一人,不伤一人,不少一件",圆满完成了移民搬迁任务。共组织出动货运车 150 余辆,大小客车 40 余辆,出动 600 余名工作人员,其中解放军和武警官兵 200 余名。因成绩突出,1999 年和 2001 年,嘉定区人民政府和区协作办先后被评为上海市对口支援先进单位。2004 年,援建任务结束后,嘉定区与万州区结为友好城区,嘉定区每年拨款 30 万元,在万州区开展"爱心助学"活动,用于资助贫困家庭的大学生,此活动一直延续至 2015 年,共资助了近 900 名贫困学生。

时光荏苒,很多记忆已模糊,我始终能为参与支援三峡库区建设而感到光荣,我与三峡库区的情谊将源远流长。

徐正康（右），1958 年 1 月生。1994 年 9 月至 1995 年 9 月，任四川省万县市五桥区区长助理，上海市第一批援三峡干部。现任宝山城市工业园区正处调研员。

丁志国（中），1952 年 11 月生。1995 年 9 月至 1996 年 9 月，任四川省万县市五桥区区长助理，上海市第二批援三峡干部。1996 年 11 月至 2012 年 11 月，先后任宝山区技术监督局副局长，宝山区物价局副局长、副调研员等职。

陆惠平（左），1965 年 1 月生。1996 年 9 月至 1997 年 9 月，任四川省万县市五桥区区长助理，上海市第三批援三峡干部。1998 年 3 月至 2005 年 5 月，先后担任宝山区淞南镇副镇长，宝山区泗塘新村街道办公室副主任等职。现任宝山航运经济发展区招商分部总经理。

对口支援接力棒
薪火相传三兄弟

口述：徐正康　丁志国　陆惠平

整理：周文吉　姜　楠

时间：2017 年 7 月 17 日

　　万州区位于重庆东北部，处三峡库区腹心，区位独特，是成渝城市群沿江城市带区域中心城市。万州区五桥移民开发区沿革于原四川省万县市五桥区，是1993 年为适应三峡库区移民安置需要，经国务院批准而设置的县级行政区。重庆成为直辖市后，当地更名为五桥移民开发区，为万州区的派出机构。开发区下辖 36 个乡镇（街道），总人口 58 万，辖区面积 1718 平方公里，是万州区地域最宽、资源最丰富、人口最多、发展前景最广阔的片区。1994 年 7 月，为了帮助三峡地区组成运输车队，直接为移民工程服务，嘉定、闵行、宝山、静安、黄浦、卢湾六区政府共同出资，捐赠 20 辆东风牌 5 吨卡车开进万县五桥区和宜昌夷陵区，用实际行动拉开了上海对口支援三峡移民工作的序幕。

　　然而，在上海发出对口支援三峡工程移民的号召后，我们作为宝山区援三峡干部先后踏足这片山区时，五桥却是另一番景象——艰难困苦的环境、贫穷薄弱

的基础和千头万绪的工作。万事开头难！我们有充分的心理准备和"披荆斩棘"的干劲。上海对口支援三峡的最初几年,我们三人在磨砺中有成长、有收获。历经数任援外干部的接力相传,五桥才有了如今的蓬勃发展。

第一棒:徐正康

五桥是一个比较特殊的地区,山区地形,居民以发展农业为生,是全国贫困县之一。我初到五桥时,当地还保持着以物易物的商品交换方式,让人印象深刻。经过长期对口支援工作的开展,2016年援外干部再赴五桥时,当地的变化已经非常大。地区内的农业规划发展形势喜人,整体经济情况有了极大改善。

作为第一批到五桥的援三峡干部,我到任时,办公条件十分艰苦。区里没有固定的办公场所,办公室是临时借用的:区政府借用粮管所;区委则依托一家企业进行办公,使用的砖瓦房有些像危房,雨天办公地点外的道路非常泥泞;区政府和区委分散办公,效率不高。区政府在江南,大部分机关干部和我们援外干部都住在江北宿舍,上下班需要过江。从江北摆渡到江南,轮渡要一班班地等,路上要花费两三个小时,天蒙蒙亮就要出门。重庆夏天的天气非常炎热,宿舍里没有空调,只有一个电风扇。我们采取土办法,在地上浇水降温,或者索性把凉席往水泥地上一扔打起了地铺。

对于生活条件和办公条件的艰苦,我们毫无怨言。我们深知,对口支援工作就是到国家最需要我们的地方,为老百姓做实事,为当地发展做实事。五桥区就是因为发展情况落后,才更加需要我们,而我们的任务就是尽最大能力改善当地条件。

五桥主要是山区,最远横穿318国道,一直到与湖北利川恩施的地方交界处。318国道经常塌方,车祸时有发生。虽然落后的交通条件给工作开展带来诸多不便,但艰苦的条件往往蕴含着发展的机遇。交通条件差,路况不好,汽车轮胎磨损严重,我们便想点子,由宝山区横沙乡以技术合作为手段,与五桥区联合投资 185 万元,成立轮胎翻新厂,专门进行轮胎翻新及再利用。项目得到了三峡基金的支持,在宝山区协作办的牵线搭桥下最终完成。虽然项目后期运作由于民营企业的介入事情繁多,但这个"造血型"项目依然给当地的工业发展带来了一抹亮色,而因地制宜也成为工业发展的主线。另外,我还主动联络宝钢总厂,由他们安置 30 多名轮换工,成为第一批来上海工作的三峡移民。

对口支援期间,挂职干部带去了上海先进的发展理念。我们让发展的快节奏取代了原来五桥人民生活的慢节奏,使五桥的开放度持续提高。

第二棒:丁志国

到任五桥之前,我时任长兴乡副乡长,积累了一定的工作经验。触类旁通的缘故,我对五桥的工农业发展、医疗、教育等方面也有着自己的一些考量和计划。

援建无非是从项目、资金、技术、人才和政策方面着手,而我到任后首要解决的问题就是办公楼的建造。第一批援三峡的徐正康也提到过,当地区委、区政府的办公条件,由于场地局限造成效率不高。对于办公区域的具体情况,我们做了一些针对性的调研工作,并向区委书记提出:新区不具备高效的办公设施及条件,建议新建办公楼。在得到上海市政府协作办的支持和资金上的落实后,经过长期准备工作,项目顺利启动。开发区政府也为改造工作环境添砖加瓦,增添了大量办公设施。

五桥经济以农业生产为主。宝山区蔬菜办根据五桥区农业的实际情况,积极推进农副产品品种改良和种植技术的援助,无偿提供技术支持,将上海市名特优的黄瓜、番茄、青菜种子到五桥区试种,并获得成功。为了让当地农副产品可以运到上海销售,我们在月浦镇和龙驹镇设置了联络处。此后,农产品源源不断运到上海,形成完整的生产与销售链条,为五桥区农业的发展打开新的局面。为了能够让大量的剩余劳动力转化为生产力,我们还牵线让青壮年去往月浦镇工作,这样一来,劳动力也得到了更加充分有效的利用。

医疗卫生事业关系到人民群众的身体健康和生活质量,不容忽视。我去五桥前夕,宝山区卫生局曾将心动分析仪、脑细胞分析仪等设备送到五桥。区领导带着这批设备来到五桥,发现当地区级医疗机构一片空白,立刻决定免费为五桥培养五名医疗学科带头人。后来,这五名学科带头人都成了万州第五人民医院的顶梁柱,为五桥创建人民医院奠定了坚实的人才基础。为了保证五桥卫生事业的持续发展,宝山区还坚持每年为五桥培养卫生技术人员,并派出医疗队到五桥现场指导医务工作。医疗队深入农村和移民家庭进行救治,解决了不少疑难杂症。在地方援建的医疗卫生建设中,我们始终秉承着项目和资金优先的原则,任何项目只要立项并有稳定的对口资金来源,就会优先开始实施,绝不耽搁。

"再穷不能穷教育",教育是培育人才、提高人口素质、增强智力支持保障的重要方式。我想,如果能整合教育资源,发展五桥区的教育事业,那么当地就有了长足发展的动力。

飞士幼儿园的改建项目是我们关爱孩子成长迈出的一步。通过上海宝山飞士工贸实业总公司的资助,以及上海对口人才的培养计划,幼儿园的教学设备和师资慢慢发展起来,在硬件和软件上都上了一个台阶。

除了幼儿园之外,我们还在小学、中学的建设方面做了很大努力。当时协作办也非常支持,经我们先后牵线搭桥的项目主要还有龙驹镇小学、赶场乡民科小学及凉水乡中学的希望工程捐款,捐款金额共计70余万元。

宝山区月浦镇镇长是我的老朋友,经过我的协调联络,1995年11月,他带着镇企业负责人和村书记主任等五六十人的代表团到万州区考察。当时,龙驹镇是五桥区最偏僻的镇,地理位置靠近湖北恩施,来考察的时候318国道相当难走,时不时发生点滑坡。当代表团费尽千辛万苦到达龙驹镇希望小学时,纷纷表示:学校贫困的环境让人震撼,而孩子们天真和期盼的眼神让人动容。上百个孩子跟我们结了对子,资助工作有序开展着,到现在有些孩子还和结对人保持着联络。

合作项目也传来喜报,1996 年 6 月,首家合资项目——由上海白猫有限公司与四川省五一日化实业总公司共同组建,注册资本达 7400 万元、安置移民1451 人的白猫(四川)有限公司(后来更名为白猫(重庆)有限公司)正式开业,并带动包装、原料、运输等行业快速发展,被誉为"白猫"效应。

白猫(重庆)有限公司

第三棒:陆惠平

经过前两批援建干部的开拓性工作,上海市宝山区对口支援三峡工作已是硕果累累,第三批到五桥的我有点"后人乘凉"的感觉。

在幼儿教育方面,我在任期间,丁志国牵线搭桥的飞士幼儿园正在热火朝天

地建设。这家幼儿园由上海宝山飞士工贸实业总公司援建，总投资 400 多万元，占地面积 5300 平方米。1998 年，飞士幼儿园建成挂牌，是万州五桥规模最大、设施先进、管理科学、师资精良的公办幼儿园。如今，它已经是重庆市的示范幼儿园，在重庆市内很有名气。希望工程的捐款工作也有序进行，其中在淞南镇和白羊镇的结对资助活动，每年有将近 15 万元的投入。

在医疗卫生方面，宝山区不断向当地捐助各种先进医疗设备和仪器，健全完备的医疗设备也是医疗卫生事业重要的组成部分。1998 年，宝山区卫生局组织宝山中心医院、大场医院、罗店医院援助 31 件医疗设备，为五桥人民医院从乡镇卫生院升格为人民医院奠定了良好的硬件基础。2002 年，宝山区又援助 20 万元为人民医院添置检验室、手术室等医疗设备，提高了人民医院的诊断水平。同时，宝山区卫生局持续为当地资助培训大量医务人员，并不断将先进的医疗事业改革观念、方法措施带给五桥。人才和设备双管齐下，医疗帮扶争取从"输血型"转换到"造血型"。

在人才培训方面，1996 年 12 月，由上海三峡基金和宝山区、黄浦区、卢湾区政府共同出资 300 万元，首个援建项目"五桥区移民培训中心"竣工并交付使用，为五桥移民的安置拓展提供人才和劳务培训场地。

在文化广电方面，我们牵线对口项目，大量捐赠摄像机及广播设备，促进当地广播电视事业的发展。在扶贫开发方面，一方面加强办公设施建设和管理，建设办公用地及配套设施；另一方面花费大力气，着力增强造血型援助的比例，配套输血型援助，真正做到"授人以鱼不如授人以渔"。

在经济合作方面，宝山水泥厂以技术输出为主要手段，支援白帝水泥厂建设，使该厂的生产规模从原来的年产 5 万吨，迅速扩大到年产 15 万吨。

援建路、风雨路，尤其是对于五桥区这样一个发展基点比较低的地区，对口支援工作绝非一帆风顺。这些年的援三峡工作有力促进了五桥的城镇化发展，

宝山飞士工贸实业总公司援建的飞士幼儿园

可以说,没有对口支援,就没有五桥移民新城的现代形象。直到现在,我们还和五桥当地的干部群众保持着良好的沟通和联络。

　　当年支援五桥,怀揣着一份沉甸甸的责任;到任工作,前赴后继的缘分又让我们有着共同的话题。光阴荏苒,一去经年,那份为人民踏实做事、为国家发展助力的热忱,也随着那段时光,一起注入永恒的记忆。

　　回眸一瞬,仍熠熠生辉。

杨建华，1963 年 12 月生。1995 年 9 月至 1996 年 9 月，任湖北省宜昌市宜昌县县长助理，上海市第二批援三峡干部。现任闵行区梅陇镇党委书记。中共闵行区委第五届、第六届委员，闵行区政协第三届、第四届委员。

三峡建设的后盾　移民就业的靠山

口述：杨建华

时间：2016 年 12 月 10 日

　　1995 年到 2016 年,已经二十一年过去了,我无限怀念那些与三峡有关的日子:那是一个百万三峡儿女惜别故土"舍小家,为国家"的年代,那是一个广大共产党员和移民干部"宁可苦自己,绝不误移民"的年代,那是一个广大移民乡亲艰苦奋斗再创新业的年代,那是一个举国上下团结一心对口支援三峡的年代,那是一个彰显赤子深情、诠释公仆情怀、体现拼搏精神、饱含民族情义的时代!

　　20 世纪 90 年代,长江三峡水利枢纽工程动工兴建,国务院号召全国对三峡地区实行对口支援。我当时所在的上海市闵行区广播电视局以及后来所在单位劳动和社会保障局都积极响应党中央、国务院以及市委、市政府关于对口支援三峡工程库区移民的号召。作为局党组成员,我深感责任重大,义不容辞。于是,1995 年 9 月,我怀着满腔热情来到宜昌市宜昌县挂职锻炼,担任县长助理。宜昌县(现为夷陵区)地处三峡坝区,全区 3800 平方公里,人口 57 万,其中 3.8 万是坝区移民。当时,三峡移民"迁得出"的问题已经得到解决,但是如何让移民"安得稳、逐步能致富"成为当时的又一难题。

想方设法解难题

夷陵区是闵行区首个对口支援地区，1993 年，闵行区政府提出对口支援夷陵区要以"优先考虑安排移民，利用当地资源，抓好有市场、有效益项目"为任务。闵行区广播电视局以及劳动和社会保障局都高度重视这一任务，从实际出发，对夷陵区务工人员实行"两优两免"政策，即优先提供用工信息，优先介绍到效益好的企业；对移民和下岗失业人员来上海务工的，免收再就业基金，鼓励企业尽量使用来自夷陵区的务工人员。当然，万事开头难。起初，在与闵行区一些企业协商接纳夷陵区务工人员到本地就业时，遭到一些阻力。一方面是企业不了解夷陵区劳动力素质情况，怕他们没有相关的工作技能，更重要的是怕麻烦，怕他们不适应这边城市的生活和节奏，从而影响工作进度。

为了准确、全面地了解夷陵区劳动力情况，我带领闵行区外地劳动力管理所（以下简称外劳所）、闵行各镇劳动服务所、企业人力资源部负责人到夷陵区实地考察，对当地务工人员进行一次深入的了解。结果显示，取得的成效也是明显的。在与当地政府、劳动部门以及务工人员面对面沟通、交流之后，企业负责人发现了他们勤劳、能吃苦、乐于奉献的优秀品格，有些企业当即表示愿意合作，有些企业则在当地安排劳动力就地办公。最终，在多方面的努力下，当时闵行区需要用工的企业基本都对夷陵区移民务工人员敞开了大门。

固本强基谋求新发展

保障移民"安得稳"，解决就业还只是"输血"工程，更重要的是如何通过"造血"促进夷陵区加强自身发展。我在局相关领导的支持和关心下，积极协调整合闵行区乃至上海市的资源，筹建三斗坪希望小学，并与闵行区共青团联手开展"帮困助学"活动；开展结对帮困，并在各方面条件都相当困难的情况

下筹建县职业技能培训学校；与夷陵区旅游局策划制定夷陵区十年旅游发展
计划，并积极寻求上海复旦大学等平台的配合；全力组织当地企业来上海招
商，并协助举办商品新闻发布会，拓展夷陵区的商业资源，以促进当地就业；此
外，我还协调组织了夷陵区乡镇领导干部来上海挂职锻炼，进一步加强上海与
夷陵区的沟通、交流。

三斗坪闵行希望小学竣工典礼

将对口支援纳入日常工作

我在夷陵区挂职锻炼实际只有 13 个月，但是回沪之后，我仍然关注并支持
夷陵区三峡移民的就业安置工作。2001 年，我担任劳动和社会保障局副局长，
就把接收安置宜昌市夷陵区移民、夷陵区下岗失业人员和农村剩余劳动力的就

业安置工作纳入常规工作,从细微处抓起,要求年初有计划、年中有检查、年底有总结,每年不定期召开两至三次专题办公会议,及时发现和解决务工、用工中出现的问题。

比如,为了畅通闵行区与夷陵区的劳务信息,闵行区劳动和社会保障局与夷陵区劳动局积极协商,成立了"夷陵区驻上海联络处",由夷陵区劳动就业局副局长黄文松同志担任联络处主任,并且免费提供办公及住宿场所,免费给工作人员提供午餐,配置彩电、空调、微机、桌机及办公用品。之后凡是局里召开企业负责人和人力资源部负责人会议,我都请联络处的同志一道参与,以便及时了解掌握企业生产和用工情况。另一方面,闵行区外劳所的领导也经常带领联络处的同志到企业去交流,以提升夷陵区务工人员的就业率。

对口支援就是对口服务

我觉得对口支援就是对口服务。夷陵人千里迢迢来到上海打工挣钱不容易,我们的任务就是不拒细微,尽心尽力为他们排忧解难。因而,我也比较注重从细微处加强对夷陵区务工人员的关怀。比如,当时就要求凡是进出上海的夷陵区务工人员,都由企业安排车辆到火车站接送,并要求接纳移民的企业,尽量为他们提供住宿,以此减轻务工人员的经济负担。我记得,当时上海恒诺微电子有限公司腾出仓库作为住房,还花费一万多元购置床及日常用品。

还记得2001年3月,上海龙凤食品有限公司对外地务工人员实行轮换,夷陵区一些务工人员也在轮换之列。我与外劳所立即联系其他企业,把60多人分别安置到上海四合不锈钢有限公司、上海大霸实业公司和上海亚细亚陶瓷有限公司等企业继续就业。2002年4月,在上海华汇机电有限公司务工的宜昌青年刘荣,上班时替同事操作车床,被轧掉一根手指头,由于刘荣串岗,公司不作工伤处理。得知这一情况后,我立即派人与联络处同志一道到该公司进行多次协商,最终,根据有关规定确认刘荣为工伤,支付了刘荣6500元工伤补助费。2005年,在上海恒诺微电子有限公司务工的夷陵区移民高桂芳突发精神病,联络处的同志带着她跑了几家医院求治,但是医院担心外地人进院后无人管理而不愿接收。我得知情况后,立即出面担保,高桂芳顺利住进了医院,得到了及时的救治,病情也迅速好转。

"授人以鱼不如授之以渔"

逐渐地,我意识到,对夷陵区的支援,不能仅仅停留在物质上的帮扶,要"授之以渔",将对口支援"引资"向"引智"延伸,因此,我将帮扶的范围拓宽至转变思想、更新观念、增长才干上。一方面,扶持夷陵区劳动创建移民培训基地。自1999年至2003年,共拨款320万元,用于基地建设、培训器材的购置以及农村富余劳动力的培训。另一方面,根据企业的需要制定务工人员的技能培训方案,按照企业需要什么就学什么,学什么就做什么的原则,开展定向培训。一是进行专业技能培训,先后开设缝纫、针织、电焊、宾馆服务、电子、沙发包皮等8个专业,由各企业安排技术骨干担任培训老师,学员考试合格后安排上岗。二是进行就业基本常识的培训。按照现代化大生产的要求,从劳动纪律、安全生产常识、企业内部管理惯例以及上海风俗习惯等方面培训,以增强他们的适应力。三是进行有关法律法规的培训,提高他们遵纪守法的自觉性和依法保护自身合法权益的能力。

通过一系列培训和服务措施的落实,来闵行区务工的夷陵人员出现了三个明显提高。一是员工素质明显提高。无论是专业技能还是综合素质,都能适应企业发展的要求。在务工人员中,已有1人担任分公司经理,1人担任总经理助理,25人成了主管,80多人当上了办公室文职人员、线长或者领班,10多人在上海安家落户,50多人自学取得了大专以上学历。二是员工的劳务收入明显提

高。有60%的人员月收入在千元以上。三是企业对夷陵区务工人员的满意度和信任感明显提高。逐渐地，夷陵区劳务人员也越来越受到上海企业的欢迎，甚至许多企业表示要与夷陵区建立长期合作关系。

多年来，我始终坚持"帮助夷陵区办几件实事"的原则，通过努力，对口支援三峡夷陵区取得了一些实效，也得到了国务院三峡办和市政府的充分肯定。2002年，国务院对口支援的杂志上，以"黄浦江畔三峡情"为题，介绍了闵行区劳动和社会保障局对口支援三峡的一些做法。同年6月，夷陵区常务副区长代表区政府和全区人民专程到上海对闵行劳动和社会保障局表示感谢，并赠送钢匾，铸有"三峡建设的后盾，移民就业的靠山"十四个大字。同时，我个人在2005年也获得了"上海市对口支援工作先进个人"称号，2006年被国家劳动部授予全国

柴埠溪大峡谷风景区

劳动保障系统一等功。这些荣誉的取得,凝聚了闵行区政府、相关领导、入驻在闵行的企业以及社会各界人士对夷陵区人民的关怀,同时也让我倍感欣慰,欣慰于自己为夷陵区百姓确确实实做了几件实事。

时光荏苒,岁月如梭,转眼已过去了二十余年,但是这段宝贵的经历却历久弥新。这既是对我工作的锻炼,也是丰富我人生阅历的重要一篇。我会永远珍藏这份记忆,并将继续关心、关注夷陵区事业的发展,祝愿两地人民幸福安康!愿黄浦江畔,三峡两岸,"沪宜"牵手话情长。

【口述前记】————

　　桂绍强，1953 年 3 月生。1996 年 9 月至 1997 年 9 月，任湖北省宜昌市宜昌县县长助理，上海市第三批援三峡干部。1997 年 9 月至 2001 年 5 月，任静安区政府协作办公室副主任。2001 年 5 月至 2002 年 5 月，任静安区安全生产监察局副局长。2002 年 5 月至 2012 年 1 月，任静安区政府合作交流办公室主任、党组书记。2012 年 1 月至 2013 年 3 月，任静安区政府合作交流办调研员，长期从事合作交流与对口支援工作。

心手相连　情暖夷陵

口述：桂绍强
采访：周文吉
整理：周文吉
时间：2017 年 8 月 10 日

一年援三峡，弹指一挥间；进入新世纪，对口支援近十年，如白驹过隙。

长江三峡工程宏伟浩大、举世瞩目，工程的兴建牵动着千万民众的心。回想当年，我曾有幸随时任上海市领导的孟建柱及几位区领导到三峡考察。为了三峡工程能早日蓄水、发电和通航，当地居民远离故土，这种顾大局、识大体的举动深深感动了我。那时，我在静安区协作办（现合作交流办）工作，就想着要为移民生活改善和库区发展尽力。国家发出对口支援三峡工程移民的号召后，我便主动报名，被组织安排到湖北省宜昌县挂职。1996 年 9 月，我来到宜昌任县长助理，促进对口支援，帮助当地经济建设和社会管理。

一切为孩子

满怀热情而来，可真正到了县里，我能为他们做什么？怎么做？这俨然成了

新课题。为了能尽快开展工作,我先从调研入手,请县三峡办同志陪同,下乡了解情况。路况险恶,山路十八弯,记得有次过桥时,我们的车差点被一辆运载矿石的大卡车撞下桥。调研的面比较宽,我们走乡访村步履匆匆,收集了很多一线资料,对当地的真实情况有了具体了解。

在下堡坪乡走访时,蛟龙寺小学的窘境让我放缓了脚步。这是怎样的一种景象!泥土垒的校舍因年久失修已成了危房;窗户只有一点点大,风一吹,窗子和房子都在响,遇上下雨还到处漏水。这个人均年收入只有1100元左右的贫困乡根本拿不出钱来修缮学校。望着在光线昏暗的教室里坚持学习的孩子们,我不由想起正在上海读小学的女儿。都说小学生是祖国的花朵,然而两地孩子学习环境的天差地别让我默默心痛。一定要为这群生活艰辛却充满渴望的孩子解决实际问题!让他们可以坐在明亮的教室里听课,可以在平整的操场上锻炼!

带着这样的信念,我将集资20万元援建希望小学的想法向时任静安区协作办主任谢鸿桥作了汇报,并回上海寻求帮助。谢主任非常支持,向分管副区长汇报了集资计划。副区长也充分重视,主动召开动员会,再由我们到区里的集团公司和街道等部门逐一落实。然而,在落实援助款的过程中,我才慢慢了解到,这些企业和街道也有不少困难,挤出资金并非易事,需要多花心思,多方协调。

有一次,谢主任和我要赶到南京西路街道商量援建事项,途中突逢大雨,把我们两人淋了个透。街道葛主任看到两只"落汤鸡",被我们的真心实意打动。尽管街道仍在板房里办公,急需资金建办公用房,但他当即拍板捐助2万元建希望小学。万事开头难,接下来就顺利多了,其他街道和集团紧缩开支,慷慨解囊,20万元捐款筹齐了。看到这个结果,我和谢主任长舒了一口气,一段时间来的辛苦和焦虑也都烟消云散了。终于,我们为对口支援地区的百姓做实事的项目跨出了决定性的一大步。

我把援建款带回宜昌,交给三峡办的同志,同他们一起在分管教育的副乡长陪同下,到现场商量学校的改造规划及施工方案,蛟龙寺静安希望小学终于开工建设。此后不久,我又回沪向银行筹资 20 万元,帮助鸦鹊岭镇建小学。当地为感激区里的无偿援建,给学校命名为鸦鹊岭静安合银希望小学。

对口支援工作千头万绪,我不能经常去几个偏远乡村走访,但我始终与当地同志保持电话联络,时时了解希望小学的建设进度。有一次走访途中路过下堡坪乡,我特意弯到小学施工中的工地查访,关心施工进度,并叮嘱施工单位,一定要重视工程质量,杜绝安全隐患,因为这是孩子们的家园,容不得半点马虎。

1997 年 8 月,堡坪乡蛟龙寺静安希望小学落成典礼

一年后,希望小学建成,轰动了整个乡。教学楼是当地最好最漂亮的建筑,雪白的三层楼背倚青山,就像一只欲飞的白鹭。焕然一新的教学楼,让学生和老师的上课条件得到了充分的改善。我回到下堡坪乡参加学校的落成典礼,学生们载歌载舞,尽情欢笑。看到他们眼中充满着欣喜与对未来的憧憬和期盼,我的

内心感到前所未有的充实。希望学校不仅是援建教学楼,更是我们对下一代的一种责任。

合 作 见 真 爱

一年 365 天,在充实和忙碌中,我在当地的挂职锻炼很快结束。临别前,有依恋,有不舍,但一想到我是回区协作办工作,仍旧从事对口支援工作,心里则踏实了下来。离任不离心嘛,我熟悉夷陵的发展和建设情况,与援外干部配合密切,往往会有无缝连接、事半功倍的效果。

2006 年某日,一封特殊的群众来信让我心情沉重。写信的人正是下堡坪乡蛟龙寺静安希望小学的一位老师,名叫何君玲。信中讲到她的爱人李高峰,也是该校的一位青年教师,患了急性淋巴细胞性白血病,正在武汉住院治疗,急需做骨髓移植,而手术费高达 30 多万元,目前她已是走投无路,可李高峰的病情却在急剧恶化,尽管何君玲节衣缩食、四处奔波借钱,尽管当地政府领导、社会各界纷纷捐款资助,医疗费缺口仍然巨大。何君玲快要崩溃了,绝望的她抱着试试看的心态给上海市静安区的领导写了这封信。区委领导收到来信后批示:要体现静安人民的心意,并批转我办理。

生病的李高峰是"夷陵区人民最满意教师",夫妇俩在这所静安希望小学教了整整五年书了。静安人的爱被他们化作涓涓细流,浇灌在了一个又一个孩子的心里,这样的老师有难了,我们能不管吗?说干就干,合作交流办紧急动员,发起了为李高峰老师捐款的活动,并专题编发了《静安合作交流》简报,倡议区里企业捐资,表达静安对口支援夷陵的坚实承诺。

一些企业得知三峡的老师生命垂危后,也急人所急,合作办不到两周就收到捐款 24300 元。静安区委副书记、纪委书记赵元清亲自将捐款带到夷陵,交给了下堡坪乡党委书记,请她转交何君玲老师,并带去我们的问候。此事在夷陵震动很大,大家都说:"长期来静安已经给了我们太多的援助,没想到现在又向一个普通的乡村老师伸出援手,叫人如何不感激。"

几天后,我接到了何君玲老师打来的电话,她的语气非常激动:"我们原以为,这封信领导看看也就算了,没想到大上海的亲人真的送来了救命钱,真是及时雨。"捐款解决了她的燃眉之急,让她们一家人的心里暖暖的,也增强了战胜病魔的信心。在众多好心人的帮助下,李高峰终于顺利地进行了骨髓移植,并度过了危险期。在医务人员的努力下,李高峰的病情得到了控制,逐渐趋于稳定,这给了他们一家很大的鼓舞,让他们看到了希望。

过了一段时间,何君玲又来电告诉我,她爱人的病情有了好转,医生说可以出院了,在家里休息,慢慢调养就可以了。而后,李高峰老师康复下地的消息也传到了上海,总算我们的心血没白花,各位热心捐款者的心愿也没有白费。

2011 年 9 月,桂绍强(前排右二)在夷陵区妇幼保健院调研

转 变 促 发 展

多年来,为解决当地移民子女就学难,上海为夷陵区建起十几所希望小学。援建的宜昌市上海中学是集校园绿化美化、教学现代化、环保节能化于一体的省级标准化初中。如果说建学校是我们对未来的期盼,那么建养老院就是我们对历史的敬畏。上海援建的夷陵区社会福利院为夷陵区城镇"三无"对象及移民老人提供照顾和服务。援建的区妇幼保健院、三斗坪卫生院等卫生医疗机构硬件设施,大大提高了妇女儿童的医疗保障水平。上海通过援助资金、派遣干部、合作开发、培养人才等多种方式,不断加大对口帮扶力度,极大改善了夷陵区移民的生产、生活条件。

授人以鱼不如授之以渔,我们一直坚持无偿与合作并举,"输血"与"造血"齐进。先后组织市、区有关部门和企业考察团组到宜昌实地考察、调查研究,寻求对口支援合作的切入点。要发展,首先要改变当地人一些旧的观念,做到与时俱进。为此,我们开展了多元化培训,从 2005 年开始,每年组织 2—3 期培训班,每期 30 人左右,累计已培训 1000 多人次。通过培训,夷陵区的党员干部开阔了眼界,转变了思路,逐步接轨上海,作风上更加务实,行动上更加落实。由上海投资兴建的区劳动培训中心,加强移民的职业技能培训,积极搭建劳务输出平台,让一批又一批三峡移民和农村富余劳动力揣着梦想到上海就业创业。

为促进夷陵的新一轮发展建设,我们打出"组合拳",补齐产业上的突出"短板"。建设移民就业示范基地,就是一记"重拳"。几年来,市、区二级共投资 7000 万元,建了 9 万平方米标准厂房,使几千移民就业。其中,我区投资 2000 万元建乐天溪生态移民工业园、太平溪镇产业园标准化厂房,筑巢引凤的效果非常明显,已入驻企业 13 家,提供 1200 多个就业岗位,切实解决了移民家门口就业问题。

旅游资源是三峡的一宝，必须充分利用，让其发挥更好的效益。从 2007 年开始，两地旅游主管部门联合在沪召开旅游推介会，逐步扩大三峡景区在上海民间的影响力和美誉度。为持续推进当地旅游产品在上海的开发前景，我们还组织上海旅行社负责人赴夷陵区亲自体验和对接。在此期间，"一肩挑两坝，一江携两溪"的三峡人家景区，以品质旅游、优质服务赢得市场口碑，先后被评为湖北省首批文明风景旅游区、国家 5A 级旅游景区。

除了丰富的旅游资源，夷陵的原生态绿色农产品也被我们引入上海。2009 年，我们专门在区里找房设立了三峡农特产品上海办事窗口，用于收集市场信息、联系销售业务。与市合作办一起落实的西郊国际农产品摊位，长年设立柑橘、茶叶、蔬菜、粮油等展销窗口，让宜昌优质农产品丰富上海市场，并通过上海走向国内外。

长江让上海与三峡血脉相连，心灵相通，情感相融。2010 年 11 月静安区一幢大楼发生特大火灾，损失惨重，夷陵人民得知消息后纷纷捐款，短短一周时间，当地政府就收到捐款 65 万余元，由时任区长刘洪福专程送到上海，交给我区。我深信，这份沉甸甸的情意，终将如百年陈酿般日久弥深，恒久绵长。通过对口支援，静安与三峡两地人民的情谊也如长江之水源远流长，奔腾不止。

王伟民，1960 年 11 月生。1997 年 9 月至 1999 年 9 月，任湖北省宜昌市宜昌县县长助理（1998 年 12 月当选中共宜昌县第十届县委委员），上海市第四、第五批援三峡干部。现任静安粮油食品有限公司副总经理。

感恩三峡 沪宜情深

口述：王伟民

整理：周文吉　周　萍

时间：2017年3月2日

　　当收到《关于征集上海对口支援三峡专题史料的函》时，我不禁心潮澎湃。二十年前新婚不久，我就接受市委组织部的安排，带着上海人民的重托，来到三峡坝库区宜昌县(现为宜昌市宜昌区)任县长助理，具体负责上海市对口支援宜昌县的项目联络协调工作。

　　此前，我父亲因高血压病情恶化突发脑梗，一直卧病在床，需要亲人的照顾和陪伴。妹妹和夫人非常理解和支持我的工作，全心全意地担负起照料老父的重责，解了我的后顾之忧。感谢家人的担当，感恩宜昌人民为三峡工程所作的牺牲，我立志要不辱使命、多办实事，节假日鲜少回沪，一年挂职结束前，又主动向组织请求连任一年。我不仅亲身经历了举世瞩目的长江三峡截流工程，还与当地干部群众结下了深厚的情谊。

　　翻开陈年的相册，一张张照片见证着来时路上的点点滴滴，记录着那时候的感动与激情。昔日的场景在脑中回闪，老友的容貌依旧清晰。二十年的沪宜两

地情,历经岁月累积,在我生命中所占的分量,原来已经如此深厚,难以忘怀。

一年,又一年

初到宜昌,要切切实实地为当地办几件看得见、摸得着、有实效的事情,下乡调研是我尽快了解情况、开展工作的手段。为了不给县里添负担、占用公车资源,我做起了县领导的"跟班",看哪个领导要下乡,就见缝插针地提出一起去。与当地干部同行还有一个优点,我们在途中多了许多交流思想的机会,理念的碰撞引发深层次的思考,往往对改良工作思路和方式方法有所启迪。那两年里,我基本上跑遍了宜昌大大小小的地方,而我与当地干部的革命情谊也在潜移默化中滋长。

下一代的健康成长,是大都市里每个家庭都关心的话题。由于宜昌县中西部地处山区,自然条件差,当地的基层教育条件并不乐观,有很多儿童因为贫困而上不了学。怎么办? 我积极牵线搭桥开展"1+1"重返校园助学活动,组织社会热心人士对口救助了260名失学儿童,由静安区领导带头,共捐款7.92万元。这些款项仅能解一时之急,为了孩子们的长远学习路,我又联络团县委与上海市希望工程办公室帮助失学儿童,把援助已建成的6所希望小学纳入希望工程登记入册,作为今后的系统帮助项目,上海市团委还捐赠了价值8000元的希望书库。在乡镇调研考察中,我发现在一些乡镇,尤其是偏远地区的乡镇,他们普遍存在硬件尚可,但文化设施不够的问题。虽有配有图书馆、文化站等场所,其中配备的书籍量却很少且版本也较为陈旧。硬件有了,软件跟不上怎么行? 于是我积极组织联络静安区文化局、科委机关开展图书捐赠活动,取得了静安区政府的大力支持。静安区文化局、科委机关干部向宜昌县文化局捐赠了一万册科技文化图书,我全程参与包扎托运,使当地图书馆、文化站藏书更加丰富。贫困乡金狮洞乡廖家林村地属岩溶地形,自然条件差,我在组织静安区工商联个体经营者开展对当地的考察活动中四处奔走,活动中他们看到当地学生对读书与书籍的渴望,当即拿出5万元捐款援助乡的文化中心并配置了大量书籍。由于期间自己的努力,我也因此于2000年荣获了"湖北省希望工程贡献奖"。

坝库区的发展需要教育先行,亦需要文化引领。在做了大量前期调研工作后,我发现宜昌在科教文卫方面的建设有欠缺,如县党校因为资金短缺停工、县广播电视设备总体比较落后等。正在一筹莫展之际,时任市政府协作办对口支援处副处长方城时刻关注我们这些挂职干部,听取我们的汇报,积极想办法,带我们走访上海市区有关单位,送来了"及时雨",在上海市政府协作办、静安区和闵行区领导的高度重视下,援助协议很快签订——分别向县党校和广播局捐赠人民币100万元。由于挂职宜昌是上海市对口支援工作的一项重要政治任务,

上海援建的宜昌县干部培训中心

人员、年限等都有规定。自己在一年的工作中随着对坝库区了解和市府政策学习,认为一年时间对项目展开有影响。根据自己的工作情况和正在筹建的项目需要,更好地承上启下,我想做得更圆满一些,因此主动向两地组织部门反映、沟通,得到两地政府的高度赞扬、支持,破例允许我连任一年。经过努力,我圆满完成了任期工作,并为两地对口支援工作提供经验,创新了工作方法。两年后我回上海时,这些工程已经基本竣工。

难忘"三王"情

宜昌县医院大楼坐落在小溪塔镇,在沪宜双方的共同努力下刚刚完成大楼的基本建设,医院的各项设施、医疗设备相比大城市要明显"滞后"。我积极参与沪宜两地沟通联络,上海市卫生局为其提供大量先进的医疗通信设备,静安区卫生局为医生提供辅导、培训。双方在对口支援政策的大框架下交流、学习、互动,推动坝区卫生事业的发展。

1999年的一天,我正在办公室里写方案稿,一个紧急求助电话打破了往日的宁静——原静安区政府办公室主任王财金在宜昌进行"希望工程"援助考察时腹部疼痛难忍,当场晕厥,情况不明。接到消息,我立即与当地政府办公室联系,说明情况。宜昌县领导高度重视,当即由县委书记赵举海亲自挂帅调集相关人员组成紧急工作小组,派医务人员到码头接病人至县医院。王俊健院长会同医疗小组对王财金进行检查,确诊为急性胰腺炎,并采取稳妥手段及时、有效地控制了病情。临床经验较丰富的王院长也明确表示,病人如持续高烧不退将严重影响到大脑、消化及呼吸系统,考虑到县医院尚不具备先进的诊疗条件,建议及时送王财金回沪接受进一步的治疗。我第一时间将情况向沪宜两地领导汇报,决定第二天陪王财金飞回上海治疗。当天晚上,我彻夜未眠陪伴在病床边,擦身、换药、再擦身……不敢有丝毫懈怠。第二天一早,王财金的病情相对稳定下来,我心中略松一口气。回上海后,静安区领导也高度重视,安排进华山等三甲医院就诊。由于王财金的病情在宜昌医院得到确诊和有效控制,他的生命无忧,也为今后的治疗和康复奠定了基础。

这段两地接力紧急救援的故事,让王财金、王俊健和我结下了三峡情缘,成就了"三王情"的佳话。王财金常感慨:"这段经历终生难忘,感谢宜昌政府、人民、当地医院及对口支援的同志们在人命关天时刻的准确判断,及时医治、护理和照顾。"这段情也让我深有感触:对口支援的工作责任重大,意义非凡。事后自己专门回沪向市区领导汇报,期望进一步提高对口支援力度,尤其是加强科教卫生方面的投入。

近几年我远在上海,却也时时关心宜昌的发展。通过沪宜两地的不懈努力,如今的宜昌县人民医院已成为集医疗、科研、教学、预防、康复为一体的国家三级甲等综合医院。变化翻天覆地,振奋人心。

心 灵 的 收 获

1997年我到任时,三峡工程正在进行大江截流,这可以说是世界水利工程中截流综合难度最大的工程。三峡截流工程导致水库水位上升,是否会影响当地气候变化,是否会破坏周边动植物生态环境,特别是植被类和灌木的生长等,均是全世界关注的问题。为破解这个谜题,上海电视台组织记者团来宜昌做"长江三峡截流工程"专题采访,其中最重要的一站就是宜昌县天然原始森林大老岭。当时正逢国庆,我利用假期时间,自告奋勇负责全程的陪同和介绍。

山路崎岖,一天的采访结束后,本应在大老岭上住一晚,但电视台急于回沪赶制节目,大家就一鼓作气连夜开车回坝区。半道中意外发生了——车在临近宜昌县虾子沟时发生故障,桑塔纳在路面打起飘来,万幸驾驶员反应迅速即刻刹车,但车还是重重地撞在路边的围栏上,数人轻伤。多亏宜昌县交通部门和医疗小组救援及时,当夜对伤员进行检查和急救处理,得知记者团急于回沪,又连夜对受损车辆进行维修。第二天早晨,记者团得以顺利返程。上海记者团和宜昌县交通部门的敬业精神让我深深折服,他们是我学习的榜样!

我性格外向,喜欢和人打交道,宜昌人的朴实善良和努力上进给我留下了深刻的印象。有一次,我跟着县政府的人口调查员去山里做人口考察工作。步行了很长时间的山路后,大家都又渴又累,就坐下歇歇脚。正巧有村民经过,看到我们蔫蔫的模样,他们二话不说就把手里正啃着的黄瓜掰下大半给我们……黄瓜脆生生、水嫩嫩的口感,我至今还记得。

1998 年 8 月,王伟民在静安区文化局捐赠的图书前

还有一次,我和当地朋友去爬灯影峡,陪同的导游是位年轻的小姑娘,非常热情有活力,介绍灯影峡的时候如数家珍。我们问她,同样的山爬过多次,是否感到厌倦?她的回答充满禅意:"这山是活的,这树是活的,每次来看到的景色都有不同,每次来都怀着期待的心情上山。"这一番话,如醍醐灌顶,触动了我的内心深处。是啊,世间万物无时无刻不在变化,一切都是鲜活的,我们应该学着

向前看才是。自此,这便成了我的人生信条之一。

两年对口支援工作带给我的,不光是内心的震撼,还有喜好的改变。我是一个土生土长的上海人,喜甜食不太能吃辣。宜昌人嗜辣,在那里我也是入乡随俗,经常和他们一起吃辣,渐渐便养成了习惯。回上海之后,一个星期必要吃一回辣,我想这也是宜昌留在我身上的一个印记吧。

李昉，1968 年 2 月生。2001 年 10 月至 2003 年 10 月,任重庆市万州区五桥移民开发区管委会主任助理,上海市第七批援三峡干部。现任黄浦区南京东路街道办事处副主任。

拥抱在五桥的每一天

口述：李　昉
整理：周文吉
时间：2017 年 8 月 17 日

2001 年 10 月 17 日，作为上海对口支援三峡库区建设的第七批挂职干部，我来到重庆市万州区五桥移民开发区，担任管委会主任助理。短短的两年挂职，使我这个上海干部与五桥结下了深深情谊。

至今，我离开五桥将近十四个年头。回想在五桥的那些日子，许多以为已经模糊的事情，却时不时在记忆中涌现，且愈发清晰与真实。那连绵不尽的山峦，那滚滚东去的长江水，那朴实热情的五桥人……每一天，都是快乐的一天；每一天，都是充实的一天。那些一去不复返的岁月，滋润着我的人生阅历，让我忍不住想再去碰触，再去拥抱。

初进五桥，化压力为动力

2001 年 8 月，市委、市政府专门召开全市对口支援工作大会，要求各级政府和社会各界高质量、高标准地按期完成对口支援工作任务。两个月后，我肩负着

这样的使命踏上了五桥移民开发区的大地。

到五桥的第一天,顾不上放下行装,我就跟随开发区的同志来到长坪乡、百安坝两个移民示范点,实地了解上海对口支援的项目情况。眼前是滚滚东流的长江水,175米的水位线的红色标记伫立在江岸边;一边,是灰暗破旧的老建筑,另一边,则是热火朝天的对口支援建设工地……我的内心感慨万千,暗暗下定决心:在今后的两年中,一定要竭尽全力造福三峡移民,不辱使命,不辜负组织和五桥人民的希望。

前半年时间,我主要在观察、学习和摸索中度过。一切环境和工作都是全新的,要尽快地多熟悉情况,才能把下一步的工作运转开来。巨大的压力一下扛在肩头,不用心还真是吃不消。每天一睁开眼,脑子就不自觉地围着五桥的建设转,听到一件事,就会联想着是不是对促进五桥的发展有帮助……就这样,工作的压力渐渐转化成了日常的习惯。

交通,一直在万州的城市发展中发挥着举足轻重的作用。近几十年来,正是由于公路、铁路、航空等现代交通格局的形成,使独占水运的万州城深感困窘:达万铁路没有正式开通,万州机场还在建设,渝万高速公路(二期)更没有正式通车。往返重庆主城的话,要么走省道翻越梁平的高山,要么坐船走长江水路。五桥开发区的37个乡镇中,部分偏远的地方,甚至连公路也不通。当时的交通现状,是制约五桥移民开发区发展的首要因素。

我向市政府协作办汇报了当地情况,并提出造桥修路的想法,让代表上海人民友谊的五座桥横跨移民开发区的热土。我的建议得到了市里和区里的认可。2002年,上海市人民政府与浦东新区、卢湾区、宝山区、嘉定区政府决定,共同捐资400万元,援建重庆万州区五桥管委会163.6公里乡镇移民公路,以及三洲溪、羊胡子沟、插柳沟、海安沟、马二咀等5座公路桥梁。

2002 年 4 月,李昉(左一)在乡镇调查"五个一"工程实施情况

　　整个项目覆盖沿江长坪乡、新乡镇、溪口乡、燕山乡、新田镇、陈家坝街道办事处、太龙镇、黄柏乡等 8 个乡镇、街道。为了让这个项目能在当年建成并投入使用,我几乎每周都会到沿江的乡镇,实地查看工程建设情况,督促建设单位保质保量、按时完成工程进度,不能出半点纰漏。

　　有一回,为了查看位于最上游的燕山乡的公路建设情况,我与当地协作办的同志冒着风雨,坐着渔家的小船,在长江上逆流而上。我们清早出发,抵达当地已是傍晚时分。虽然全身上下已经被雨水江水彻底打湿,但能够实地看到工程建设的顺利推进情况,我感到十分欣慰。因为在五桥,我们援外干部就是上海的代表,我们要对自己的工作,对自己代表的城市负责。

　　2002 年底,五桥沿江乡镇移民公路和五座公路桥梁,在两地干部群众的共同努力下,终于全线贯通。为了感谢上海人民的无私援助,五座公路桥梁被分别命名为友谊桥、浦东桥、卢湾桥、宝山桥、嘉定桥并立碑(牌)纪念。

十年对口，成果丰硕

2002 年，是上海对口支援五桥移民开发区成果丰硕的一年：上海无偿援助当地项目 13 个，投入资金 975 万元；签订合作项目 12 个，协议资金 9.2 亿元。除援建的两个移民示范村、三所卫生院、三所敬老院、五桥工业开发中心、潭獐峡旅游项目外，五桥科技中心、天星农业园区、长坪希望小学等八个移民乡镇的"五个一"工程项目也得以提前完成并投入使用。

通过对口支援，促进了五桥移民生活、生产水平的提高，促进了五桥移民开发区经济、社会的发展。身为其中的一员，我感到自豪和骄傲。

上海援建的重庆上海科技中心

2002 年,也是上海对口支援五桥移民开发区第十个年头。十年来,上海对口支援万州硕果累累,累计无偿援助万州资金逾 8000 万元,实施经济合作项目 20 个,协议资金 4 亿元,实际到位资金约 2.5 亿元,援建移民村 8 个。为了深入贯彻落实 2001 年 7 月国务院三峡移民暨对口支援工作会议精神,总结经验,交流情况,研究和讨论在新形势下如何进一步做好对口支援三峡库区移民工作,2002 年 9 月,"上海—重庆万州对口支援座谈会、合作项目签约暨捐赠仪式"在上海举行,上海市常务副市长蒋以任,重庆市委常委、万州区委书记马正其,市政府副秘书长姜光裕等领导出席了会议。会上,两地签署了 6 个合作项目,捐赠对口支援资金 980 万元。市政府协作办公室副主任周伟民、万州区五桥移民开发区党工委书记汤志光代表两地,签署了《上海—重庆万州五桥对口支援工作三年规划(2003—2005 年)》。确定了以实现移民"安得稳、逐步能致富"为总目标,以加强工、贸非农移民安置为重点,以拓宽非农移民安置容量,提高移民安置质量,努力实现对口支援主要由"输血型"向"造血型"转变、由"搬得走"向"安得稳"转变的指导思想。根据所签规划,上海和万州将合作发展当地特色农副产品加工业,推动万州五桥产业结构调整;实施"五桥移民高效农业加工园"项目,发展特色农产品加工业,推动产业结构调整;完善五桥物贸、技术、人才市场,改善当地投资环境。

科技兴农,试点林蛙养殖

为了完成规划确定的目标任务,在市政府协作办具体指导下,2003 年,我积极地投入了项目对接的工作之中。

一方面,我积极向上海推广五桥开发区的商品。记得为了让上海某大型超市上架五桥的农副产品,我在市属某企业总经理助理的办公室外,足足等了她两个小时。见面后,我向这位企业高管宣传党和国家的对口支援政策、推介五桥的

绿色产品,终于让企业向五桥的商品打开了大门。

另一方面,我积极地为五桥移民开发区引进上海的先进项目——"中国林蛙南移养殖"。林蛙(俗称哈士蟆),是我国北方独有的集药用、食补、美容于一体的濒临灭绝的珍稀两栖类动物。"中国林蛙南移养殖"作为上海高新技术成果转化项目和国家科技部的农业科技成果转化项目,具有很高的经济价值。这个项目在五桥的推广落户,可以带动库区新型农业的发展,对于帮扶移民脱贫致富具有很强的现实意义和示范引领作用。

在市政府协作办和浦东新区的支持下,我牵线五桥林业局和上海孙桥现代农业园区,在五桥天星农业园区试点推广林蛙的养殖。一开始,项目的开展并不顺利。饲养林蛙的大棚搭建好了,棚内的绿色植物栽种了,作为林蛙食物的饵料也投放了,可是养殖的幼蛙却生长缓慢,种蛙产卵也不多。为了找出原因,我们决定带着五桥林业局的技术人员赶赴上海说明情况,并邀请专家进行指导。当时,虽然万州机场已经投入使用,但是航班只有每周一班。为了赶时间,我们决定先去重庆再飞往上海。在去往重庆的路上,我们在梁平境内突遇山上滚石。幸亏司机反应迅速加速冲过,滚石堪堪落在车尾,不然后果真的不堪设想。上海孙桥现代农业园区对五桥的这个援建项目非常重视,在初步分析了原因之后,特意安排林蛙养殖专家与我们一起回到五桥天星农业园区,吃住在现场,及时发现和解决问题。此后,林蛙的养殖获得了初步成功。

作为一名挂职干部,在两地之间牵线搭桥,对落地的对口支援的项目和资金进行全过程、全方位的协调、监督,仅仅是工作的一部分。我们还要发挥上海干部的优势和长处,为当地的发展献计献策。那两年,我走遍了五桥移民区 37 个乡镇和街道,深入移民村、卫生院、敬老院、学校、园区等,实地了解当地的发展现状和发展需求。挂职期满之前,我结合到五桥的走访调研和平日的思考,撰写了《对五桥经济发展的一点思考》,呈送五桥开发区党工委和管委会,得到了高度的评价。

　　如今的五桥，早已旧貌换新颜，如一颗耀眼的明珠，熠熠闪耀于三峡库区腹心。一条条大道向前延展，一栋栋高楼拔地而起。这些年，在国家移民政策和对口支援的帮扶下，五桥的经济实现了跨越式发展，居民生活水平也持续提高……这座移民新城正被注入勃勃生机。

雷曙光，1976 年 9 月生。2003 年 10 月至 2005 年 10 月，先后担任重庆市万州区五桥移民开发区管委会主任助理、重庆市万州区三峡移民对口支援办公室主任助理，上海市第八批援三峡干部。现任宝山工业园区党工委副书记、管委会主任。

架起上海万州两地桥梁

口述：雷曙光

整理：李艳阳

时间：2017 年 3 月 13 日

2003 年 10 月，我按照上海市委组织部的安排，赴三峡库区重庆万州挂职锻炼，任万州区五桥移民开发区管委会主任助理。2005 年 4 月，万州行政体制调整后，我改任万州区三峡移民对口支援办公室主任助理，协助分管对口支援工作。虽然历时只有两年，但我真实感受到万州的变化，也在此期间努力把对口支援工作落到实处，将上海人民的深情厚谊带到万州，与当地的同志一起携手建设万州，让万州不仅是一个湖光山色景色优美的地方，更是一个能够吸引资本、适合产业发展、人民安居乐业的地方。回想当年的事情，依然历历在目。

从"输血"到"造血"，破解产业空心难题

作为从上海前来帮扶的干部，我的初衷很简单，不为名、不为利、不为职务，只是来锻炼、学习、服务的。为人民服务不是靠嘴上说说的，而是要靠实际行动，为当地服务最直接最根本的就是解决实际问题，解决人民群众最关切的问题。

经过一番熟悉交流,我们明白了当地干部最希望我们帮助库区破解产业"空心"难题。2004 年 7 月 7 日,新华网上刊登的署名文章《三峡蓄水一周年:对口支援 600 万引来投资 3 亿元》,可以说是对我工作重点的一个总结和提炼,其中也有很多故事。我到五桥挂职的时候,三峡库区移民工作已由"搬得出"转入到"安得稳、逐步能致富"的新阶段。如何"安得稳"? 就业是民生之本。实现移民安稳致富目标,主要任务是发展相关产业,增加就业岗位,破解产业空心难题。

三峡库区由于历史等原因,基础较差,经济总量不足,靠自身发展可谓任重而道远,借助外力招商引资是发展经济、增加就业的根本途径。针对移民工作新阶段、新任务、新特点,上海市积极探索市场经济条件下对口支援的新模式,由过

2003 年 10 月,临行前雷曙光(右三)与上海市政府合作交流办领导合影

去注重"输血"帮助移民"搬得走",切实转移到注重"造血"帮助移民"安得稳"上来(由"输血"到"造血"方案中也有我的建议和策划),把对口支援的着力点放在培育移民地区发展经济、增强自身招商能力上。2003年至2004年共援助600万元建立招商引资基金。"授人以鱼不如授之以渔",我们与万州商量下来,这笔钱要用到刀刃上,用于培育自身招商能力上,后来帮助五桥引进外来投资3亿多元,引进投资上千万元的项目10个,解决移民就业近万人。对口支援基金发挥了以一当十、四两拨千斤的作用,三峡移民也切实得到了对口支援的实惠。

资本添翼助力,筑巢引凤来

由于招商落户内地的企业同发达地区相比普遍偏小,外来投资者非常看重落户的小环境,筑好一个一个的小巢,对提高招商引资的成功率十分重要。因此,当时采取对投资上千万、安置移民较多、有发展潜力的项目或企业,在基础设施建设上给予必要援助,帮助垒窝筑巢。

2003年,香港嘉华实业公司与重庆索特集团欲在库区组建索特恒坤工艺品公司,投资3000万元生产出口丝花,企业选址特别注重厂房配套及厂区环境,周边区县都在积极争取该项目。为增强五桥对这一项目的竞争力,五桥从对口支援招商引资基金中投入100万元,在短短两个月内帮助整修了5000平方米旧厂房、1000多平方米的配套场地,促成企业选择落户了五桥。我记得那时到建筑工地考察,工人们都干劲十足,不分昼夜加班加点,同时也追求精益求精、注重细节,高质量、高标准地装好每一个钉子,抹好每一个墙缝,建设好每一个厂房。只有配套跟上去,厂区环境改善了,优质企业才愿意来。目前,该企业已安置移民600人,同时在附近新田等移民场镇建立外发加工点3个,100多户移民办起了家庭作坊,项目全部投产后可安置移民2000多人。

招商引资在库区竞争十分激烈,主动权在投资者一方,招商中一个小条件未达成协议,就可能使项目"卡壳"。为此,我们帮助五桥筹措招商引资基金,增强政府在招商过程中的调控能力。民营企业奥力生化制药公司在四年前就有意投资五桥,但一直担心迁入五桥搬迁费高、扩大生产后负债而犹豫不决,而五桥是吃饭都难保的财政,无力解决投资者的困难。2003年建立基金后,从中拿出40万元给予搬迁补助,企业打消了顾虑吃了定心丸,当年就投资1500万元建成标准化厂房,企业投产后可安置移民250人。五桥瑞迪胶囊厂是一家小企业,产品有市场,但缺乏再投资上规模的能力,该厂拟与开发区外一家建筑企业投资合作,由于双方在谈判中为一些小问题互不让步,一年多时间谈下来都没有结果。五桥便从基金中挤出20万元化解了谈判分歧,促成了两企业联姻。目前,两企业共投资2000万元组建美瑞实业公司,成为重庆地区一流的药用胶囊生产企业,可安置移民200人。对口支援基金在招商引资已有99度的基础上起到了再加1度的催化作用。

出激励实招,强化留商稳商

"留商、稳商比招商更重要",为了稳住招商企业,我们和五桥区商量下来,需要多管齐下加大激励力度,而企业扩大再生产遇到的困难和问题有用地困难、融资难题,可以从资金、税收、项目用地等多方面予以扶持、奖励,最终还是要落实到资金上,于是采用使用招商引资基金对优势企业实行贴息激励,促进企业扩大再生产。

沪江人造板公司是上海对口支援五桥的农业产业化龙头企业,现年产中密度纤维板2万方,为帮助企业抓住退耕还林政策机遇,尽快实施"二改四"项目,将生产能力扩大到4万方,五桥从基金中激励式注入该企业60万元给予贷款贴息补助,目前项目正有序推进,待项目落地又将解决一部分就业,进一步让移民百姓稳得住、富起来。雄鹰矿泉水厂产品质量优、开拓市场能力强,为招商落户五桥的扩张型企业。为了尽快盘大盘强该企业,五桥从基金中给予了 20 万元的贴息补助,调动了企业扩产扩规的积极性。两年来,基金共为五桥 5 家企业贴息 120 万元,促进了企业发展,增强了招商引资生产力。

看着万州吸引越来越多的龙头企业、优质项目,我由衷地感到高兴。招商引资是开发区的生命线,没有大企业、大项目就缺乏发展动力,只有中外客商纷至沓来,资金才会源源不断涌入,万州才有希望成为投资的热土、产业集聚地。产业发展起来了,人民就业有保障,有了安居乐业、安身立命的基础,致富的道路才会越走越宽。想着想着,仿佛看到希望的原野,我的信心更足了,也觉得对口支援这份工作真的意义重大。

无私援助,对口支援再上新台阶

2004 年 8 月,上海市四套班子领导带领代表团到新疆、湖北、重庆和陕西学习考察,把上海的对口支援工作推向了新的高潮。10 日,代表团顶着烈日、冒着酷暑,来到了上海对口支援的万州区五桥移民开发区,马不停蹄地考察周家坝移民新城、五桥长岭移民试点村、飞士幼儿园和索特恒坤工艺品有限公司。其中,专业从事人造丝花研究开发的索特恒坤工艺品公司,就是"筑巢引凤"招商杰作之一:厂房面积 7600 多平方米,安装机器设备 400 多台,各类花卉模具 1500 多种类型,已有 1000 多名三峡移民在这里工作,开业仅一年时间就实现销售收入 121 万元。

我清楚地记得,由于气温过高,原定下午 4 时 30 分在学府广场举行的上海向万州五桥捐赠仪式,推迟到了 6 点半。由此,五桥区收到一笔最大的捐赠。至今我还留着这份长长的清单:上海市政府捐赠 1000 万元专项资金,用于援建区档案馆、万州新田中学迁建、区公共卫生应急指挥中心、劳务培训中心等项目;上

海市政府向五桥捐赠250万元,支持五桥产业加工基地建设;浦东新区向五桥捐赠250万元,支持五桥引进种植迷迭香及提炼加工设备、五桥产业加工基地等项目建设;宝山区向五桥捐赠200万元,支持五桥月亮湾、乌龙池等旅游景区基础设施等项目建设;嘉定区向五桥捐赠200万元,支持五桥乡镇卫生院设备更新、优质茶叶基地等项目建设;卢湾区向五桥捐赠200万元,支持五桥新田中学教学楼等项目建设;上海市农委向五桥捐赠150万元,用于援建500亩柑橘种植基地;上海市教委向五桥捐赠价值100万元的书籍,用于改善当地中小学教学条件;上海市团市委向五桥捐赠50万元,用于改善希望小学办学条件;上海市卫生局向五桥捐赠价值110万元的医疗仪器设备,改善乡镇医院设备条件;上海电气集团向五桥捐赠考斯特面包车1辆,价值50万元;上海华谊集团向五桥捐赠电

2004年8月,上海市代表团向五桥捐赠物资

脑 50 台,价值 35 万元;上海广电集团向五桥捐赠彩电 100 台,价值 20 万元,合计 2615 万元。代表团的到来在当地产生了强烈的影响。同时,代表团把"舍小家、顾大家、爱国家"的三峡精神带回上海,上海的对口支援三峡工作出现了前所未有的大好局面。

通过近两年来对口支援工作思路探索创新的实践,我个人体会出一些经验和启示。比如对口支援绝不能急功近利抓表,而是要打牢基础治本。帮助提高招商引资能力,使受援地长期受益,是移民工作转入安稳致富后对口支援工作的努力方向。对口支援既要帮扶移民群体,更要帮扶移民地区,培育受援方招商能力。大环境决定小气候。要让移民碗里有,移民地区必须锅里实。移民不是一个长期的特殊群体,移民就业也不是一蹴而就、一次性解决的问题,移民就业和其他群体一样,是一个就业、失业、再就业的动态过程。因此,移民就业不仅仅是移民群体的就业问题,更是整个移民地区广大群众的就业问题。对口支援帮助移民解决就业,实质就是帮助移民地区培育产业、发展经济。库区发展经济最重要的途径就是招商引资,帮助培育招商引资能力对加快库区产业发展、实现移民安稳致富具有重要意义。

　　严明，1962年1月生。2006年1月至2008年1月，任重庆市万州区委副秘书长，上海市第九批援三峡干部。现任浦东新区塘桥街道党工委委员、武装部部长。

难忘万州　三峡移民精神激励着我

口述：严　明
时间：2017 年 2 月 28 日

　　2006 年 1 月至 2008 年 1 月，根据上海市委组织部、上海市合作交流办公室的安排，我任上海赴三峡库区对口支援工作组组长，我们组由四位同志组成（其中重庆市万州区两位，湖北省宜昌市两位），我与卢湾区的康永利组成第九批赴三峡库区重庆市万州区挂职干部工作组，我挂职担任中共重庆市万州区委副秘书长，也是上海市第一次在重庆市万州区区委挂职的干部，挂职前工作于上海市浦东新区经贸局。离赴万州区挂职已有十多年了，许多往事仍然历历在目，让我感动，让我怀念。

坚持突出"三个能"

　　1997 年，重庆市直辖后，建立了万州区，辖 53 个乡、镇、街道，辖区面积 3457 平方公里（山地占 95% 以上），人口 170 万人。三峡大坝截流后，水位上升，使万州区原有的 350 多家企业中，被关闭、破产的有 250 多家，关破率达 70% 以上，加上历年来项目引进少，产生了大量的下岗、待业人员。2006 年，万州区 GDP 为

153 亿元,财政收入仅为 7.5 亿元。

万州面临最大的难题是移民的安稳致富。万州的移民总量多,在三峡库区占第一,动态移民共 25 万人,占三峡库区移民(含湖北宜昌市)总数 125 万人的五分之一,占重庆市移民总数的四分之一。

党中央、国务院确定了三峡移民"搬得出、稳得住、逐步能致富"的工作目标。上海市委、市政府也高度重视对口支援三峡坝库区工作,提出了"动真情、办实事、求实效"的工作要求,立足对口支援地区的实际需求,坚持突出"三个能":能让移民直接受益,不断改善移民的基本生产、基本生活、基本教育、基本卫生条件;能与当地经济、社会发展规划相互衔接;能让中央、对口地区和上海"三满意"。我们挂职干部的主要工作,就是紧紧围绕着党中央、国务院和上海市委、市政府的有关精神与要求,结合万州区的实际情况,从以下几个方面为重点来开展的:

一是千方百计加大资金支持力度。资金支持是所有帮扶中最有效、最直接、最重要的支持。在我挂职的两年时间内,上海市累计无偿对口支援资金共 4000 万元,实施项目 37 个。除此之外,通过多方努力与协调,在计划外筹集了 1300 万元的无偿资金,用于 25 个项目的建设。资金支持力度之大,前所未有。

二是重点扶持产业发展,着力形成造血机制。重点扶持当地产业发展和产业项目,以解决产业空虚,增加就业岗位,增加财政收入,从而带动移民安稳致富。2007 年,上海安排了 1000 万元资金重点用于万州的工业园区建设,该笔资金占当年对口支援万州区资金总量的近 50%。随着大批标准厂房的建成,当地招商引资环境有了很大改善,筑巢引凤的效果就慢慢显现出来了。

三是聚焦民生,解决移民所需所盼。移民的民生问题也是我们重点支持的方面。两年中,我们在教育、卫生、养老等方面加大了资金扶持。在教育方面,重点扶持了万州的中小学、幼儿园,帮助他们新建了许多基础设施,培养师资力量,

上海援建的万州商贸中专多功能培训楼

创评重庆市示范学校。当时,教育部提出要加大力度支持职业教育。同时我们了解到,万州当地职业技术学校的毕业生就业率在95%以上,一人就业,全家脱贫,支持职业教育,可以使千家万户个移民家庭脱贫。为此,我们对万州区三所国家级的重点职业中专进行了重点扶持。在医疗卫生方面,主要是更新医疗设备、加大基础设施的投入、培训医务人员、与上海的各类医院进行对口帮扶等,使万州的医疗卫生方面的硬件设施和医疗技术人员的水平都有了大幅提高。此外,在养老方面,帮助万州新建了一所全新的养老院,我和康永利从项目选址开始就参与了。

四是培养人才,扶持就业。人才对万州各个方面的发展都起着关键和决定

性的作用,人才是关键。培养各类人才也是我们工作组的一项重要工作。两年中,我们协调组织了460多名万州各级干部到上海去短期培训,还有11名万州干部到上海各有关部门挂职锻炼,增长了才干。我们还积极协调上海、万州两地,组织了3000多名务工人员来沪就业。

五是结合当地特点,因地制宜,着力增加库区农民的就业,增加农民的收入。我们在工作中根据当地的特点,因地制宜,实施精准扶持。三峡库区的自然地理条件的特点是:山多,平地少,耕地更少。根据这个自然条件,我们大力扶持养殖业、种植业,通过种植业和养殖业的龙头企业的规模经营,带动当地农民参与种植业和养殖业的经营,使库区农民能利用当地优势,因地制宜,增加就业,增加收入。

2006年9月,严明(左三)和索特双龙公司领导向三峡移民赠送种猪

难忘的人和事

两年的挂职工作,条件虽苦,经历难忘,给我留下了许多深刻的印象。

三峡移民精神激励着我。当时的万州经济整体落后,移民生活清贫、清苦。但是,不论是领导干部还是普通移民,大家都不怕苦,不怕难,艰苦奋斗,努力工作,以苦为乐,以苦为荣。三峡工程的兴建,使 125 万多移民舍弃了自己的家园、土地和工作,他们作出了巨大的牺牲,这种"舍小家,为大家,为国家;牺牲个人,为大局,为全局"的精神,就是被众人称颂的"三峡移民精神":顾全大局的爱国精神、舍己为公的奉献精神、万众一心的协作精神、艰苦创业的拼搏精神。这些给我留下了最深刻的印象,并且始终感染着我,激励着我。

"火炉重庆"里的清凉。给我留下的第二个深刻印象的就是重庆的高温。重庆号称中国"四大火炉"之一,我们挂职的第一年就遇到重庆历史上百年未遇的高温,大约 40 多天是 38 度以上的高温天,在户外工作,就像在火炉中烘烤,即使在这样的高温天,我们仍然冒着高温酷暑,顶着火热的太阳,下农田,去工地,坚持工作。

记得有一次,就是在这样的高温天,因连续多日的高温,水库枯竭,农作物全都被高温烤死,移民的生活用水和日常生活受到了严重的影响,形势相当严峻。当时的区委副书记方仁发和我一起,冒着高温,沿着崎岖、坑坑洼洼的山区小路,深入到受灾最严重的小山村,协调紧急供水事宜。当看到一辆辆的供水车,将清澈、甘甜、宝贵的水倒入移民的锅里、水桶里,移民们笑了,我们也笑了。天再热,我们也感到是清凉的。

三峡"新移民"的艰辛。万州区当时的生活条件和工作条件是非常艰苦的。当年,我在区委工作,属于副省级编制的区委居然没有食堂,午饭时,我与区委的领导几乎天天在临街的小面馆用餐。简陋的面馆,油腻的桌子边苍蝇横飞,破旧

的长条凳摇摇晃晃,没有空调,没有门窗,不蔽风雨,难挡寒暑。夏天,如坐蒸笼(万州区的夏天通常是连续 40 多天 38 度以上的高温),大汗淋漓;冬天,寒风侵衣,手脚冰凉;雨天,雨水飘进屋内,淋在身上,飘入碗里,雨水和着热面,吃在嘴里,暖在胃里。区委领导、我和当地的普通百姓,在同一桌子上吃同样 2.5 元一碗的面条,与百姓唠着家常,亲密无间,其乐融融。我们经常是一天三碗面,7.5 元钱解决一天的温饱。

万州位于重庆山区,地少、山多,几乎没有平原。外出工作,要走崎岖的山路。很多山路都是土路,道路不平,坑坑洼洼,雨天更是泥浆飞溅,道路泥泞。有的小路沿着山崖,若不小心,可能连车带人翻落山崖。山再陡,路再险,挡不住我们工作的脚步。

有时到重庆市区出差,再晚也要回到万州。好几次在重庆市区办完事后,深夜一两点钟,我们从市区赶回万州,第二天照常上班。有几次,到下游的湖北宜昌出差,因没有高速公路,必须坐船,从宜昌到万州,历时 20 多个小时。我们与当地移民一样,住在普通的船舱里,三伏天里白天暑热难当,夜里闷热难熬,机器轰鸣,蚊子叮咬,难以入睡。吃的是与当地人一样的夹生饭,或以方便面充饥。在这种环境下,我们自称为是三峡的"新移民",快乐和充实地工作着。

谢主任和谢夫人。2006 年 1 月初,我刚到万州区工作,就有幸认识了万州区对口办主任谢盛章同志。谢主任是一位才华横溢、经验丰富、上知天文下知地理、知识渊博的老领导、老同志,主要负责万州区对口支援工作,并负责与所有对口支援城市的联系。他同时兼任万州区政府的副秘书长,我是区委的副秘书长,与他的工作联系较多。

谢主任工作十分投入,十分敬业,是我学习的好榜样,也是我尊敬的好兄长。空闲时,他给我们介绍当地的风土人情、历史典故,使我们能更深入地了解万州的历史和实际情况,对我们的工作非常有帮助。

谢主任的妻子当时身患癌症,病情危重,医药费花费也很大。谢主任每天忙完繁重的工作后,还要回家照顾病重的妻子,非常辛苦,非常不易。但他总是默默承受,从不声张,可以想象他当时负担了何等的生活重压和工作重压。

我知道此事后,马上到他家去探望。看到谢主任的妻子面容憔悴,身体虚弱,走路颤颤巍巍,说话气息不足,好像只有游丝之力。见到此情此景,我的心情十分沉重,不断地安慰她,要好好保重身体,现代的医学是十分发达的,是有办法治愈疑难重病的。谢夫人听后,很坦然地说,我会积极治疗,会支持盛章的工作,不会拖他后腿。平淡的话语,饱含着坚定的意志和不向困难低头的决心,这就是"三峡移民精神"最生动、最现实的体现,让我感慨万分,令我深受教育。

两年的挂职工作早已结束,回顾这两年的工作,对我来说,是一个终生难忘的经历,是一个艰苦磨炼的经历,是一个学习、提高的经历,锤炼了党性,得到了锻炼,提高了能力。能为万州人民多做实事、多做好事是我们的任务和责任,也是一次难得的机会。

忠孝不能两全,两年在外工作,我感到,愧对年迈的父母,愧对年幼的儿子,愧对妻子与家人,对父母未能尽孝,对家人未能尽责。但是,未愧对组织,未愧对国家。对工作,做到了尽心尽职,尽到了自己的责任。两年来,我们认认真真、踏踏实实、兢兢业业,较好地完成了各项对口支援工作任务。

万州的各级领导和同事们对我们的工作给予了极大的支持,在生活上给予极大的关心和照顾,我们深受感动,深表谢意。衷心地祝愿万州不断加快发展,万州人民尽快安稳致富!

第十批夷陵区干部小组组长

【口述前记】

　　郁霆，1970 年 11 月生。2008 年 1 月至 2010 年 1 月，任湖北省宜昌市夷陵区委副书记，上海市第十批援三峡干部。现任上海市静安区残联党组副书记，区残联理事长。

夷 陵 琐 记

口述：郁　霆

时间：2017 年 8 月 19 日

第一个对口支援五年规划

2008 年 1 月,我和来自闵行区的沈俊华同志一起到宜昌市夷陵区挂职。初到夷陵,展开为期 3 个月的调研,发现对口支援项目呈现碎片化倾向,近 2000 万元对口资金分别来源于上海 1700 万元、青岛 200 万元、黑龙江 30 万元、省内各区县资助 70 万元,覆盖夷陵区 50 余个项目,但扶持重点不突出、资金主管部门多头管理、项目可持续发展缺乏后劲。正好,国务院下发了《全国对口支援三峡库区移民工作五年(2008—2012 年)规划纲要》。为此,我分别与时任书记的熊伟、时任区长的刘洪福沟通,提出能否也制定一个与夷陵区"十一五""十二五"发展规划相结合的《夷陵区对口支援工作五年规划(2008—2012)》。这个想法得到两位领导的高度重视和支持,在区委常委会、区政府常务会议上分别通过并明确由我牵头负责,区委办、区府办政研室、三峡办、招商局组成精干力量研究起草这一规划。规划制定的过程充满艰辛,需要解决的问题和困难重重,既有思想

2008 年 11 月,郁霆(右三)在夷陵上海中学工地调研

认识上的,也有管理方式上的;既有资金渠道上的利益调整,也有以往既得项目利益上的调整;既需要夷陵当地党委、政府部门支持,更需要上海合作交流办领导的支持。我们挂职干部很幸运,夷陵区也很幸运,遇到了三位好领导:一个是刘洪福,这位领导在规划遇到困难之时,总是以强有力的态度支持,在我印象中如此看重工作规划并能推动落实的领导不多,而他恰恰是;一个是市政府合作交流办副主任周振球,这位领导长期在对口支援地区一线工作,经验丰富且认真投入,在我们规划中举棋不定之时总能帮助我们一锤定音;一个是时任三峡办主任的李志红,她的刚正不阿、实事求是的工作态度和方法,让整个对口支援规划与移民需求、项目需求最大限度的对接,更使得这个规划在执行过程中得到落地。最终,我们通过规划,初步理顺了工作体制和机制,也明确了一批涉及经济社会

发展的重点项目,如上海市三峡移民就业示范基地、夷陵区社会福利院、夷陵区上海中学、夷陵区妇幼保健院等项目。规划出台后,市合作办领导告知,这是上海对口支援地区挂职干部制定的第一个五年发展规划,我们既感到意外,也感到自豪。

从小项目到大效益的启示

夷陵区妇幼保健院的建设项目并不大,在 2006 年援建之初,上海投入资金约 30 万元,正是从这里起步,该院最终成为省内最好的妇幼保健院之一。记得我刚到夷陵区之初,院长李祖铭向我报告,上海援建的 30 万元用于该院改造,极大提升了床位服务质量,希望能够再争取 50 万元用于添置医疗设备,并建立该院医生到沪培训学习深造的机制。这个项目实施后的第二年,我到该院调研,他把账本全部拿出来详细说明了资金使用情况,特别谈到用上海对口资金争取到湖北省卫生厅的 1:1 配套资金,妇幼保健院从一个财政拨款的亏损单位转为当年盈利 80 余万元,预测今后两年将盈利突破 150 万元,这些充满自信的话语让我看到了夷陵区干部"想干事、能干事"的缩影。他的一番话,让我一直在思考的问题——公益性组织(单位)如何盈利——有了一个基本思路和实例。2008 年的冬天,暴雪覆盖夷陵山区,妇幼保健院从底卡资料中发现大山一农户家有一位预产期临近的产妇,于是在暴雪暂歇期间专程派医派车上山,正逢产妇即将临产而且难产,便迅速把她接到医院,最终母子平安报喜。这个事件被湖北省主流媒体引为医院先进典型而广泛报道,从而让我的又一个在思考的问题——公益性组织(单位)盈利后干什么——有了一个很好的诠释。援建夷陵区妇幼保健院的项目资金并不大,前后五年约 300 万元,但其产出的综合效益,特别是从输血到造血、从自身盈利到反哺公益的模式,给我们留下很多思考和借鉴。

差点夭折的福利院

2009 年 7 月 30 日,时任上海市四套班子主要领导俞正声、韩正、蒋以任、冯国勤率上海党政代表团 100 余人到夷陵区视察对口支援工作,并在夷陵区社会福利院举行揭牌仪式、看望慰问困难老人。但很多人想不到,这个福利院是"起死回生"的建设项目。2006 年,夷陵区民政局提出了建设夷陵区社会福利院的项目报告,预算总资金约 800 万元,其中,上海对口支援资金安排约 600 万元,当地福彩公益金安排 200 万元。2007 年,第一笔对口资金 200 万元到位,但施工中仅平整土地、挖坑移陵的费用就达到 180 余万元,且由于土地松软、地基情况复杂,加上当初预算比较粗放,整个项目需要投入资金 1500 万元以上才能建成运营。2008 年,该项目形成进退两难的尴尬局面。记得当时区政府常务会议上,区长刘洪福严厉批评时任民政局长的覃功华,以及覃功华会后的一肚子委屈苦水。当时,我和沈俊华、李志红一起研究商量后决定:纵有千般困难,我们也要千方百计把它建成。于是,我们分阶段做了三件重要的事:一是科学预算所需资金,确定了约 1600 万元的资金总量;二是想明白建设是否符合需要,区民政局认真调研后确定了入住人员数、床位数和今后运营模式;三是想明白资金来源渠道,确定了争取上海支持、争取夷陵区政府支持、争取区民政局自身发挥潜力的工作路径。在争取上海支持方面,我们要特别感谢对口支援处处长方城和夏红军两位同志,他们给予了大力支持和指导。2009 年 1 月,适逢时任副市长的胡延照同志听取上海对口支援的八个地区援外干部工作汇报,我代表夷陵发言,提出把夷陵区社会福利院作为上海重点援建项目给予资金配套时,胡延照同志当即决定同意增加扶持资金 500 万元,另外增加设备资助价值 500 万元。可惜,当时我在欣喜之余,在胡延照同志继续询问是否还需要医疗、教育等方面增加扶持项目时,竟然回答领导:谢谢,够了。会后不禁一番后悔。争取到了上海的支持,

2009 年 7 月，夷陵区社会福利院竣工并交付使用

夷陵区的"疙瘩"也同时解开，刘洪福区长决定，把夷陵区社会福利院项目列为
2009 年度区政府实事项目予以资金配套。现在，这个福利院早已建成，据悉，已
满员运营，并成为湖北省内最好的福利院之一。

"半自动"洗衣机和一碗面

夷陵区的领导、干部、群众始终对我们挂职干部高看一眼、厚待三分，在工作
中给予全力支持，在生活上给予全力保障。区委把宿舍装修一新、家具装修一
新、设施装修一新给我们配住。记得入住后，第一次使用全自动洗衣机，我和沈
俊华面面相觑，两个在家都是"大老爷"，从来没有使用过。拨弄一番后，我出去
开会了。到晚上回来，小沈欣喜地告诉我：洗衣机能洗了，但似乎是半自动洗衣

机。在阳台上，小沈手把手教我，放入衣服、启动电源、调校设置、加入洗衣粉，然后拿出脸盆，往机箱里开始倒水，直至倒入 6 大盆水后，告诉我"够了"，此时洗衣机竟然自动开始洗衣了。我们就这样"半自动"洗衣了一个月后，偶然发现有夷陵区同志用和我们一模一样的洗衣机，却是自动进水的。于是，小沈在虚心请教之后，终于弄明白：原来我们洗衣机接水管的开关是一直关着的。为此，两个"大老爷"给同事笑话了很长时间。

夷陵区的领导、干部和群众热情、好客、善良。在工作之余，为了消除我们的寂寞，经常在晚上陪我们一起打乒乓球，有一次全县乒乓球比赛，我成为一匹"黑马"，竟然拿到了全县比赛的第 8 名。挂职干部有挂职工作的纪律，一般只有国庆、春节才能回沪休假。记得每逢中秋、元宵、端午、五一等节日，夷陵区的领导总会轮流陪着我们，时任副书记的向洪星同志是土家族，做得一手好菜，在节日到来之际或把我们带到他的老家或带到他城区的新家做客，除了做菜的好手艺，他的"永不会醉"酒量给我留下深刻印象。

在夷挂职时，宿舍附近有一个面馆做的辣酱拌面特别好吃，于是我每天早餐都去那里吃，一边吃面，一边和老板夫妻、附近的居民聊聊天，这已经成了一个生活习惯。挂职结束回沪当天，我最后一次去吃面并和老板告别，记得老板夫妇说：郁书记啊，喜欢这个面条，那以后要常回来看看呀，我们随时欢迎您的。2016年，我带队到夷陵区考察，某天早晨，我再次来到这家面馆，看着熟悉的没有任何改变又似乎都改变了的小街和面馆，还没来得及发出感慨，老板娘一抬头见到了我，发出一声惊呼：看，郁书记回来了，快，煮面条给你吃。此时此刻，我心里也一阵激动，谁说"物是人非""人走茶凉"啊，你记得群众，群众肯定不会忘记你。临走之时，老板夫妇无论如何不肯收面钱，抛下一句话：郁书记，你真要给，下次来夷陵区时给。最后，我只能道谢后疾步离去，因为我怕我会掉泪。

在与夷陵区的同志和群众交谈中，他们说得最多的一句话就是感谢上海、感谢我们挂职干部。他们的感谢之语并不是敷衍,而是发自内心。但我常想,我们的付出只不过是三峡移民抛家弃田后应该做的、能够做的而已,而我们在这块土地上得到的不仅是夷陵的厚爱宽待,更是一种人生难得的成长和经历,相信这份"三峡情结"会历时愈久愈厚,厚到成为一份浓浓记忆,即便只是片段,却可永久珍藏。

谭月楠，1964 年 9 月生。2010 年 1 月至 2012 年 1 月，任中共重庆市万州区委副秘书长，上海市第十一批援三峡干部。现任浦东新区唐镇人民政府副镇长。

难忘三峡路　铭记库区情

口述：谭月楠
时间：2016 年 9 月 25 日

　　2010 年初至 2012 年初，作为一名对口支援三峡库区的上海挂职干部，我真切地感受到了万州的巨大变化，虽然我在库区只工作了两年时间，但感受却颇多。对于初到重庆万州——这一三峡库区最大移民城市的游客，你一定会被她主城区美丽的湖光山色所倾倒。作为一名挂职干部，在欣赏她美丽风光的同时，我有幸与万州当地的同志一起，深入万州主城以外的乡镇，参与一些当地保护母亲河的活动，感受自然会多些。现以若干当时我在万州的工作日记为蓝本，作为在三峡工作期间的回忆文章，写下我个人的一些感受，只求不要跑题太远。

库区农村致富路，任重而道远

　　2010 年 7 月 7 日，天气多云，35 度。今天一早，我与区对口办的同志一起从万州主城去瀼渡镇，参加在那里举行的由上海市人民政府合作交流办资助的万州区贫困移民就业培训开班动员会。上午 8 点出发，一路行驶在长江边上新修

的尚未完全通过验收和安装围栏的水泥山路上,看着悬崖下涌动着的黄色长江水,心想着如果三峡库区蓄水后水位升高、水变得更蓝些,风景一定会更美,届时若能下去畅游一下,一定别有一番情趣。

　　约 45 分钟的车程,我们到达目的地。镇领导带着我们参观了由国务院三峡办从成都引资而来的葡萄园,近五千亩的葡萄园很是壮观,也为当地移民安稳致富发挥了重要的作用。10 点半,开班仪式正式开始,参加培训的 150 名移民群众(大多为 50 岁以上的妇女),带着好奇和憧憬,认真听取了区移民就业局、重庆汇农公司技术人员和镇政府领导的讲解,我则代表万州区对口办进行了简要的动员。随后,参加培训的移民到葡萄园开展果树嫁接等实际操作训练。

瀼渡镇葡萄园

　　下午我们沿原路返回,出乎我意料的是,车行至半路被马路上山体塌方滚落的巨石堵住了,只能返回去走另外一条老路回万州。途中,镇领导给我们指了一条便道,希望能节省一点时间。车行片刻,无奈又被村民修房子的一堆建材给堵住了。再次折返,寻找着回万州主城的路,终于在穿越了一条约10公里的泥路后,绕过了滑坡路段,走上了主干道。下午4时到达万州,原来45分钟的车程竟然走了近4个小时,一箱油也几乎耗尽。我寻思着,晴朗的天怎么也会山体滑坡呢? 上午在培训班动员会上我还同移民群众讲"科技是第一生产力,要致富,学技术"等大道理,看来"要致富,先修路"是硬道理。加上库区壮劳力极少,基础薄弱的库区农村,发展之路可谓任重而道远。

　　这不禁使我联想到从万州主城下乡的另外两条路。其一是去新田镇的那条我有生以来走过的最为崎岖的山路,10余公里的路程经常要用越野车开上一个半小时方能到达。路上,我曾亲眼目睹过一对农民夫妇,开着摩托车,搭载着两筐家畜往主城方向驶去,却被路上的深坑给绊倒在泥水里而无法脱身。再者就是去长岭镇中草药基地的那条即使开越野车也很难上去的路,因此,我们下乡工作通常要提前一天通知司机准备好越野车。于是我想若有可能,对口支援项目能否结合当地的产业发展规划,适当加大在基础设施方面的投入,这或许是库区移民最能直接受益的。好在万州的城市建设如火如荼,去新田的路在我离开万州时已开工重建,长岭镇中草药基地上山的路及基地基础设施也已列入上海市对口支援项目。我坚信,不久的将来其他通往乡间的致富路不再崎岖。

腰病引发的虚惊,治疗体会到的真情

　　2010年7月的万州,骄阳似火,最高温达43度。7月中旬,上海市人民政府合作交流办的黄仲良副处长、夏红军同志,冒着酷暑来万州检查工作并与万州的同志告别(红军同志将去新疆对口支援)。7月20日,我陪同他们前往湖北利川

与湖北省宜昌市三峡办的同志会合,来回奔波了7个多小时。第二天晚上休息时,突然感觉在向右翻身时大脑中出现了有生以来从未有过的眩晕感,我几乎无法控制自己的行动了,几次翻身均有相同的感觉,随之而来的是焦虑和恐惧,一夜几乎无眠。

次日起床,感觉右脚有失控和使不上劲的感觉,心里好紧张,莫非是得了啥不治之症? 一人在外的孤单,加上身体不适的感觉,使自己压力倍增。上午到办公室,急忙打开电脑进行搜索,获知此病的医学学名为体位性眩晕,大多由腰椎变性引发,心定了些许。看来是这里潮湿的气候和近日连续奔波共同作用的结果,当地领导动员我立即回上海进行系统的检查。

8月上旬,我在上海东方医院做了个腰椎和颈椎的MR检查,结论为腰椎多处膨出和一处腰椎左后突出——退行性改变! 东方医院与万州区人民医院是友好医院,多年来一直在人员培训、器材援助等方面给予万州大力的支持。得知我在万州从事对口支援工作,东方医院的领导十分重视,经专家会诊,建议我立即手术方能根治,但治疗周期要3个月左右。我想,医疗水平和条件肯定是上海好,但这样会对上海对口支援三峡库区的工作有影响,中途换其他人去工作更不现实,于是我拒绝了院方的手术建议,决定回万州边工作边进行保守治疗。我知道,这是慢性病,需要慢慢调理和保养,但愿不久的将来能重现原本生龙活虎的我。

8月中旬,在万州区对口办任红梅副主任的协调下,我到驻地附近、位于周家坝社区心连心广场旁的万州天津医院开始了吊拉、牵引、推拿、针灸和艾条熏等综合治疗。万州天津医院是由天津市援建的,或许我去由上海援建项目的万州区人民医院会得到更好的治疗,但为了方便起见,我还是选择了去万州天津医院进行治疗。理疗科的龙主任是一名老军医,手法很专业,在万州的知名度很高,加之理疗科的设备和环境在万州堪称一流,平时找他治疗的病人络绎不绝。

经过三次治疗后,我的病情明显好转。后来我得知,他曾在上海援建的万州五桥人民医院工作过,在给我治病的同时,他不时地鼓励和安慰我,还不时地夸奖上海的对口支援工作做得好,对上海支援库区的一些项目如爱心助学、万州移民就业基地等项目十分熟悉和认同,我也从他的言谈中体会到了万州和上海人民之间的深情厚谊。

在我的病情稳定后,我的理疗主要由温山和杜鹃两位年轻的医生来做。温山,22岁,人称"山哥",是刚从三峡医专毕业不久的帅哥,特别有敬业精神,当时正处在报考医师的关键时刻,时常复习到深夜。但白天临近下班的他,依然精神抖擞,每次给我做完推拿,已是满头大汗的他,仍不忘给我倒上一杯水,让我稍微休息片刻后,给我拿好鞋,令我十分感动。杜鹃,人如其名,温柔美丽,与温山同班,擅长针灸,手法似乎与她的年龄不相符合,很娴熟,待病人很真诚、热情。从他们身上,我看到了万州的希望。经过他们的精心治疗,我的病情不久便得到了有效控制,至今未再复发。唯一遗憾的是,一直想在心连心广场吃次万州烤鱼,给龙主任及他领导的科室同仁们敬上一杯酒,却因种种原因未能遂愿,感激之情铭记在心,留在未来再报答。

横渡长江　我的心愿

2010年10月23日(星期六),多云,17至23度。初秋的万州晴空万里,库区蓄水达到了175米,好一派湖光山色的美景。上午,我在参加万州区干部大会期间,收到了区对口办向川同志的短信,问我是否有兴趣参加下午由当地冬泳协会组织的横渡长江活动。我欣然答应了,因为在长江三峡库区工作期间,作为一名游泳爱好者和三峡挂职干部,能亲密接触一下三峡的水并横渡一次长江一直是我的愿望。

下午2点15分,我在房间简单地做了一会儿准备活动后,就急切地赶往和

2010年10月,谭月楠(左四)参加畅游长江健身活动启动仪式

平广场,想能尽快融入横渡长江的队伍。到达和平广场后,只见离岸不远处抛锚在江中的中国邮政船上已经有许多穿着游泳衣的冬泳爱好者在做着出发前的准备工作,岸边有许多围观的群众和准备采访的记者。我匆忙在江边脱下运动衣,穿着游泳裤,在万州区体育局同志的带领下经摆渡船,登上了中国邮政船,与大部队实现了会合。在船上,见到了李庄等一起参加过万州区游泳比赛的队友,倍感亲切,一起拿着"野鸭游泳队"的队旗合影留念并高喊着"耶",留下了出发前的豪情万丈。

约2点45分,我从船上下水了,水温比想象中的要高些许,特别是长江表面的水在阳光照耀下甚至有一种温暖的感觉。目测估计,从和平广场至江南新区的江面直线距离在 1600 米左右。在刚开始的畅游途中,我看见在我的左右始终有两名同志与我保持同等的速度和适当的距离,事后我才知道他们是万州冬泳协会的同志,担心第一次横渡长江的我会有意外而在悄悄地保护我,真的令我非常感动。

江面上,不时传来长江轮的汽笛声,似乎在为我们加油呐喊。看着远处美丽的万州长江大桥,心想我要尽情享受这次难得的横渡长江之旅。长江的水尽管达不到清澈见底的程度,但总体上水质较好,我忍不住喝了一小口,有点甜甜的感觉。我不时地变换着自由泳和蛙泳两种泳姿,朝着江南新区市民广场方向欢快而轻松地游着。不久,一名保护我的同志已跟不上我的速度了,到后面"被保护"去了。离江南新区不到 200 米的地方,江面上突然出现许多漂浮物,大部分为从三峡库区"消落带"上冲下的树枝,并伴有白色泡沫塑料等垃圾漂浮在江面,先前那种畅游的感觉消失了,我只能抬着头双手做着扒开漂浮物后再前行的动作。

终于到达终点,时间为 3 点 30 分,我用时约 45 分钟。此时,离我下午 4 点参加万州区委汤志光常委召集的协调会的时间只有半小时了,我急切地想去办公楼冲洗一下再去会议室,不料被记者们围住了,问我横渡长江感觉如何? 很少接受媒体采访的我略作思考并带着刚游完时气喘吁吁的气息答道:"三峡库区蓄水 175 米后变得更美了,能在如此美丽的江面上畅游一直是我心中的梦想。同时,通过横渡,我也亲身感觉到了保护长江的任务还很艰巨,因为江面上还有许多漂浮物,水质也有待进一步改善。保护好长江这条祖国的母亲河,让长江水更清澈,库区变得更和谐,需要全社会和我们每一个人的共同努力。"

美丽的长江、可爱的三峡,我爱你,愿明天的你更妩媚!

口
述
前
记

何利民,1968 年 6 月生。2012 年 1 月至 2013 年 12 月,任中共重庆市万州区委办公室副主任,上海市第十二批援三峡干部。现任黄浦区老西门街道办事处调研员。

万州,我牵挂的乡土

口述:何利民

时间:2017 年 7 月 21 日

　　按照上海市委组织部的安排,我是第十二批对口支援三峡库区的挂职干部,任万州区委办公室副主任。2012 年和 2013 年,在上海市委组织部、上海市政府合作交流办、黄浦区领导和组织部门的关心下,在万州区领导和同志们的帮助支持和亲如兄弟般的照顾下,我肩负着上海人民的深情厚谊,把"锻炼好,协调好,服务好,作风好"的"四好"作为标准,严格要求自己,诚心待人,尽心做事,努力把对口支援工作落到实处,让三峡移民真正得到对口支援的实惠,让上海万州两地联系更加紧密。回忆起曾经在万州的日日夜夜,心潮涌动,思绪万千,万州已经成为我生命中又一美丽的故乡。那里的山山水水,让我的心灵得到朴素纯洁的洗礼,乡亲、同事常常拨动着我的心弦,牵动着我的思念。讲几个工作生活的小片段,重温过去的岁月。

万州挂职职务小插曲

　　2012 年 1 月初,我们四位第十二批对口支援三峡库区挂职干部,由市委组

织部、市合作交流办和区委组织部的同志们组队送我们赴任。行程第一站是湖北夷陵,先送两位到湖北宜昌市夷陵区挂职的同志。第二站是万州,下午的火车从宜昌出发,一路穿隧道、过桥梁,在喀斯特地貌的崇山峻岭中穿梭,我查了资料,宜万铁路经过的绝大部分地域是喀斯特地貌的山区,地质条件极为恶劣,遍布岩溶、暗河等,是世界上最复杂的地质。全线 370 多公里,桥梁、隧道就占约 278 公里,有 34 座高风险的岩溶隧道,"全球铁路独一无二,是我国铁路史上修建难度最大、公里造价最高、历时最长的山区铁路"。一路穿行已经让我感到挂职山区的魅力和压力,有这样的筑路大军做我的榜样,以后有再大的困难也不算事了。到了万州,当火车经过万州铁路长江大桥时,看到夜幕下灯光倒影的湖面如此的美丽动人,有的同志说可以和"维多利亚港"比一比。此时想起了毛泽东主席他老人家几十年前预言的"高峡出平湖"的壮观景象真真切切地就在眼前,想到以后要在这儿生活工作两年,心情是何样的激动,没有身临其境是无法体会的。记得晚上 9 点半火车到达万州站,370 多公里,5 个多小时,万州的同志热情地安排了我们。在去宿舍的路途中,万州组织部的领导跟我说,接到中组部的通知,凡是直辖市的区都不再设秘书长一职,所以原来挂职副秘书长的职务已经取消,只能改任区委办公室副主任。第二天上海市委组织部的同志问我,因为和原来的职务不一样了,如果有什么想法可以提出来,也可以提出回上海,我当时就表态,来万州不是为职务而来,是来锻炼的、学习的、服务的,对职务的变动没有意见和想法,服从组织的安排。这一小小的插曲,其实也检验了一下我自己是真心挂职还是为名而来,结果还算合格。

万州厚重的历史让我敬仰和热爱

我用了最短的时间查阅了万州的历史沿革资料,万州区位于渝东北部,长江上游三峡库区腹部,地处四川盆地东部边缘,重庆主城区和湖北宜昌的中间,与湖北利川市和四川开江县接壤，可谓地理位置重要。万州区面积 3457 平方公里，辖 52 个乡、镇、街道，是上海地域面积的一半，可谓地广山多。至 2013 年底，城市建成区面积 50 多平方公里，是 200 公里半径范围内城市人口唯一超过 80 万的中心城市，是渝东北、川东、鄂西、陕南、黔东、湘西的重要物资集散地，长江黄金水道穿境而过，可谓"万川毕汇""万商毕集"。万州区为少数民族散居地区，除汉族外，有土家族、回族、苗族等 26 个少数民族，可谓民俗多样。

2012 年 12 月，何利民（右二）瞻仰学习革命先烈英勇事迹

万州的悠久历史可追溯至公元 216 年东汉建安二十一年，在今天的万州区长滩井一带，是万州建县开始，到现在万州设区，其间有记载就有 19 次名称和地域的变更，一千八百年以来，万州承载了太多的变迁，历史重要时间节点上都留下了深深的印痕。就说最近一次，此乃世界瞩目，为了长江三峡水利枢纽三峡库

区建设移民二十余万人之多,二分之一的城市淹没,演绎了一场可歌可颂的人间奇迹,可以说超过了历史上的任何一次。看着这样的历史,看到这样的付出,没有谁对万州的山川和人民能不生敬仰和热爱,没有谁在这片土地上工作能不尽心尽力。时间越久,爱得越深。

努力让每一个对口支援项目都成为雨露

我挂职的两年,正是万州经济转型期。作为长江流域的重要地带,包含万州的渝东北地区能否良性健康的发展,直接关系到三峡库区以及长江中下游生态安全,上海是最下游的城市,受到的影响会更大。渝东北是生态涵养经济发展带,着力涵养保护三峡库区腹地的青山绿水,绿色经济成为发展的主旋律。万州必须转变经济发展模式,适应国家总体发展方略;对口支援也要适应万州的经济转型要求,融合万州绿色发展和民生发展。

我体会到要做好融合式的对口支援工作就要主动融入,主动适应,真情投入,真心付出。要在意识上、工作上、行动上体现以万州为家,为万州移民的安稳致富添砖加瓦。

要做好对口支援工作就要充分了解社情民情,掌握第一手资料。我在万州的时候经常与同志们交流思想、交换观点、探讨发展理念,完善思路,明确重点,把对口支援工作做出新意,做出活力,符合移民的意愿,惠民利民。挂职期间,一批有特色的项目实施取得了很好的社会效益。比如:万州区人民医院腔镜中心建设成为重庆市特色专科,万州第五(上海)医院耳鼻喉科建设成为重庆市特色专科和上海耳鼻喉中心建设辐射成员,新田中学继万州上海中学后升格为重庆市重点中学,万州第五(上海)医院晋升为重庆二甲医院,启动了卫生医疗服务辐射周边近10万群众的武陵镇卫生院改造升级和技术交流项目,武陵镇养老院建设,近300名贫困移民大学生得到上海"爱心助学圆梦行动"的资助,59名贫

苦移民得到了上海市卫生局组织的医疗援助巡回医疗队的专项免费救治,400
名"现代农业经理人"得到了培训,等等。

上海援建的移民就业基地

援助缩影——"小葱,三峡移民的致富梦"

我记得 2012 年初春的时节,在地处亚热带季风湿润气候的三峡库区万州,
早早的有了一丝春意,与同饮一江水的上海气候迥然不同,这里"蔼蔼雾满闺,
融融景盈幕",上海却是"蔼蔼春候至,天气和且清"。我和鄢鹏,还有万州对口
办一科的张继荣、刘洪,驱车近两个小时来到了板桥村——一个上海对口支援的
新农村建设点,看一看山村的风貌,闻一闻泥土的清香。一路沿着崎岖的山路,
在山里蜿蜒,时而颠簸,时而急弯,时而俯冲,时而爬坡,时而是雨后的滑坡横梗
在路上得小心绕过,颠得肠胃翻滚,真得感谢司机王师傅的高超技术没有让我们
狂喷乱吐。处处惊险,处处刺激。沿途没有茂密的森林、参天的大树,只有绿绿
的灌木、矮小的松树,显得那样的安详,那样的朴实,那样的顽强,那样的充满生
命力,它们默默注视着我们这一群风尘仆仆而又陌生的人们。板桥村就处在这
生命力的环绕中,它四面环山,中间的山坳平地上坐落着上海对口援建的村委会

和公共服务点的三层楼,楼前面是广场,广场的两边是新农村建设的几排白墙红腰线的农民住房,整洁漂亮。在村长的引导下,我们沿着一条一米宽、有台阶的水泥小路前行,这条蜿蜒小路建在一个连着小山包的山脊上,小路两侧的坡地里满眼是小葱,村长告诉我们,你们现在走的地方就是四季葱的种植基地,是上海对口支援项目,已经基本建成,等待验收。他说重庆人爱吃的火锅、汤锅、小面都要放大量的小葱,离开了这绿油油的小葱,重庆特有的美食美味就不存在了。村长指着这条硬化的山中小路,告诉我们这也是上海对口援建的项目,自打有了这条水泥小道,农民不怕下雨,不怕路滑,也不怕坡陡了,可以随时侍弄这些小葱。原来没有这条硬化的山间小路,农民一到下雨天就没有办法去山上挖葱和栽葱,也没有办法把葱运下去,销路就不畅,农民的收入无法保障,只能靠天吃饭。万州又是多阴雨的气候,现在有了这条路,一年四季,无论刮风下雨,小葱的种产销都不受大的影响,这是一条实实在在的富民之路。他又指着远处一排温室大棚说那是上海对口援建的大棚,是育葱苗用的,所有的葱苗都是从那里出来的。以前没有育苗大棚,葱苗的育种就是一家一户,质量品质都不能保证,气温低点还缺货,小葱大大小小,严重影响了产量和品质,不受欢迎,有了这十个大棚,育出来的苗壮实,移栽成活率高,几乎百分之百成活,长势好,成品快,市场占有率高,现在供不应求。村长说等以后种植面积进一步扩大了,现在这些大棚育的苗还不够用,老百姓非常愿意用这个苗。他说村里的老百姓从心里面感谢上海的对口支援,这些项目接地气,是移民实实在在需要的。他们总想着哪一天把这小葱运到上海,运到大都市,让上海人也尝尝山里最绿色的小葱,说你们上海人最讲绿色,跟我们万州人一样爱吃小葱。他还告诉我们现在村里已经成立了合作社,移民靠着这葱,经济收入在逐年增长,逐步地脱贫致富。看着眼前这位黝黑的汉子,农民致富的带头人,他眼中透出的激情,言语中蹦着的自信,我在想我们对口支援点面结合的方式取得了明显的效果,犹如这登山前行的脚步越走越实,越走越稳，越走越宽，真正让移民百姓稳得住、富起来。上海对口支援的力量用在了刀刃上，起到了杠杆作用。再前行我们登上了小山包上的水泥平台放眼四周，山中小道时隐时现，穿梭在周边山间绿色中，把散落在山中像白色珍珠般的农民住房串成一条光彩夺目的项链，凝望着这项链上的颗颗珍珠，正在脱贫奔小康，幸福感油然而生，我们信心满满，对口支援必将使这些珍珠更加润色，更加绚丽。

上海家中有万州来的六君子

说起家中的六君子，还真有些故事。它们都是我离开万州时带回上海落户的，分别是：黄桷树、三角梅、野菊、野蕨、黄花菜、扁竹。黄桷树、三角梅是在挂职快要结束前的时候，我有几次跟万州对口办的郭邵军科长和区委办的谭万新秘书讲起马上就要挂职期满，两年的时间让我对万州恋恋不舍，想留点什么作纪念，想把万州的黄桷树、三角梅带回上海，可以睹物思情。郭科长说以前有移民到上海的老百姓，因为故土难离，就把黄桷树带到上海种植，听说都没有移栽成功，你要带黄桷树可能难度比较大，我说试试看也许心诚则灵。郭科长很真心，把他家养的一棵铅笔粗细、一根双枝有二十公分高的树苗赠送。我如获至宝，一看又非常的应景，一根双枝，不正是代表上海和万州的兄弟同根吗，太有情调了。回到上海后黄桷树不负众望枝繁叶茂，现已是两米出头哥俩好的小伙子了，也预示着上海万州融合得更深更紧。三角梅是谭秘书送我的一棵刚扦插成活的小苗苗，四五片叶煞是可爱，现在也是一个娇美水灵的大姑娘，今年开花时，我在微信群里让它初露红颜，赞美了它一番："寒暑不问心侍弄，片片红唇慰君芳。不想夏秋冬还去，只为清宁静寂净。"六君子中的野菊和野蕨，它俩是我经常去登山锻炼的天子城上"二野"，秋天的时候每次去登山，看到山路边杂草丛中点点小黄花，也不争荣，很有性格，很合意，我就拔了两小枝野菊和一小棵野蕨带回上海。现在也是由两枝小苗长满了大盆，每年秋季准时开花，真是"万州野菊，上

海应景。年年如约,岁岁相望"。六君子中的黄花菜和扁竹,是"三下乡"在一户农民家门口,看到黄花菜的苗,原来不认识,后来问了那户农民告诉我是黄花菜,我觉得应该留作纪念,就跟他们讨要了一棵,农民很开心地答应了,还帮我挖,看到它我就提醒自己不能自满,知识是无穷的。扁竹是当地引进的经济作物,根茎是中药材。现在的六君子没有水土不服,而是枝繁叶茂,欣欣向荣。每天看到它们就想起万州。

两年在万州的工作与生活,看、学、做,可以说已经再造了一个自我,明白了更多的人生道理,洗涤了身心,放下了名利,收获良多。真心感恩万州,真心祝福万州。

郜鹏，1974 年 5 月生。2012 年 1 月至 2013 年 12 月，任重庆市万州区对口支援和经济协作办公室主任助理，上海市第十二批援三峡干部。现任浦东新区城市管理行政执法局政治处副处长。

缘 续 万 州

口述：郜　鹏
时间：2017 年 3 月 13 日

缘　　分

从孙中山先生 1924 年 8 月在广州作《民生主义》的演讲时提出"应当在三峡地区建坝发电"，到毛主席诗赋《水调歌头·游泳》中"高峡出平湖"，三峡注定将成为万里长江中的明珠，而万州自古就是长江上"万川毕汇、万商云集"之地，更是因 26.3 万三峡移民而成为移民重镇。之前大家可能游三峡或坐长江客船时，或停留或经过万州（万县），而万州对我来说更是有着不解之缘。

2012 年 1 月作为上海第十二批援三峡干部随着火车进入了万州站，思绪把我拉到了十多年前。那时我还在一家企业从事法务工作，因处理一起法律纠纷需要到万州开庭。在做行程时，虽然了解到万州是重庆的一个区，但两者之间的距离也着实让我吃了一惊，近 300 公里，那可是上海和南京之间的距离啊。上海直达万州的火车因为时间太长，只能选择先到重庆再转到万州，而这次行程也创造了我连续坐火车最长时间纪录：44 小时。随着高铁动车的迅猛发展，这也必将成为我永远的记忆。依山而建的法院,高高耸立在江边。法庭的窗外,一眼望去就是滚滚长江,江上载运着各种货物的货船川流不息,大大小小的游船上,兴致勃勃的游客们为壮丽雄奇、波澜壮阔的三峡美景而兴奋不已。

第二次带着工作来,是 2009 年 10 月了。受新区组织部领导委派,我作为浦东新区第十批援三峡干部考察组成员之一重返万州。考察过程中,通过与挂职干部、挂职单位领导和干部的交流,以及到援建项目的实地走访,了解了上海及相关省市对口支援三峡的背景、意义及工作内容,对历届援三峡干部的辛勤付出有了新的认识。看到了上海大道、上海小学、上海医院等一批有着"上海"烙印的路名、单位;看到了受援移民们幸福满满地享受着对口支援的成果。

2012 年 11 月,郜鹏(左三)带领万州区对口办同志到移民家中调研

2011 年 11 月,新一批援三峡干部选拔开始了,脑海中又浮现出了两年前在万州的短暂而又充实的一周,我要去! 我有信心、有责任做好这份既光荣又有使命感的工作。在得到了领导的支持后,我更有信心了。回家和爱人说了缘分、说了责任、说了使命,当然是全家都支持,包括在重庆当兵十年的父亲,"好男儿志在四方"嘛。最后结果是我得偿所愿——万州:我又来了!

美　食

重庆是美食之都,作为"万川毕汇、万商云集"的万州更是汇聚了川、渝、鄂的美食,而周边三峡移民的迁入也把那些美味小食带到了万州,作为准吃客的我在工作之余的一个任务就是搜寻美食了。

万州美食有"三宝":小面、烤鱼、格格。当地人有句名言,万州人的一天是从一碗小面开始的,豌杂面、牛肉面、酸菜面、豇豆肉末面、鸡杂面、酸菜肉丝面、红烧牛肉面、肝腰合炒面、酸辣肥肠面等,样样可称极品。特别是老字号的"万县面馆"早上起就是人头攒动,虽然浇头和其他面馆大同小异,但特制的面让整个面的品质提升了一个档次,让每一个吃过的人都流连忘返,如果说景阳冈的酒是"三碗不过冈",那么万州小面则是"五碗不放筷",连他们家的生面都有客人预订,店堂里挂着大幅的时任重庆市委书记汪洋与店主的合影,显示着他们家的正宗。这也是我向上海来的客人极力推荐的感受万州、体验万州的第一个内容。

在住的宿舍附近有个"心连心"广场,夏日的傍晚就是"烤鱼和啤酒"的主场了。十多家烤鱼店串联成行,邀上三五好友,来上几扎啤酒,点上两三盆烤鱼,那就是"惬意"。随着新鲜的江鱼在铁架上烤炙,香气随着江风阵阵飘来,不一会儿外皮香脆、肉质软嫩、色泽金黄、味腴而鲜美的烤鱼就上桌了,接下去就是大快朵颐的时刻了。

"格格来了",那可不是哪家皇亲国戚来了。格格是万县俗语,意即小号蒸笼,蒸笼蒸羊肉就叫羊肉格格,蒸肥肠就叫肥肠格格,蒸排骨就叫排骨格格,这些统称格格,都是粉蒸系列。叫个"格格",抹上点辣椒,一顿午饭就这样心满意足地解决了。

除了"三宝"外的美食老大就是"老火锅"了。锅底必须是牛油锅,必须有郫县豆瓣、永川豆豉、汉源花椒相配,调料就是香油加蒜泥,和万州人一样简单实在。特制高大的桌凳,铜质的锅里汤汁翻滚,食客们哪怕汗流浃背,一样频频举杯挥箸。毛肚、黄喉、鸭肠是重庆火锅的"老三篇",配上血旺和莲白、蒜苗、葱节、豌豆尖等素菜,吃得那叫个爽。

当然临江的万州肯定可不只有烤鱼,还有辣子鱼、酸菜鱼、剁椒鱼、红焖鱼、瓦块鱼、糖醋鱼、豆花鱼……鲜鱼加上丰富的万州调料,大火一炒,鲜得能让哈喇子流一地!还有那些有历史感的程凉面、海包面、老盐坊棚棚面、电报路牛肉面……

当然,挂职工作不是美食之旅,我在那些卡卡角角(街角旮旯)里寻找着美食,也是在找寻传统,在让味蕾充分感受万州的美味时,这些味道成了自己的记忆,深深地烙刻在自己的心里,以后慢慢成为一种游子对家乡的感觉。

桥　　梁

万州的"桥"也是有得说说。

在万州大瀑布景区里有座陆安桥,始建于公元 1871 年,已有 146 年的历史,是中国单孔石桥的典型代表,被茅以升编入《中国桥梁技术史》、英国李约瑟编入《中国科学技术史》,是世界名桥之一。而 1997 年 5 月竣工通车的万州(万县)长江大桥是著名的 318 国道(起点在上海人民广场哦)的一部分,是长江上第一座单孔跨江公路大桥。这座大桥打破了当时世界上已建成的最大跨度钢筋混凝土拱桥——南斯拉夫克尔克桥(390 米)的纪录,成为当时世界上同类型跨

度最大的拱桥。2000 年国家邮政局发行的《长江公路大桥》系列中的第一枚就是"万县长江公路大桥"。

2013 年 3 月 23 日，国家主席习近平在莫斯科国际关系学院演讲中，盛赞了抗日战争时期在中国牺牲的苏联飞行大队长库里申科，称中国人民没有忘记这位英雄，一对普通的中国母子已为他守陵半个多世纪。英雄就长眠于万州的西山公园，谭忠惠、魏映祥母子从 1958 年开始为库里申科守墓近六十年，从未间断。抗日英雄库里申科和普通的中国母子共同架起了中俄两国深厚的友谊之桥。

而浦东新区人大常委，农工党浦东新区区委副主委，公利医院院长助理、耳鼻喉科专家陈晓平教授十多年的无私奉献，为万州上海医院和浦东公利医院之间搭建了共同发展之桥，也是上海对口支援三峡库区的一个缩影。

2002 年，时任公利医院耳鼻喉科副主任陈晓平被任命为上海三峡库区移民巡回义诊医疗队队长，从此拉开了公利医院对口支援三峡库区医疗服务的序幕。2004 年至 2012 年，公利医院先后 10 余次选派 80 余名专家到万州上海医院指导交流，尤其注重耳鼻喉科专科建设。陈教授多次亲自上手术台，以精湛的医术为移民解除病痛。2013 年，陈教授更是多了个头衔，挂职万州上海医院副院长，帮助万州上海医院创建二甲医院。在此期间，陈院长带领公利医院医务、管理、技术等团队亲赴万州上海医院帮助指导二甲创建工作，帮助提升内部管理、信息化、人才培养、学科建设等方面存在的不足。2013 年 9 月，捷报传来，万州上海医院创建成功。陈教授指导、带教的耳鼻咽喉科更是成为重庆市医疗特色专科，为万州的医疗事业增添了一张新的名片。

在万州挂职期间，恰逢上海对口支援万州二十年，万州发生了翻天覆地的变化。来自上海嘉定、卢湾、黄浦、浦东、宝山等区的 12 批挂职干部像造桥人，和万州的同事们共同打造了对口支援经济协作之桥。除了每年的资金支援外，上海

2012 年 8 月,陈晓平教授(后排左二)率医疗队到万州义诊

的"智援"更是发挥了四两拨千斤的撬动作用。2012 年,有近 5000 名学生的万州最大农村移民搬迁学校新田中学成为重庆市重点中学,更是"智援"的典范。农业职业经理人的培训,则大大提升万州农业企业经营管理人员的整体素质,促进农业企业经理人的职业化,有效提高农业企业经营管理水平和核心竞争力。

在与陈晓平教授的交流中,我们有种共同的感受:"万州的移民为三峡大坝的建设背井离乡,付出了太多太多。我们很荣幸能以一技之长为他们做点事。援助万州,不仅仅是一种使命,更是一种责任。"2013 年起,根据上海市援建工作需要,浦东新区不再对口支援万州,有点小遗憾,但是以陈晓平教授为代表的浦东人,在市、区合作交流部门的指导下,继续以各种方式带领着浦东的卫生、教

育、农业等团队,为万州的各项事业奉献出自己的一片爱心。

在万州的两年挂职是我离开家乡、家人时间最长的一段经历,但也是白驹过隙,一晃而过。时间虽短,但与万州的情谊却像滚滚长江水,滔滔不绝。人虽回,心仍在。我也将不忘初心,一如既往地继续关心关注万州,尽自己所能,为万州——自己的第二故乡的发展添砖加瓦。

李永波，1974 年 6 月生。2012 年 1 月至 2013 年 12 月，任湖北省宜昌市夷陵区委副书记，上海市第十二批援三峡干部。现任上海市静安区委宣传部副部长，新疆喀什地区巴楚县委副书记，上海市对口支援新疆工作前方指挥部（第九批）党委委员，巴楚分指挥部指挥长。

同 饮 一 江 水

口述：李永波

时间：2016 年 12 月 12 日

　　选派青年干部赴夷陵区挂职是上海市委、市政府响应党中央、国务院号召、贯彻落实党中央、国务院指示精神,支援三峡工程建设的一项重要举措。按照上海市委组织部、市合作交流办和静安区的工作部署,我于 2012 年 1 月到夷陵区挂职。根据宜昌市委组织部的安排,担任夷陵区委副书记职务。按照夷陵区委分工,主要分管上海对口支援工作。到夷陵挂职,就是要做好服务移民、服务基层、服务受援地经济社会发展的工作。组织上确定我到夷陵挂职后,我紧紧围绕"援夷陵为什么、在夷陵干什么、给夷陵留什么"进行思考如何在夷陵开展工作。我无条件服从组织安排赴夷陵挂职,把挂职作为一段奉献热血青春的人生历程,一段扎根基层、增长才干的人生历练和一段积极投身三峡坝库区建设发展、服务移民、服务农村的难得经历。

用双脚丈量民情

　　夷陵区是三峡大坝、葛洲坝、西陵峡所在地,有大中型水库移民 3.9 万人,是全国对口支援的重点区域之一,有集中移民村33个。但长期以来,移民村需要什么样的项目,移民需要什么样的帮扶,没有人能够完全说得清楚。为了掌握这些情况,我下定决心走访全区所有集中移民村,摸清底数、掌握情况、找准问题、拟定措施。在区委和区政府领导的支持下,2012年6月,我精心制定了调研方案,抽调区三峡办、区移民局的工作人员组成课题组,设计了《夷陵区移民村经济社会发展情况调查表》《夷陵区移民村拟申报对口支援项目统计表》及调查问卷,表格及方案印发给相关村(居)提前准备,使调研活动有条不紊。调研中,我坚持"四不四要",即:不要党政主要负责领导陪同、不在村(居)进餐、不到边界迎接、不接受任何礼物;要听村干部讲真心话、要到移民家中坐、要到项目现场看、要工作人员认真记。

2012年7月2日,我带领课题组成员来到乐天溪镇调研,早上7点20分从机关出发,8点整到达陈家冲村,村委会的大门刚刚打开,村支部书记望开智边握手边说:"没想到李书记来得这么早,我们还没有烧开水,真不好意思。"陈家冲村有2012人,是整村移民村。我从人口概况、从业情况、产业发展、对口支援项目实施效果、需要重点扶持项目、建议意见、拓展内容等七个方面进行座谈,我一边安排课题组人员专门进行详细记录,同时自己也把每位干部和移民的发言要点和需求都一一记录在笔记本上。当村民提出村农贸市场设施落后急需改造后,我立刻到现场进行实地勘查。中午1点,调研组一行在石洞坪村简单用餐后,没有午休就直接到移民家中调查山胡椒的种植情况,我们与移民共同计算种植山胡椒的经济账,与在场人员分析山胡椒的发展前景。在知晓山胡椒产业发展前景良好,移民种植热情很高的信息后,我向村民们表态,一定会进一步深入研究山胡椒产业在坝区的发展,争取协调相关部门给予大力支持。下午4点10分,当我们调研组要离开乐天溪村时,村主任吴廷军紧紧握住我的手说:"李书记,您是五年以来到我们村的最大领导,作为大城

市的领导,能来我们这个穷山村,让我们十分意外,也十分感动。"6 点 20 分,我们离开兆吉坪村,结束了一天的调研活动。这一天,我们共走访调研了 4 个移民村。

7 月 11 日,我到东城城乡统筹试验区东城社区调研时,先来到东湖四巷三峡坝区居民点,走进原中堡村移民付承千家中。付承千现年 82 岁,家中有五口人,子女都在外打工。我与付老攀谈了十多分钟,了解老人的身体状况、生活情况,并询问老人还有没有困难。当老人知道我是从上海来的后,老人家对上海人民千恩万谢,说他居住的小区就是上海人民援建的,他家目前没有困难,就是希望能帮忙把进出小区的道路及排污排涝设施改善一下。

2013 年 4 月,李永波在邓村乡和茶农一起采茶

在两个月的时间里,我带领调研组走了夷陵区的 4 个镇、33 个移民集中村、走访座谈移民村干部、移民 300 多人,现场踏勘援建项目 30 多个。实地调研结束后,我带领调研组的同志整理调研材料,汇总调查表格,建立了移民村项目库,项目总数为 77 个,涉及新农村建设、产业发展、社会事业、人力资源等内容。我牵头组织撰写出《小资金惠及大移民》等系列调研报告,报告阐述了移民村对口支援工作现状,分析了存在的问题,提出了改进的措施及建议。报告建议对口支援资金项目应向基层倾斜、向移民倾斜原则,对移民村应做到全覆盖,把移民排污排涝设施、农村道路硬化纳入对口支援范畴等,坚持每年为移民村办一件实事。同时,系列调研文章被夷陵区委《参阅件》、宜昌市委《三峡瞭望》、湖北省政府《咨询与决策》等刊物采用,为推进夷陵区乃至全省、全国的对口支援工作提供了参考。

喝水不忘挖井人

黄花镇香龙山村地处夷陵区西北山区,海拔最高 1100 米,属于石灰岩山区,地处一亩湾的村民祖祖辈辈靠挑水生活,村民的凤愿是喝上干净卫生的自来水。2013 年初,经村两委班子集体研究,村民代表会通过,决定在本村一组一亩湾兴建集中饮水工程,但由于资金缺乏,一直未动工。

2013 年 5 月 6 日,我带领区委办、区三峡办的同志到香龙山村调研,看到有 10 多位村民正顺着公路挖沟。曾担任该组村民小组长 15 年、现年 72 岁的村民刘宗权老人拉着我的手说:"李书记啊,看看能不能有哪个单位支援我们村一点资金,让我们把自来水架到家门口,我们永远不会忘记他。"陪同调研的村委会主任周元武介绍说:"香龙山村由原来二户坪、仙女岩、柏果树、西庄湾四村合并,基础设施薄弱,是省级贫困村,全村有 1113 户 3467 人,常年缺水。今年,经多方争取,一亩湾安全饮水工程已纳入全区安全饮水扶持项目,可解决资金 2 万

元,村民负责投工投劳和入户资金 3 万元,缺口资金 2 万元,请李书记帮我们一把吧。"我当场表示会想办法全力支持。

回到机关后,我得知 5 月中旬静安区发改委主任李寅将到夷陵区考察对口支援项目建设情况,我用电话向李寅汇报了香龙山村的情况,希望得到他们的支持。在积极争取下,5 月 12 日,静安区发改委主任一行考察夷陵时,在对口支援座谈会上特别为香龙山村捐款 2 万元。

资金问题解决后,村民热情高涨,男女老少自发投入劳动,占山占地不要村集体任何补偿,经过四个月的紧张施工,采用生物满滤技术,建成了 40 立方米的蓄水池一口、4 立方米取水池一口,架设了管线 4800 米,安装了入户开关、水表等配件,全部工程 8 月底竣工,进行了试压试水,9 月份正式投入运行。

在中秋节、国庆节来临之际,夷陵区黄花镇香龙山村一组的 27 户村民家家户户水声潺潺,每个村民的脸上洋溢着幸福的笑容,全组 78 个村民从此结束了挑水喝的历史。喝水不忘挖井人,淳朴的村民在蓄水池上用大理石镶嵌一块"上海市静安区发改委援建"的牌匾,记录下了上海人民对夷陵人民的情谊。

放心不下新农村建设

2013 年,夷陵区委在全体区级领导中开展了以"进园区、进工地、进企业、进村组、促跨越"为主要内容的"四进一促"活动,虽然没有给我安排具体任务,但我主动要求,深入移民较多的三斗坪镇高家冲村听民声、察民情、解民忧。

高家冲村是三峡大坝移民大村。全村有 768 户 2060 人,其中移民 532 户1312 人。由于原有村委会场地狭小,仅能满足日常办公需要,群众大会议事无地方,文化活动无场所。为了方便群众办事,满足群众文化生活需要,2011 年,该村在对口支援项目资金的支持下,新建一栋文化活动中心,占地面积 690 平方米,总建筑面积 1184.5 平方米,投资 155.2 万元,其中上海对口支援资金 100 万元,项目于 2016 年 4 月竣工。2013 年 2 月 22 日,我到该村调研,主要是查看对口支援项目施工现场,了解了村情民意,帮助该村理清发展思路。我了解到该村主体工程竣工后,相关办公、文体设施缺乏,村级无资金配套的情况,就积极协调上海市静安区政府为夷陵区捐赠了 50 万元,并调剂 10 万元,支持该村购买会议桌、办公桌 37 套、电脑 3 台、餐桌 40 套及部分音响设备。文化活动中心的建成和使用,不仅为该村"两委"班子提供了办公场所,还给村民提供了一个舒适休闲的文化活动场所。目前,该村红白理事会都在文化活动中心举办。

解决买菜难问题

多年以来,夷陵区一直没有一个标准化的菜市场:市民买菜难。在上海市的支持下,2011 年开工建设了罗河路菜市场项目,项目占地 8317 平方米,建筑面积 14098 平方米,投资 3968 万元,其中上海市对口支援 852 万元。市场一、二楼为菜市场,经营面积 5600 平方米;三楼为特色小吃(放心早点)、四楼是特色餐饮;地下室平时为停车场,设车位 113 个,战时为人防地下室。

2012 年 2 月 23 日,我到项目建设主体单位——东湖国资公司进行调研,了解项目建设进度及存在的问题,并到现场实地察看了建设情况,对国资公司提出的问题进行研究,提出解决办法。后期,我一直经常关注工程建设进度与质量,多次到现场督办。工程于当年 12 月正式交付使用。

为了保证菜场的可持续发展,我与国资公司的班子探讨菜市场建成后的运营模式。8 月,在我的协调下,区国资公司组成考察组到上海市闵行区、武汉市、宜昌市考察学习了外地标准化菜市场运营管理模式,提出了自主经营、租赁经营、招商经营三种方式,经过反复权衡对比,确定了国有自主经营方式,报经区政府审批,于 9 月份注册成立了罗河路菜市场管理有限公司。

罗河路菜市场是具有高起点、高标准、全封闭特征的"菜篮子"工程示范市

2012年12月，上海援建的罗河路菜市场建成并投入使用

场，是第一个面向社会大众的专业停车场，是第一家规范化的室内特色小吃经营
场所，对于改善市民购物环境、购买"放心菜"、提升城市品位具有重要意义。

搭建两地科技交流平台

2012年4月20日，我到区科技局调研科技工作，了解全区当前科技工作情
况和科技部门对口支援工作情况，并部署了赴上海开展科技工作回访活动。6
月15日，我带领区三峡办主任、区科技局等部门赴上海市闵行区科委、上海静安
区科委开展对口支援回访。此次回访活动中，向上海市闵行区科委、静安区科委
主要负责人汇报了近年来夷陵区科技工作的主要情况、对口支援协作交流的成
绩和今后的工作思路，并主要围绕夷陵区高新技术企业的引进和培育、科技型企

业孵化器建设、科技人才培训等方面的合作事项进行了深入的探讨。闵行区科委主任费霞、静安区科委主任周晴华表示,将与夷陵区建立长久的合作交流关系,并在科技政策法规咨询、农业项目、干部培训等方面给予大力支持,深化上海与夷陵的科技合作关系。

7月12日,我到区科技局指导小溪塔高新技术园区产业规划编制工作,提出赴上海相关园区开展高新技术产业学习考察计划,对产业规划的具体编制提出了可行性意见。10月14日,上海市闵行区对口支援夷陵区座谈会上,闵行区科委向夷陵区捐赠了科技合作项目经费20万元,实施两个科技项目:一是闵行区与区科技局合作开展夷陵区科技创新服务平台建设项目,目前已经成功为区内企业申报2家省级、2家市级工程技术中心,基础信息平台建设已经纳入2013年重点工作计划。二是与龙峡茶业合作开展三峡坝区有机茶生产示范与研究项目,带动全区有机茶示范5000亩以上。

构建移民精神家园

新生村位于三峡大坝下游南岸1公里处,是三峡工程建设全征村,有258户634人。随着村域经济的发展,移民对精神文化生活的需求日益增长,由于受室内场所、设置的限制,难以开展大型文化活动。

2011年在上海市对口支援的帮扶下,该村争取上海市扶持资金50万元、自筹60万元,新建起占地面积600平方米、建筑面积为550平方米、可以同时容纳全村人开展活动的移民文体活动中心。8月,主体工程竣工,但后续配套资金缺乏。我到该村调研后,积极协调上海市静安区政府为夷陵区捐赠了50万元,拟安排到该村30万元,支持该村购买了30套餐桌、全套厨具、空调及音响设备,其他设施正在配套。目前,移民文体中心已经投入使用,村民自发组织开展扎彩船、做莲湘、学乐器、舞狮子、扭秧歌等各种娱乐活动,红白喜事宴请也有了活动

的场所。

搭桥企业进军上海市场

稻花香集团是夷陵区重点扶持骨干企业,是夷陵纳税最多的企业,是湖北省首家过百亿的"农"字号企业。我时刻关注该企业发展,积极参加企业筹办的各类活动,帮助企业排忧解难。2012年2月8日,我到任的第二天晚上就赶赴稻花香集团,接待黑龙江桦南县考察团。后来又先后到稻花香集团办公、调研、接待10多次,基本月平均一次。积极参与筹备稻花香集团500亿誓师大会。我还利用过去在经贸部门工作的经历和资源,带领稻花香集团分管负责人、市场部工作人员考察了上海市场,并拜访了上海开开集团、良源特种食品公司、莘庄商务有限公司的高层管理人员,协商稻花香系列产品拓展上海市场事宜。

为全力促进夷陵农产品开拓上海市场,我先后6次组织协调宜昌市、夷陵区有关部门、企业在上海举办特色农产品推介会等。利用自身工作经验和渠道,协调华联吉买盛超市等组织开展晓曦红宜昌蜜橘上海推介月活动,夷陵晓曦红品牌柑橘在沪打开市场。组织夷陵农业企业到上海农产品中心批发市场等单位考察,就夷陵农产品纳入上海农产品中心批发市场销售网络达成共识和意向,为夷陵优质农产品进一步拓展上海市场打下良好基础。协调把夷陵特色农产品销售纳入上海国际茶文化旅游节等系列活动,共签订农产品购销订单50万吨,签约金额19.8亿元。夷陵区已有稻花香、十八湾等10多家企业100多个系列产品进驻上海市场销售。先后协调组织上海城市超市、九百集团、开开集团、新长发栗子、雷允上西区药业等负责人到夷陵专程考察,确定一批销售业务。我还到十八湾公司调研农产品销售,希望夷陵农产品打上电子商务销售的大平台,激励了该企业负责人黄蓉放手做当地农产品电商的决心,给予了她信心。目前,十八湾公司农产品电商发展方兴未艾,成为地区的龙头企业。

　　在夷陵的挂职经历,非常难得,我倍加珍惜。两年来,在上海市委组织部、市合作办的领导下,在静安区区委、区政府和合作办的支持下,在夷陵区班子成员的帮助下,我学到很多,提升不少,收获颇丰。两年来我竭力为坝库区移民做了一些事情、开展了一些工作,但是与领导的期望和群众的希望还有不少差距,需要在工作的细节等方面做得更好。

陈兴祥, 1964 年 9 月生。2013 年 12 月至 2016 年 12 月,任万州区委办公室副主任,上海市第十三批援三峡干部。现任黄浦区半淞园路街道党工委副书记。

十年爱心圆梦路　沪万人民心连心

口述：陈兴祥
时间：2016 年 9 月 21 日

　　三年万州行，一生万州情。对口支援万州三年，留给我很多美好的记忆，特别是沪万两地人民建立起来的深厚情谊，难以用语言表达，动人的事迹说也说不完。记得刚来万州那会儿，曾经在五桥(上海对口支援重庆市万州的重点地区)工作过的万州区程尧副区长和我讲过一个小故事：有一次，好像是第五批上海对口支援干部周青在服务点擦皮鞋，闲聊中服务员得知他是上海来的援万干部，说啥也不收钱；还有一次，有个上海援万干部去买打火机，售货员一听是上海口音，脱口就说"上海人来我免费"……尽管都是生活中的小事，但五桥移民群众对上海人的浓厚感情着实让我感动。在这里，我来说说亲身经历的另一个真实故事——在万州参加的一次爱心助学行动。

　　2015 年 8 月 25 日上午，三峡都市报社五楼会议室。

　　这里正在举行万州区第十六届"爱心助学圆梦行动"座谈会。

　　三峡库区移民家庭的收入普遍较低，因家境贫寒上不起大学的莘莘学子众多。接到梦想已久的大学录取通知书，对于每一个奋发图强的学子来说是最令

万州区第十六届"爱心助学圆梦行动"座谈会

人兴奋的事,但对于一些家境贫困的同学来说,还没有享受到喜悦,高额的学费就已经让全家人一筹莫展。对此,上海市合作交流办牵头发起了"爱心助学圆梦行动",从2006年开始,每年都发动上海爱心企业和爱心人士帮助万州区经济困难的青年学生圆了大学梦。十年间,爱心从未间断,至今已有两千余名学子在"爱心助学圆梦行动"的帮助下完成了梦想,顺利进入了大学校园。

......

"感恩的心,感谢有你,伴我一生,让我有勇气做我自己。"根据活动安排,在贫困学生代表优美动听的歌声中,由我陪同上海市合作交流办和黄浦区、嘉定区以及上海爱心企业的领导和爱心人士代表依次进入会场。

因为是爱心助学圆梦行动满十周年,承办方万州区移民局与三峡都市报社特意组织受助学生代表们编排了一个简朴的节目——《感恩的心》，还摄制了微电影《圆梦》。

"金钱有价，爱心无价。"在老师的引导下，50名学生代表怀着激动的心情走上舞台。这时，《感恩的心》背景音乐响起，台上的学生代表认真地随着歌声，摆动起身姿来。

"我来自偶然，像一颗尘土，有谁看出我的脆弱……"音乐声中，歌词仿佛唱出了学子此时此刻的心情。每一名同学都用歌声与舞蹈，表达着对爱心人士的感恩。此时此刻，我与场内各方代表一样静静地聆听着、欣赏着，只有悠扬的歌声充满着整个会场。

为了演好《感恩的心》节目，学生代表们之前都在家里反复练习，唯恐自己的表演不够完美。学生代表韦海洋说："我在家练习了很久，每一个手势和动作都认真练习，因为这是对帮助我们的好心人的一份感恩的礼物，虽然这算不上什么，但是我必须很认真地去做，就跟歌名一样，我是怀着一颗激动、感恩的心去表达的。"

舞曲终了，掌声雷动，学生代表们怀着激动的心情向在场的所有人鞠躬致谢。

座谈前，还播放了反映十年来上海人民无私捐助以及万州贫寒学子们勤奋学习事迹的微电影《圆梦》。

接着，万州区政协副主席张嘉强作了热情洋溢的讲话，我也在发言中真诚祝愿受助学子将"报恩之心、感激之情化为成才之志、发奋之源"，成就自己美好的未来。随后上海捐助者代表与万州学生代表开始座谈。

上海市嘉定区合作交流办主任郁彪说："1996年我曾来过万州。一别就是20年，今天我又来到这里，欣喜地看到了这座城市这些年来翻天覆地的变化。人才是国家崛起的关键，也是城市发展的中坚力量，希望同学们奋发图强，迅速

成长,以后能够成为建设万州、建设三峡库区、建设祖国的接班人。在他们成长为栋梁之前,我们将尽自己所能,让孩子们去完成学业,拥有更美好的明天。我也希望我们的爱心能够带动更多的人,为那些贫困的家庭带来温暖,为建设文明和谐社会尽一点绵薄之力。"

上海企业家代表永业集团总经理季欣接着说:"我第一次作为上海企业代表参加在万州举办的爱心助学圆梦活动,看完记录贫困学子生活状态的短片后心情既沉重又欣慰,万州学子不畏艰难、积极向上的精神,真是令人感动。中国有句古话叫'授人以鱼,不如授之以渔',我们资助一名贫困大学生,不仅希望能改变一个学生、温暖一个家庭,使一个又一个的贫困学生能够跨进大学的校门,实现他们读大学的梦想,同时也希望这些优秀的孩子进入大学后努力学习,以优异的成绩回报社会,回报祖国。"

上海市新世界集团副总裁潘强说:"我觉得圆梦行动是一个伟大的项目,多年来帮助贫困学子圆了大学梦。我们一直致力于爱心事业,也希望通过我们的行动去感动更多的人加入这个行列。我们付出的只是小小的财富,但对于贫困家庭来说,却是雪中送炭。我们从2013年开始援助爱心助学圆梦行动,以后将一如既往地支持这项活动,让沪万人民的深厚情谊永远传递下去。"

上海来的其他爱心人士代表也相继作了简短的发言。

在会场的角落,有一位皮肤黝黑的中年妇女,一边听着代表们的发言,一边在旁边默默地流泪,她便是受助学生宋昆森的妈妈。宋昆森本人因身体原因无法来到现场,由妈妈代替他参加活动。宋昆森妈妈走上发言席,开始讲述儿子坎坷的求学之路。

宋昆森毕业于万州高级中学,成绩优秀的他一直是爸妈心中的骄傲。高一暑假的一个下午,宋昆森在体检时查出患有恶性骨肉瘤,这致命的打击让这个本就困难的家庭雪上加霜。

2014 年 7 月,陈兴祥(左二)在万州区燕山乡长柏村调研

宋妈妈四处奔波,到处筹钱,带着宋昆森去重庆三峡中心医院、重庆西南医院、北京 304 医院就医,前后花去 40 多万元,面对巨大的经济债务与身体的病痛,宋昆森没有放弃学习,他于 2013 年 9 月治愈后回到学校继续读书。但祸不单行,2015 年 6 月 9 日,宋昆森刚刚结束高考,他的父亲却因病去世……

宋妈妈一边说一边抽泣,此时此刻已经激动得说不出话来,只见她双手合十真诚地向爱心人士表达着自己的感激之情……台下的受助学生中,有许多人忍不住流下了泪水,我也眼圈湿润、感触良多。

以 652 分考上北京大学的熊梦莹说:"我没有想到这么多的关怀会涌过来,让我可以放下包袱,敞开胸怀迎接大学生活。作为一名大学新生,或许还暂时没

有能力回报社会,但我可以向同学们提出倡议:在大学期间,努力学习各种知识,锻炼才干,做一名好学生。同时,关心身边的同学,乐于助人,力所能及地参加一些志愿者活动,以自身的微薄力量,为社会做一点事。将来回到家乡,建设家乡,建设祖国。从今天起,我们的心里要种下爱心的种子,让它生根发芽,也让我们长成参天大树。"

奖学金获得者、2013 年受助学生谭建峰接过话筒说:"2013 年 7 月,我有幸报名申请到了爱心助学圆梦行动的助学金,圆了我的大学梦。时隔两年,今天又获得了奖学金。说不出的激动,更多的是感谢。沪万情深,让我在一个充满爱心与温暖的环境中完成学业。对我来说,这不只是一份帮助,一份来自国家和社会的关怀,更是我学习动力的源泉。"

……

最让我感动的,还有我们上海来的爱心人士代表在大会结束后,仍依依不舍地与同学们继续进行交谈。

在交流中,受助贫困学生说得最多的两个字就是"谢谢",表达意愿最强烈的是"进入大学校园后,要将这笔捐款一分一厘都用到学习上,争取在大学期间多学本领,早日回报社会,回报好心人的帮助"。家住天城镇茅谷村 5 组的谭勇杰紧紧握着上海淮海集团党委副书记陈建军的手说:"我们一家人都很感激上海好心人,是你们解决了我上学的燃眉之急。待我大学毕业后,也会像你们那样,去帮助需要帮助的人。"陈书记笑了笑鼓励道:"同学们都是好样的,能在物质条件艰苦的情况下仍奋发努力,实现自己的大学梦,真了不起啊!"

聂沫是众多贫困生中的一位,领到捐助金后,她满怀感激地对在场的爱心人士说:"我的学费一年是 6880 元,这次的资助金,解决了我读书最大的问题,我终于可以读大学了。"聂沫说,领到钱之后,马上要拿回去给妈妈,"这笔钱给我们家减轻了很大的负担,我很感谢,谢谢这次的圆梦助学活动,让我们这些贫困家庭的孩子能圆梦。以后出来有了工作,赚了钱,我一定会像帮助我的好心人一样,力所能及地去资助家里困难的孩子,一定要回报社会,报答这些帮助过我的人。"

王馨(重庆医科大学)、刘江(重庆师范大学)、牟娅玲(重庆西南政法大学)、张伦舟(重庆理工大学)、秦宇(重庆师范大学)、谭春林(太原理工大学)等在场的贫寒学子们都怀着感恩的心,向上海爱心企业、爱心人士代表表达了他们的感激之情和进入大学后勤奋学习、奋发图强的决心。

这一年的夏天,是一个爱心涌动的夏天。通过上海人的爱心行动和三峡都市报关于贫困新生事迹的报道,感动着许多万州本地的爱心企业和爱心人士,他们纷纷伸出援助之手,为贫困学子解燃眉之急。据统计,此次活动中还收到来自万州爱心企业和爱心人士的 15 万余元捐款。

那一年,万州共有 291 名贫困高考生喜获资助,17 名成绩优异的在读贫困大学生获得奖学金。

这是一场没有终点的接力,这是一次爱心的千里传递。在万州的"爱心助学圆梦行动"中,上海人民再一次用博大的爱心谱写出沪万人民心连心的华丽篇章。

作为上海人,多年来我一直为此感到骄傲和自豪!

【口述前记】

　　张建敏，1969 年 4 月 8 日生。2013 年 12 月至 2016 年 12 月，先后担任重庆市万州区对口办主任助理、重庆市万州区移民局局长助理等职，上海市第十三批援三峡干部。现任黄浦区卫生和计划生育委员会建设和资产科科长。

一次万州行　一生万州情
——记三峡库区麻风村探访往事

口述：张建敏
时间：2016 年 11 月 16 日

　　"万州有个麻风村"，来万州对口支援工作不久，我就听万州皮肤病防治院院长谭红军说起，万州偏远小山村有一个交通不便、比较隐秘的麻风村。我的天哪，在上海早就听说麻风病已绝迹，有时也只能在电视、电影中看到过麻风病人及其惨状，联想起病人患病后肢体溃烂、口角歪斜、肌肉溃疡、眼闭不拢、神经粗大所导致的恐怖形象以及病人无法治愈的痛苦，就会让人起鸡皮疙瘩，也让人产生怜悯与同情。

　　据谭院长介绍，该麻风村建于 1970 年，占地面积 60 亩，房屋建筑面积约 1000 平方米，离主城约 60 公里，交通不便，驱车要两个多小时，车只能开到山脚下，还要向山顶爬行约 15 分钟才能达到麻风村。根据史料记载，万州区于 1952 年发现首例麻风病人，至 2002 年已达 134 人，其中瘤型 92 人，界线类偏瘤型 6 人，界线类偏结核样型 6 人，结核样型 23 人，中间界线类 7 人；目前全区现存活麻风病人 57 人，其中男性 43 人，女性 14 人，多菌型 46 人，少菌型 11 人，残疾情

况（二级 13 人，三级 10 人），最大年龄 87 岁，最小年龄 42 岁，涉及 25 个街道、乡镇。听完介绍，好奇心使我萌生了去那里实地了解的想法。

记得那是 2014 年 6 月 18 日的上午，素有"火炉"之称的重庆万州，早早地进入初夏季节，气温已升到 30 度左右。万州四面环山，外面的风全被大山阻挡，一年四季几乎没有一丝风能吹进来，三峡工程建成后，长江水位从原来的 35 米被抬升到 175 米，蒸发的水汽量比以往大得多，所以万州夏天的气候异常湿热。我和谭院长以及医院皮肤科刘主任一行三人，在烈日照耀下，驱车前往走马镇鱼背山水库麻风病村。之前，万州的同事们曾多次劝我不要去，说是麻风病的传染性极强，通过空气就能传染，而且得病之后潜伏期很长、不易治疗等。我怀着好奇、惊恐、害怕、不安等极其矛盾的心理，前往多数本地人都不知道的麻风村。在车上，谭院长为了打消我的顾虑，用带着浓重当地口音的普通话告诉我说，住在麻风村的病人都是经过治疗且病情可以控制的，基本不会传染，所以不用太过担心。说是不用担心，但心中的顾虑还是挥之不去，一路上谁也没有更多谈及此事。

经过较为平坦的省道后，就进入狭窄的乡村公路和村级道路，在不断翻山越岭，经过几个很少有人居住的自然村落（青壮劳力都已外出打工）后，来到了一个被群山环抱、人烟稀少的水库边，谭院长说这就是鱼背山水库。水库的闸门已锈迹斑斑，因离居民点较远，所以水没有被污染，水中倒映着山上郁郁葱葱的松柏，还不时传来动听的鸟叫声，没有污染、没有嘈杂，一派宁静安详的氛围，恍若世外桃源，长期住在大城市的人们，一定会羡慕死这里的环境了。过了水库大坝，车子在一座并不算高的山前停下了，车道也就在山前戛然而止。我们下了车，抬头望了一下没有路的山头，这才想起谭院长说过的要等天气好的时候才能来这里，如果下雨就没法上山了。谭院长带着我们轻一脚重一脚顺着被病人踩出来的土路往山上爬去。山虽然不高，但坡度还是比较陡，有的地方接近 45 度，要抓着草或者旁边的小树枝才能爬上去。经过十多分钟的艰难攀爬,我们终于在一排大概有十几间的房屋前停下了。说句实话,我那时的心情特别紧张,耳边不时想起同事们说的空气也会传染的叮嘱,连呼吸的节奏都放缓了。谭院长带着我边看边介绍说这是麻风病村的食堂和部分病房,设施设备都比较简单,只有一张病床,连像样的家具都"没得"(重庆话没有的意思)。虽然我耳朵在听谭院长介绍,但心里还是有些恐慌,不断在想怎么没看到病人呢,而且眼睛有意识地在东张西望,希望不要看到病人。此时谭院长好像看透了我的心思,笑着对我说,病人在后面一排病房,这一排的病人都下山了。绕过第一排病房,来到后面山上接近山顶的地方,有一排和前面差不多的平房,但全部是土坯房,而且更简陋。此时有一对老年夫妇在门口笑着迎接我们,并不断与谭院长和刘主任打招呼。谭院长简单介绍了一下,说这是一对患病夫妻,长期住山上,病的症状较轻,所以看不出来想象中的那些症状,他们已在山上住了二十多年,自己垦荒种田,种些蔬菜,养几只鸡,挖个小水塘养几条鱼,每周赶场的时候步行到山下,买些鱼和肉类回来改善伙食,生活条件比较艰苦。其他病人情况也差不多,有些病人家里已抛弃他们,所以也没人来探视,医院每周会派医生护士来帮助他们检查换药。就在说话间,谭院长带我们来到一间四周没有窗户的昏暗房间前,说这里是一个重症病人,长期躺在床上,四肢已溃烂,其他的症状也很明显,由于房间内外光线明暗差距过大,所以我并没有看清病人的样子,只见一个躺在床上的身影,其实我根本没敢往里边看。但最后我还是看到了坐在最后一个房间门口病情有些严重的皮肤黝黑的老年男性病人,他的一只手已没有,包着纱布,歪斜着眼睛看着我们,其中的一只眼睛已经闭不拢,感觉真的有点恐怖。

在回来的路上,谭院长告诉我,麻风村的 57 个病人以老年病人为主,短的在山上住了十多年,长的已住了将近四十多年,家里已抛弃他们,有家难回,社会上的人也歧视他们,使他们不敢抛头露面,每月仅仅依靠民政局的 300 元救助金过

日子,是真正的弱势群体。听了谭院长的话,我心中久久不能平静。习近平主席在重庆调研时曾经说过,"在整个发展过程中,都要注重民生、保障民生、改善民生,让改革发展成果更多更公平惠及广大人民群众,使人民群众在共建共享发展中有更多获得感"。在当今社会,还有那么多因病致贫、因残致贫的人需要我们伸出援助之手,需要整个社会来帮助他们。

在第62届"世界防治麻风病日"(世界卫生组织规定每年1月最后一个星期日为世界麻风病日)暨第28届"中国麻风节"来临之际,经与谭院长协商,我作为上海在万州对口支援挂职干部代表,决定资助资金,为57名麻风病人购置食用油、腊肉、棉被、大衣等慰问品,到麻风村隔离点开展慰问活动,尽我最大的努力来帮助他们。

2015年1月,张建敏(左三)再次到麻风病村住院病区探访

2015年1月23日上午,记得那是春节回家过年之前,也是一个晴好的天气,我再次和几名同事来到了麻风病村住院病区,心情也已没有了当初的忐忑和复杂,一切都是那么的自然。我再次看望、慰问了那里的几位麻风病人,包括第一次碰到的那对夫妻病人。在详细了解麻风病后遗症伤残病人的生活和医疗情况后,叮嘱他们要自强、自立、自信,积极配合医护人员的治疗。同时,我还希望医院最大限度地为他们做好治疗和护理工作,并搞好麻风病人的饮食,注意营养搭配,让麻风病人早日康复。

事情虽然过去将近两年,但那一幕幕情形还时常在眼前浮现,我想在挂职期间能为库区贫困老百姓做点有意义的事,尽点微薄之力,也算是尽了我们挂职干部应尽的义务。

一次万州行,一生万州情,此事终将让我永生难忘!

对口支援万州三年,在市、区两级对口支援业务部门的关心指导下,在抓好计划内对口支援项目推进的基础上,作为卫生人,我特别关注万州的卫生事业发展,并主动作为,计划外增加了医疗设备援助、医疗系统中层干部业务交流培训等内容,受到了万州区领导和当地移民群众的广泛赞许。一是针对医疗设备老旧,积极协调设备援助。2014年3月中旬,黄浦区卫计委组队到万州考察对口支援工作,研究探索对口支援帮扶新方法、新措施,提出支援万州部分医疗设备,同时还助推万州区人民医院、万州上海医院等单位的三级医院创建工作等设想。2015年初,协调黄浦区医疗系统将100张病床(约合28万元)无偿援助万州乡镇基层医疗机构。二是针对万州医疗系统中层干部知识需求,积极组织医疗管理业务培训交流。争取黄浦区卫计委自筹资金30万元,为万州区卫生系统中层以上干部和业务骨干进行业务培训。2014年至2016年底,共安排了6批共68人到黄浦区各医疗机构参加为期一周的培训,安排中级以上业务骨干5批次24人参加为期三个月的中长期培训,参训人员一致感到受益匪浅。组织协调黄浦

区香山医院、区疾病控制中心和卫生监督所来万州,通过结对、交流座谈、授课、到乡镇业务指导等形式,进一步提升万州区中医和疾病控制中心以及卫生监督队伍能力水平。同时,每年组织由骨科、内科、外科、眼科、妇产科、神经内科、中医伤科等科室主任组成的医疗专家组,到万州各乡镇开展以健康体检、医疗救助、建立健康档案、学术讲座为主要内容的对口支援巡回医疗系列活动,该活动受到万州各级政府和移民群众的一致好评,直接受益移民达 3000 人左右。

2015 年 11 月,黄浦区组织医疗专家到万州区开展义诊活动

张峰,1979 年 10 月生。2013 年 12 月至 2016 年 12 月,任湖北省宜昌市夷陵区委副书记,上海市第十三批援三峡干部。现任静安区临汾路街道办事处主任。

施吉波,1971 年 1 月生。2013 年 12 月至 2016 年 12 月,任湖北省宜昌市夷陵区三峡办副主任,上海市第十三批援三峡干部。现任静安区安监局副调研员。

在感恩中成长　在不舍中暂别

口述：张　峰　施吉波
时间：2017 年 2 月 28 日

　　根据组织安排,我们于 2013 年 12 月到夷陵区挂职,张峰担任区委副书记,分管合作交流、对口支援工作,联系招商引资工作、乐天溪镇以及乐天溪镇下属的省级贫困村莲沱村。施吉波任三峡办副主任,分管上海对口支援工作。岁月如梭,时光荏苒,充实的三年挂职转眼已过。记得到夷陵挂职前组织跟我们谈话,交代了三句话:一是立足本职抓好项目;二是当好纽带搞好对接;三是廉洁自律管好自己。三年间,在各级领导和同志们的关心、支持下,我们时刻不忘组织嘱托,履职尽责,踏实干事,做了一些工作,取得了一些成绩,加深了对农村基层基础的认识,增进了与基层干部群众的感情,提升了做好各项工作的综合能力。受益匪浅、体会良多。下面,我们就简要说说三年工作中的些许片段。

走进妇儿医院,体验人性关怀

　　"民生为本、产业为重、规划为先、人才为要"是上海市对口支援工作的基本方针,积极体现"中央要求、当地需求、上海所能",因地制宜、综合施策是我们落实项目的具体要求,正是在这指导思想下,三年间我们落实了如夷陵区妇女儿童医院、东湖初中、小溪塔福利院等几个大型民生项目。

听夷陵当地人回忆,2007 年末到 2008 年初,中国的南方冰天雪地,夷陵也未能幸免,短短两个月内,方圆百里之中的 100 多名孕产妇被接到了一幢温馨的小楼,顺利产下了新的生命。那栋小楼就是当时上海援建的夷陵区妇幼保健院。很快人们就知道,这里的一切环境与设施都来自上海,来自浦江儿女的一片真情。这是生命的延续,更是情谊的绵延。事实上,对上海这座国际性大都市与夷陵这个古老县城的牵手,更多的夷陵人还来不及探究事件背后的深层意义,尤其是广大的移民。相对而言,普通人做着更为现实的思考,也更为直接地表达着他们的渴望与欲求,他们所关注的是他们能否重新安居、就业,生老病死的环境能否得到改善。正是这种朴实的感情和真挚的诉求,给我们对口支援提供了最实在、最具体的工作抓手。

近年来,随着夷陵经济社会的发展,妇幼群体不断增加,服务需求也不断提升,多年前建设的妇幼保健院的体量和服务能级已经不能承载夷陵百姓现实的需要。为此,2014 年初我们就对夷陵卫生系统进行了细致调研。经过多次调研,深入沟通,经过近两年的谋划,最终于 2015 年底决定对口支援新建夷陵妇儿医院,投资 3000 万元,分三年实施。项目建设内容为新建住院楼、门诊医技楼、行管后勤保障用房以及地下停车场,总建筑面积 8 万平方米,建设总床位 500 张,估算总投资 4.2 亿元。项目建成后将有效拓展服务半径,为夷陵区乃至川东鄂西广大妇女儿童提供专业化、人性化、特色化的医疗保健服务,从而更好地保障和改善民生,满足不同年龄、不同层次妇女儿童日益增长的健康需求。这是就目前为止上海对口支援夷陵的最大的单体项目,一方面符合夷陵发展的实际需求,另一方面也体现了我们上海多年来始终紧扣教育卫生事业,一如既往关注民生的理念,也彰显了我们上海的特色。

知识改变命运,在夷陵,我们有以上海中学为代表的一批优秀援建学校;卫生守护生命,在夷陵,我们有以新妇儿医院为代表的一批优秀援建医院。我们相信,夷陵百姓,尤其是广大移民必将会感受到上海人民这份人性的关怀!

走边界,访民情,共奔小康路

只有贴近基层,洞悉社情民意,才能在决策时胸怀全局,才能增进对群众的感情。夷陵区 80% 的地区是农村,80% 的群众是农民,我们把精准扶贫、湖北省"三万"活动、夷陵"四心工程""四级一促"等活动,视为贴近基层、提升能力的宝贵机遇。近三年来,我们走遍夷陵区全部 14 个乡镇,走访了 50 多个行政村,对乐天溪、莲沱等联系镇村走访调研累计达 20 余次,在掌握农村情况、丰富工作经历的过程中,为群众排忧解难、收获父老情谊。

张峰(右)参加春节帮困送温暖活动

　　2014年12月2日,有幸跟随"夷陵边界行"活动走进了樟村坪镇栗林河村,并把文化科技卫生法律"四下乡"延伸到了栗林河。近年来,夷陵区广大边界村人民自力更生、艰苦奋斗,积极加强基础设施建设,培育壮大主导产业,边界村面貌和边界人民生产生活条件得到改善。但由于部分边界村自然条件较差,历史根基薄弱,各级党委、政府和社会各界关注、了解、帮扶力度不够等原因,各边界村经济社会发展总体上与全区平均水平、边界群众期盼有较大差距。为深入了解这些不为人熟知的边缘地带,切实加快边界地区发展,推进全区城乡统筹发展,夷陵区人大常委会、区委宣传部联合组织开展了"夷陵边界行"活动。活动共走访边界村63个,开展"三下乡"活动14场次,收集意见和建议860多条,累计协调资金4600万元,帮扶落实项目260多个,协调解决道路通行、安全饮水、

施吉波(中)参加访贫问苦活动

住房改善、网络通信、电力保障、增收致富、阵地建设、产业培育等八类民生难题480多件,挖掘推广了皮影、巫音等民间民俗文化,有力推动了边界村的发展。

　　每一次走访贫困家庭,我们都不禁流泪,进门第一眼的感受真正可以用"家徒四壁""耗子进屋都得叹息"来形容;每一次走访贫困家庭,我们又深深被群众身上那种淳朴的本质和渴望摆脱贫困的迫切愿望所感动。为此,2015—2016年间,我们不遗余力为联系的省级贫困村莲沱解难题促脱贫,多次深入该村走访调研,每户贫困户我们都逐一上门走访慰问,详细了解掌握村社、贫困户存在的困难、问题等。对莲沱村断头路、农田水利建设、产业发展等问题,我们都主动调研、实地查看、亲自研究,与镇村干部一道逐一解决。通过多方争取,促成上海和夷陵双方将精准扶贫作为2017年对口支援工作的重中之重,希望能助力夷陵如期实现全面小康。

走入营盘,看看移民新生活

　　2014年以来,国务院三峡办要求把移民小区综合帮扶作为对口支援工作的重中之重,为此,我们先后整合帮扶资金3.5亿元、实施项目220个,高标准建设4个移民综合帮扶小区。营盘小区是夷陵区安置移民人数最多、居住最集中、基础最薄弱的移民小区之一,现有移民596户2108人,移民点占地面积380亩,共建户450栋。在综合帮扶前,小区基础设施破旧落后,污水横流管线乱拉,居住环境脏乱差又不安全,移民生活来源不稳定。有那么一句顺口溜:"移民搬迁二十年,房前屋后没改变,下个小雨就倒房,打个屁雷就停电。"为尽快建设好营盘小区,打造美丽家园,帮助移民真正实现搬得出稳得住,我们对口支援1000万元,对小区实施了房屋立面改造、道路黑化亮化及周边绿化、天然气管道和排水排污管道铺设等基础配套设施建设,改善了移民居住条件。同时,本着硬件建设、软件服务同步提升,让广大移民拥有最大获得感的原则,我们参考上海市静安区六个中心的建设模式,在营盘小区建设了一系列便民服务中心,即党员群众服务中心、互助养老服务中心、文体活动中心、居民生活服务中心、就业创业服务中心,让移民能办事不出社区(村),就近解决生活小问题和参加文化体育活动,陶冶情操,就近创业就业增加收入,安居乐业。该项目产生了良好的社会效应,得到广大居民群众的一致好评,移民真正感受到了实惠,看到了希望,精神面貌焕然一新,纷纷称赞"政府为我们办了一件大实事"。现在营盘小区实现了家家能就业、户户可安居、人人有社保,移民生活达到了全区城乡居民中等以上水平。2016 年全国对口支援工作现场会也在营盘小区举行,小区帮扶工作成效以及"12345"的工作思路得到了国务院三峡办领导高度肯定,为全国对口帮扶移民小区工作作了典型示范,提供了优秀经验。

漫步官庄,感受怡人新农村

到过夷陵的人都知道,夷陵由"水至此而夷、山至此而陵"得名,更知道夷陵由柑橘而成名,夷陵素有"中国早熟蜜柑之乡"美誉,是名副其实的"橘都茶乡"。夷陵全境有 30 万亩橘园,年产 70 万吨,是整个宜昌地区最大的柑橘种植和交易地,所产柑橘皮薄汁多,酸甜可口,市场销路不错。而夷陵区柑橘最大的主产地就在官庄村。为进一步推动夷陵柑橘产业发展,让移民能够在城区居有所安,我们紧盯官庄村以柑橘为主导产业的农旅发展模式,自 2014 年起对口支援资金1500 万元,在柑橘主产区兴建了柑橘交易市场。该项目集旅游休闲、贸易洽谈、产品展销、节庆赛事等功能于一体,占地面积 57.3 亩,建筑面积 6500 多平方米,包括柑橘博物馆、文化大戏台、农产品展销大厅等建筑,同时拉动社会资本 3000万元,建设 3 家星级农家乐。2014、2015 年在柑橘交易广场成功举办中国夷陵第四届、第五届柑橘节,当地宜昌蜜橘比同期销售单价上涨 400 元/吨,柑橘年出口达 3 万吨,大大增加了当地农民收入,近 3000 移民从主导产业发展中受益。

古有桃花源,芳草鲜美,落英缤纷;今有官庄村,环境优美,生态和谐。春天的官庄是绿色的,它会让你的双眼完全释放于这满世界的绿色当中,就像大自然母亲用她绿色的手抚摸你的眼睛,很舒服很温柔;秋天的官庄是金色的,它会让你的肾上腺素瞬间迸发,刺激你分分钟想投入大自然丰收的喜悦中去。还有,官庄一直都是宁静的,官庄的农舍整洁靓丽,官庄的道路干净平缓,在弯曲中不断延伸,有车流但不喧闹;官庄的水库清澈迷人,微风拂过,水面上的清波好似荡漾进入心底,你可以静静地望着眼前的美景,眼前的绿水青山也会静静地怀抱着你。想想好似一幅画!就是这幅画,描绘了官庄村立足自然资源优势,突出柑橘产业,发展生态农业,打造"最美乡村"旅游品牌,柑橘、苗木、花卉、茶叶、蔬菜等休闲多元经济基地"田成片、路成网、林成行"的壮美图景。也正是这幅画,使项目所在地的官庄村被评为全国文明村、湖北省城乡统筹示范村。

我们相信,我们肯定还会回去看看!

沪夷少年互牵手,两地情谊绵长久

2015年7月23日,由一条新闻报道引起的留守儿童黄钰芳与远在千里之外务工的父亲黄治龙相聚的励志故事,在上海市静安区牵手湖北省宜昌市夷陵区开展的"三峡孩子看上海"夏令营活动中感动了沪鄂两地。

留守儿童黄钰芳家住宜昌市夷陵区分乡镇分乡场村,2015年小学毕业即将进入初中。她的爸爸黄治龙在外打工近20年,现为浙江嘉善丰茂群家居公司油漆主管,妈妈王春秀多数时间也在外打零工,黄钰芳一直留守在家由爷爷奶奶照顾,就读分乡完全小学。7月20日,"三峡孩子看上海"夏令营启动,"美德少年"黄钰芳荣幸成为夷陵区25名三峡移民子女、全区美德少年以及留守儿童等优秀青少年儿童代表其中一员,一起免费参加此次活动。就这样,23日,一场"穿越"千里来看你的感人画面定格在上海东方明珠广场。这次父女久别重逢的特殊情感,让"同饮长江水"的沪鄂两地之情更加深厚。

黄钰芳同学说,这次"穿越"千里和伙伴们一起零距离观看上海现代化建设的巨大成就,感受上海国际大都市的现代文明,体验上海科技文化发展的最新成果,不仅开启了一次震撼心灵的学习和希望之旅,还收获了和爸爸意外相聚的惊喜,将把这份刻骨铭心的感恩之情在同学们中扩散传递,变成无穷动力激励前行。

这就是 2015 年我们组织的"三峡孩子看上海"活动的一个感人画面,那次夏令营活动收到了很好的反响。2016 年 7 月 5 日上午,"上海孩子看三峡"夏令营在夷陵区夷陵楼举行开营仪式,来自上海的 21 名优秀青少年代表和夷陵区美德少年、市级优秀少先队员等青少年代表手拉手,参加了夏令营活动,更进一步加强两地青少年的交流和互信,促进了两地青少年互相关心帮助,共同成长成才。这样一个以两地青少年为切入点的平台和机制,使得沪夷两地的优秀青少

2016 年 7 月,"上海孩子看三峡"夏令营在夷陵区举行开营仪式

年从中受益,成了融会两地爱心、深化两地友谊的重要渠道和纽带,进一步巩固了两地传统友谊,深化了全方位交流合作,也奠定了两地未来合作共赢发展的坚实基础。让我们有理由坚信沪夷对口支援工作之花必将更加绚丽地绽放,静安夷陵的传统友谊必将悠远绵长。

三年来,做了些工作,也取得了些成绩,但在我们心里,相比于我们做的这些微不足道的工作,我们觉得成长了更多,收获了更多。总结一句话就是,"在感恩中成长,在不舍中暂别"。我们觉得自己只是暂时离开了美丽的夷陵,夷陵的一人一事,一草一木依然会久久牵动我们的心!

感谢夷陵,感恩夷陵,愿夷陵的明天会更好!

　　张攀国，1965 年生。现任重庆市万州上海中学党总支书记，校长，万州区教育学会历史专业委员会理事长，重庆市教育学会优秀教育科研成果一等奖获奖者。

浦江春潮涌平湖

口述：张攀国

整理：黄佐东

时间：2016 年 12 月 28 日

因为三峡工程，所以对口支援；因为对口支援，让同饮一江水的上海与平湖万州结下了不解之缘，也给了万州上海中学千载难逢的发展机遇。十多年来，在上海人民的无私援助下，上海中学持续快速发展，办学规模不断扩大，教学质量大步提升，办学水平大幅提高，完成了"薄弱学校—区级重点—市级重点"三大步跨越式发展，走出了一条在移民搬迁和对口支援中强势崛起之路。

回望来路，上海中学每一步发展、每一次腾飞，无不凝聚着上海市委、市政府及其相关部门的关怀之情，无不凝聚着上海人民的爱心和奉献。完全可以这样说，没有上海社会各界的倾情支持和帮扶，就没有上海中学现在的成绩和荣光。

硬件支持，促进办学条件大改善

上海中学原名万州第五中学，原校址位于万州铁路大桥南桥头，既是三峡工程二期水位全淹学校，又是万州区公认的最为薄弱的高完中。

移民搬迁,让上海中学面临巨大的挑战;而对口支援,也让上海中学迎来了发展的春天。随着上海对口支援万州工作的不断深入,上海中学的搬迁发展纳入上海对口支援万州的工作重点,且力度不断加大。从 1997 年起,上海几乎每年都无偿给予上海中学大量的资金、物资援助——

1997 年上海市教委援助 300 万元修建高中部教学楼;

1998 年上海市政府援建多媒体教室 1 间;

2000 年上海市教委援建白玉兰远程教育网;

2001 年上海市教委赠送计算机 51 台,装备 60 座语音室 1 间;

2004 年上海市政府援建学生食堂 100 万元,市教委赠送图书 2 万册;

2005 年上海市政府援建塑胶运动场 200 万元,赠送图书 2 万册;

2006 年原卢湾区政府赠送图书 2 万册,计算机 100 台;

2007 年原卢湾区政府援建学生宿舍 100 万元,图书 5 万册;

2008 年原卢湾区政府援助 180 万元,其中援建学生宿舍 100 万元,援助计算机 160 台,图书 3 万册;

2009 年原卢湾区政府援助初中部教学楼 100 万元,捐赠校服 4500 套;

2010 年原卢湾区政府援助初中部教学楼 120 万元;

2012 年黄浦区政府援助多功能教室 50 万元、多媒体系统 20 万元;

2013 年黄浦区政府援助新学生食堂 200 万元;

2014 年黄浦区政府援助新学生食堂 120 万元;

2015 年黄浦区政府援助 105 万修建学校新大门,黄浦区卢湾高级中学援建标准心理咨询室 1 间;

2016 年黄浦区政府援助 50 万元购置学生铁床 750 张;

……

这只是一份不完整的上海援助我校的清单及一串枯燥的数字,但在这枯燥

数字的背后,却是上海人民多年来一以贯之的奉献和支援,是上海人民对三峡移民的深情厚谊。截至 2016 年,上海市累计援助上海中学资金、物资 1600 多万元,占上海中学国有资产总额的 37%。

上海援建的教学楼

上善若水,海风健人。上海人民的无私支援,极大地改善了上海中学的办学条件,扩大了办学规模,促进了学校的持续、快速发展。办学规模由原来占地 57 亩、建筑面积 8508 平方米、教职工 104 人、学生 724 人,扩大到如今的占地面积 65879 平方米、校舍面积 46154 平方米、体育场馆面积 38162 平方米;现有 84 个教学班,在校学生 5000 余人,教职工 305 人,其中高级教师 41 人,中级教师 134 人,市级骨干教师 6 人,区级学科带头人、骨干教师近 40 人。

为了真心感谢上海人民的无私援助,为了永远铭记上海人民的深情厚谊,1998 年学校整体搬迁时,正式更名为"重庆市万州上海中学"。

软件帮扶,助推教学质量大提升

在加大对上海中学硬件设施投入的同时,上海也十分注重对学校软件建设的帮扶,通过"名校联姻""请过来、走过去"等方式,加强对学校教育理念、管理经验、师资培训和教育资源等方面的支持和无私援助,不断提高学校的教育教学水平,打通发展瓶颈。

2009 年,在卢湾区合作交流办的帮助下,卢湾高级中学与学校联姻,开展点对点帮扶。卢湾高级中学是上海市实验性示范性高中学校、市科技教育特色示范学校、市艺术特色学校、市文明单位、市头脑奥林匹克特色学校,更是黄浦区的教师教育培训基地。

根据两校约定,学校每年派两批教师赴上海卢湾高级中学培训学习,每年卢湾高级中学派专家组到万州上海中学亲自示范指导一次;平时不定期通过录像课、利用互联网远程诊断在线交流等方式促进教师专业成长。

我清楚地记得,2014 年的深秋,卢湾高级中学书记、副校长陈屹率学校教导处、科研处和所有教研组长一行 13 人来到万州上海中学,上示范课、办专题讲座、开座谈会,传经送宝。陈屹书记所作的《加强研究,提高效率》的专题报告,围绕"细化课程标准—优化课堂教学—精化训练系统"就上海卢湾高中以"三化"为载体,以推进课程改革、提高教育质量为目标,深入浅出、生动形象地阐述了如何上好每一堂课,如何做一个有幸福感的老师,如何办好一所高质量的学校,让学校领导和老师受益匪浅。当学校教师得知教导处主任曹贻平为上好示范课,十多天前就联系上海中学快递重庆教材,预先设计练习提前让上海中学学生训练,当晚到达后在酒店批阅作业到深夜,并把学生的典型问题拍照制作 PPT 课件的事迹后,无不为他的敬业精神所感动。

2006 年 8 月,上海援助的万州上海中学塑胶运动场竣工并交付使用

　　通过上海对学校软件建设的帮扶,教职员工的教育观念不断更新,科研意识不断增强,业务水平不断提高,学校的教育教学质量大步提升。2002 年学校被万州区人民政府批准为万州区重点中学,2009 年被重庆市人民政府批准为重庆市重点中学。

　　1998 年学校整体搬迁时,只有 225 名学生参加高考,本专科共计上线 37 人(其中本科上线 17 人),上线率仅为 16.4%。2016 年,学校高考、中考各项指标创历史新高。高中 2016 级 920 人参考,上重本 162 人,重本率 23.7%,重本人数实现学校历史性突破,稳居万州高完中第 4 位;本科上线 684 人,本科率高达70.5%;初中 2016 级 665 人参考,上本校统招线 293 人,上线率 44%;上市级重点中学统招线 350 人,市重上线率 52.06%。无论是纵向比较还是横向比较,学校 2016 年高初中出口成绩均创下了历史新高。

砥砺前行,合力推动学校大发展

上海中学的搬迁发展,不仅得到了上海市社会各界的鼎力支持,也得到了上海市各级领导的高度关注和重视。上海市"四大家"领导、上海市合作交流办和有关部门领导,上海市黄浦区、原卢湾区"四大家"领导,多次莅临上海中学检查指导工作,在资金、物资上予以无私援助。

上海人民的无私援助,不仅为上海中学的持续快速发展打下了坚实的基础,注入了强大的活力,也极大地激发了上海中学广大教职员工的工作干劲和热情。学校在万州区委、区政府及教育主管部门的领导下,秉承"上善若水,海纳百川,穷理达德,日新月异"的办学理念,以"办高品位的学校,培养高品质的人,追求高水平的质量,建巴渝名校"为办学目标,大力弘扬"团结奋进、负重拼搏、敢为人先、勇于创新"的上中精神,开拓奋进,砥砺前行。

在教书育人方面,学校坚持学生思想道德教育和学校文化的建设,突出德育特色教育。以"打造高品质的人"为目标,着力培养"遵纪守法的自由人,拼搏创新的现代人,说文明话、做文明事的文明人"。注重活动开展,累积校本特色,强化感恩教育和爱心教育。坚持以特色为德育抓手,把握时代特征,突出心理健康教育,坚持开展"五个一"健心工程,即"开设一个心理咨询室,两周一节心理健康课,学期一次心理咨询征文,每月一期《青苹果乐园》,创办一个心路历程网站",引领和疏导学生心理。同时,紧扣年段特点,重视理想前途教育,加强班风和学风建设。强化常规管理,提升教育质量。

在推进素质教育方面,学校围绕"艺体+科技"模式,打造学校教学特色。学校每学期定时举办"一会一节",即春秋季田径运动会和艺术节,以年级组为单

位定时开展足球和篮球联赛。2015年8月,学校被教育部确定为"校园足球特色学校";学校组队参加重庆市"争当小实验家"科技体验活动,获万州唯一的一个一等奖;组队参加重庆市第二十九届、第三十届青少年科技创新大赛,多名学生获一等奖,学校获优秀组织奖;参加重庆市第七届中小学生艺术展演活动,获一二三等奖各一个;学校有两名同学先后获得万州区第七届、第八届科技创新区长奖;组队参加万州区中小学生篮球赛,分获高中女子和初中女子第一名。

近年来,学校先后荣获全国第二批"和谐校园""全国校园足球特色学校""全国重点课题实验基地学校",重庆市"文明单位"、首批"园林式学校""模范职工之家""A级卫生单位""示范食堂""平安校园""绿色学校",万州区高初中"教学质量一等奖""规范化管理示范学校""德育先进学校"、首批"平安校园""绿色校园""人文校园""健康校园""教研示范学校""课程改革基地学校""继续教育培训基地""校务公开先进单位",学校被教育部确定为"西南大学教师教育实习与实践基地"和"重庆三峡学院研究生联合培养基地"。

同饮一江水,沪万心连心。上海中学的发展离不开上海人民的深情关怀与厚爱,离不开社会各界的大力支持。我们一定会把上海人民的深情厚谊转化为发展的动力,以更开放的气度、更博大的胸怀、更奋进的气势和无限的活力,不忘初心,砥砺前行,开创更加美好的明天!

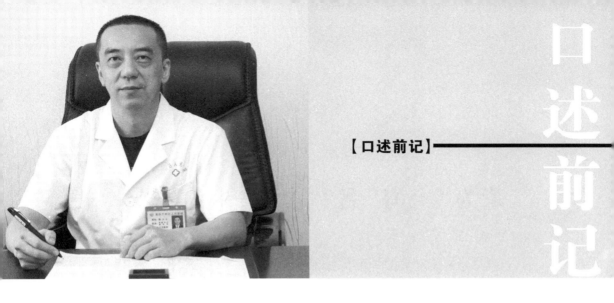

【口述前记】————————

　　陈少云,1970 年 11 月生。2011 年 4 月至 2017 年 4 月,任万州区上海医院(万州区第五人民医院)党总支书记、院长。现任万州区人民医院党委书记。

荣为"上海"名　永记"上海"恩

口述：陈少云

整理：钟雪琳

时间：2017 年 7 月 1 日

　　20 世纪 90 年代初,举世瞩目的三峡工程开始建设,地处长江以南、三峡库区腹心地带的重庆市万州区五桥,是国家级贫困县之一,三峡就地移民占当地人口的三分之一,虽说是一个刚建立的新城区,但由于无大型工业支撑,当地移民无处就业,大多靠当"棒棒"养活一家人,人均年收入不足 800 元。在如此艰苦的大环境下,医疗卫生行业便可想而知,因政府财政困难,卫生经费投入严重不足,60 万人民缺医少药,看病难、看病贵成为"老大难"问题。

　　重庆市万州区上海医院于 2002 年 10 月由原五桥人民医院与五桥中医院合并组建而成,承担着万州江南片区及周边地区近 200 万人的急救医疗、防病治病、突发公共事件及对基层卫生院的业务指导工作。二十年前,五桥人民医院在五桥镇卫生院的基础上挂牌成立,仅有职工 73 人,业务用房面积 2348 平方米,医疗技术人员奇缺,医疗条件极其简陋,唯一的一台黑白 B 超机由 70 多名职工集资购置,年医疗业务收入 84 万元,固定资产 53 万元。从 1995 年开始,五桥人民医院迎来了三峡库区对口支援的历史契机,从此开启了医院的"蝶变"之路。

　　我于 2011 年 4 月调入重庆市万州区上海医院任党总支书记、院长之时,医院发展现状令人担忧,医疗设备陈旧、专技人员整体素质不高、无特色专科支撑、无二级甲等医院职级,等同乡镇卫生院。在与黄世清老院长交接工作时,发现上一届领导班子非常重视上海市的对口支援工作,通过上海市对医院人才培养、技术指导、捐赠设备资金等全方位对口支援,使医院很快扭转了一穷二白的局面,奠定了坚实的发展基础,这让我充满信心。我接下黄院长手中的"接力棒",从此开始了上海对口支援工作的"新征程"。在我任职的五年期间,我带领新一届领导班子加强了与上海市对口支援的联系,通过双方的共同努力,不断探索、创新对口帮扶合作新模式、新机制和新举措,使对口帮扶工作结出了累累硕果,助推医院持续蓬勃发展,使医院短短几年发生了翻天覆地的变化。

万州区上海医院门诊部和住院部

截至 2016 年,医院设有 1 个住院部、1 个门诊部和 1 个移民社区卫生服务中心。占地面积 8257 平方米,建筑面积 1.97 万平方米,编制床位 499 张,实际开放床位 400 张,职工 463 人。2016 年,上海医院总诊人次为 452300 人次,医疗业务收入 1.65 亿元。医院两个效益取得了显著成绩,得到了社会的认同和信任,近几年来连续被评为消费者满意医院和万州区级文明单位。

各级高度重视　倾情投入支持

二十多年来,上海市各级领导高度重视对口支援工作,多次率代表团来我院考察,沪万双方积极响应党中央、国务院号召,立足于高度的责任感和历史使命感,始终把对口支援作为一项重要工作来抓,胸怀大局,心系库区,情暖万州。特别是上海市卫生和计划生育委员会、上海卢湾区人民政府、上海市浦东新区公利医院、上海曙光医院、上海宝山中心医院、上海吴淞医院等部门和医院,在人员培养、技术指导、专科建设、设备捐赠、资金援助等方面给予了万州区上海医院关心和支持。

1995 年至今,万州区上海医院共接受上海对口支援援助资金 1354.05 万元,购置了部分急需医疗设备,建立了 ICU 中心,改造装修手术室、放射科以及近 7000 平方米住院楼、建设医院污水处理系统及医院营养食堂改建等。上海市对口支援陆续为医院捐助了 X 光机、彩超、纤维胃镜、救护车、体检车等医用设备车辆 82 台件,设备价值 410 万元。2007 年 8 月,上海市为医院援建了上海白玉兰远程医学会诊教学网站,搭建了技术传播平台,为医院的医疗业务开展注入了新的活力。2010 年 8 月完成住院楼搬迁工作,将 6 个住院病区搬迁入驻试运营,大大改善了就医环境,使医院面貌焕然一新,吸引了周边地区的病人前来就医。通过医院硬件设施的升级,办院规模由小变大、住院环境由差变好、医疗设备由旧变精、综合实力由弱变强,竞争力和接待力都显著提升。2011 至 2016 年门诊诊疗人次增长了 3.2 倍,住院病人增长了 2.2 倍,年业务总收入增长了 5 倍,取得了良好的经济效益和社会效益。

跨越发展　亮点纷呈

如果说上海医院今天取得了一些成绩,我们不会忘记,这些成绩都是建立在上海市对口支援的基础之上。

亮点之一:成功创建国家二甲医院

一家医院没有职级,等同于一名医师未取得执业证,在现代社会,再有能力也不能走多远。2012 年,我与新一届领导班子提出了"内强素质,外塑形象,全力创建国家二级甲等综合医院"的奋斗目标,全院职工积极行动起来,开展创建工作。2012—2013 年创建期间,在上海市政府合作交流办公室、上海市卫计委、上海市黄浦区卫计委的关心支持下,上海市浦东新区公利医院给予了人、财、物等全方位的支持和帮扶,为我院支持了专项资金 10 万元用于二甲评审工作,并派出院长助理陈晓平同志于 2013 年起任我院挂职副院长,在此期间 4 批次到我院指导工作,每次 5—7 天,给予了医院管理工作指导、业务指导、教学查房、手术示教等各项工作指导,为医院的管理及医疗业务工作作出了较大的贡献。在 2013 年 9 月达标验收期间,该院以陈晓平主任为组长的 3 人达标工作队从上海飞赴万州,与我院全体职工全程攻坚,坐镇指导评审工作。9 月 27 日,我院顺利通过重庆市卫生局专家组评审验收,成功创建国家二级甲等综合医院,为我院的发展史写下了光辉的一笔!万州上海医院这一历史性的跨越,是与上海市各级部门、领导的关爱、支持和大力帮助密不可分的!在此,我代表全院职工向他们表示衷心的感谢和诚挚的敬意!

亮点之二:学科建设实现零突破

上海市政府合作交流办公室在我院学科建设、医疗设备、人才培养、技术指

导等多个方面给予了我院无私援助。特别是耳鼻咽喉科的建设,在上海市对口支援下,医院耳鼻咽喉科的医疗设备可以说是鸟枪换炮,设备档次位居万州区医疗单位首位。上海市卫计委自2003年起从人才培养、科研项目几个方面同时给予了鼎力相助,我院耳鼻咽喉科医生伍立德、谭学君、文溢3位同志到上海市对口支援医院学习后,回院开展起了鼻内窥镜鼻窦、咽部息肉二氧化碳激光喉癌手术、鼾症手术等10多项以前从没开展过的手术,成为万州最早开展鼻内窥镜手术的科室之一,年开展鼻窦内窥镜手术400余例,喉显微手术200余例,激光手术200余台,耳显微手术近100例,并积极向前颅底、颈部疾病拓展。鼻内窥镜在颅底、鼻眼相关学科等领域也得到广泛的应用。2012年8月,在陈晓平教授帮助下开展的"完璧式乳突诊治加面神经减压术"等手术,填补了医院在万州区耳鼻咽喉科领域的一项空白。2009年12月,我院耳鼻咽喉科成功创建了万州区级特色专科。2012年8月,上海市浦东新区公利医院将我院耳鼻咽喉科纳入上海市浦东新区重点学科群建设,常年派出上海市耳鼻咽喉科专家坐诊指导。耳鼻咽喉科借助三峡对口支援的东风,展开了与上海市多家医院耳鼻咽喉科及科研机构的广泛合作,并在教学及科研上取得了可喜的进步,接待了来自上海的学术团队、专家及下派学者多达数十批。科室区级、市级科研课题各1项,上海市自然科学基金—东西部合作课题1项。在国家和省市级杂志发表学术论文14篇。其中,发表国际影响因子SCI3.5文章1篇。2016年3月,我院耳鼻咽喉科成功创建重庆市级医学特色专科,其中,科研项目"儿童腺样体肥大的手术疗效观察及临床相关因素分析"已纳入重庆市卫计委立项并通过重庆市级结题验收。以上成绩在我院的学科发展史上均实现了零的突破。耳鼻咽喉科2015年门诊10484人次,住院1049人次,云阳、开州、忠县等周边地区患者慕名前来就诊,已成为我院对外宣传的一块金字招牌。

亮点之三：学术指导促进人才建设

二十多年来,上海市对口支援免费为我院培养专业技术人员和管理人员94名;免收培训费、住宿费、发放生活补助费共计41.7万元。这批技术骨干带动了医院业务发展,有的成为医院特色专科学术带头人,开展了以前不能开展的新医疗业务项目20余项。迄今为止,上海医院有80%的业务技术骨干曾到上海黄浦区中心医院、卢湾区人民医院、浦东新区公利医院等培训学习,使医院的医疗业务技术、管理水平、服务理念、技术创新都有了很大的提高,医疗技术水平和管理水平上了了一个新的台阶。2011年我刚来院时,医院仅有正高级职称1名、副高级职称9名、中级职称53名,中高级占专技人员的25%,本科学历80名,占专技人员的32%;2016年,医院有正高级职称3名、副高级职称26名、中级职称101名,中高级占专技人员的33%,研究生5名,本科学历164名,本科及以上学历占专技人员的43%。短短几年,医院的人才结构已发生了惊人的变化,全院职工已形成了比学赶超的学习和工作氛围。

不仅如此,二十多年来,上海还先后派出医疗专家组14批次共107名专家,来我院进行了技术指导、继教讲学及巡回医疗。2014年至2016年,上海对口支援在我院成功举办国家继续医学教育项目2个(对口支援重庆万州上海医院医护人员专业技能培训项目),为万州人民免费看病和做手术2000余人次,给万州市民带来了健康福音,也为我院医疗技术和学科建设提供了技术支撑。

心系三峡　情满库区

"我住长江头,君住长江尾,日日思君不见君,共饮长江水。"举世瞩目的三峡工程将上海人民与万州人民的心紧密联系在一起,上海倾情对口支援,点燃了三峡库区移民健康之光,万州人民将感恩不忘。二十多年来,上海市医疗专家在万州以精湛的医术、高尚的医德、优质的服务为库区人民排忧解难,留下很多美

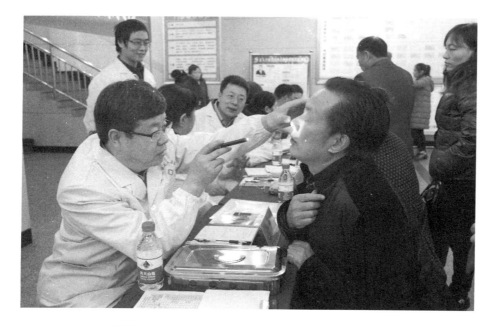

2014 年 11 月，上海公利医院医疗专家在万州上海医院义诊

好形象和生动感人的故事。我们三峡库区人民对上海专家的高度评价和深厚感情，则是对他们这种作风的直接体现和最好诠释。

特别值得一提的是，近年来，上海市委、市政府高度重视对口帮扶工作，常年安排 2 名驻万州挂职干部加强与我院的对口支援联系。上海市政府合作交流办方城处长、刘瑞群处长，上海市驻万州区委办陈兴祥副主任、移民局张建敏局长助理和历批挂职干部，经常到我院了解对口支援情况，调研对口支援项目，先后考察调研了医院耳鼻咽喉科专科建设、污水处理系统、百安坝移民社区卫生服务中心泌尿专科建设项目、门诊楼改扩建项目等，并在实施过程中给予了具体的指导和可行性建议，开展了对口帮扶工作座谈交流，总结工作经验，分享对口帮扶取得的成果，建立起了更深厚的友谊。

　　我医院有赋，"得对口支援襄助，受上海人民之泽，不啻春风化雨、助我为蝶、灿然重生。此情此意，万载铭记"。为了感谢上海市对三峡库区万州卫生事业的支持，让上海的深情厚谊永远铭记在万州人民心中，经医院和区卫计委积极争取，经重庆市有关方面同意，2007 年 1 月，万州区卫计委将重庆市万州区第五人民医院更名为重庆市万州区上海医院，万州区上海医院由此得来。

继往开来　千里共荣

　　从万州到上海，长江水源远流长；从过去到未来，两地情生生不息。虽然在 2016 年 11 月，我受组织任命调往万州区人民医院工作，但在这所同样与上海对口支援有着密切关系、享受对口支援成果的医院里，我依然会倍加珍惜对口支援机遇，以身作则，继续加强和推进对口支援工作，继续发扬艰苦奋斗的创业精神，不断巩固上海二十多年来对口支援万州卫生事业取得的丰硕成果，积极为新时期、新形势下新的工作单位里开展对口支援注入新活力，努力把上海对口支援三峡库区卫生事业发展下去。面向未来，我将认真借鉴万州上海医院对口支援的成功经验，深化对口支援模式，进一步学习和引进上海先进的管理、技术和理念，以"为三峡库区人民提供优质、高效、廉价、安全的医疗保健服务"为己任，我也希望在上海继续对口支援下，竭力把我上任的万州区人民医院打造成万州区地区性医疗中心，为服务重庆万州卫生事业发展、全面建成小康社会作出应有贡献！

　　朱光凝，1963年12月生。现任重庆市万州区卫生干部学校校长兼万州区双河街道社区卫生服务中心主任、万州区卫生干部学校附属医院院长。重庆市心脑血管、神经内科专委委员，急救医学专委会委员，神经、心血管协会委员。万州区医学司法鉴定、劳动能力鉴定专家组成员。

精准帮扶破"瓶颈"
凝心聚力结"硕果"

口述：朱光凝

时间：2016 年 12 月 26 日

"同饮一江水，共结三峡情。"随着全国对口支援三峡库区集结号的吹响，上海的援建工作以政府主导，多方参与、上下联动为宗旨，以精准的举措、超常规的力量，谱写了一曲曲支援库区、共建三峡的奉献壮歌。万州区卫生干部进修学校短短几年的跨越发展，无不凝聚着上海人民的大情、大义、大爱。

万州区卫生干部进修学校下设卫生人才培训中心和附属医院、双河口街道社区卫生服务中心，是一所集卫生人才培训、基础医疗、社区卫生服务于一体的综合性医疗机构。承担渝东北片区基层卫生人才培训，万州经济技术开发区、双河口街道及周边居民的基本医疗、公共卫生服务，医疗区域辐射面积 23.4 平方公里，近 10 万人。辖区经济不发达，医疗投入和配置不足，公共卫生服务、医疗、医院设施破旧、缺乏。由于历史的原因，积存已久、盘根错节的矛盾和问题，导致群众看病难，看病贵，因病致贫、因病返贫的矛盾十分突出。

"历史的选择，人民的期待。"2013 年，作为对口援建成员单位——上海市

委、市人大、市政府、市合作交流办、黄浦区领导亲临万州区卫生干部进修学校调查摸底,部署落实精准援建项目,并将实施的"健康工程"作为头等大事来抓,统筹规划,分类指导,逐步推进,一场精准援建的攻坚战如火如荼地展开。

加大硬件投入,努力打造"移民精品医院"。2013年以来,上海市已累计为万州区卫生干部进修学校援助资金700万元,雪中送炭的资金落地生根,迅速注入基础设施改造、设施设备添置。改造了双河口社区卫生服务中心综合楼、老年病房、病员休闲区、病员食堂、社区康乐苑、住院病房、康复走廊、康复大厅、临检实验室、医用停车场、污水处理等,添置了多功能彩超、全自动凝血酶谱仪、经颅多普勒、全自动生化仪、全血细胞分析仪、生物安全柜、可视阴道镜、病员信息管理系统等。

改造后的万州区卫生干部进修学校暨双河口街道社区卫生服务中心

积极增强"造血"功能,全力培养专业技术人才。2013 年至 2016 年,上海通过"名院联姻""派上去、请上来""团队带团队、科室对科室",临床带教、技术培训、指导专科建设等形式,为附属医院、社区服务中心培养了一批专业技术人才,塑造了一支医德高尚、技术过硬、服务优秀的医疗技术团队。上海市黄浦区政府、黄浦区计生委,还多次带领医疗巡回专家组赴双河口社区开展义诊、健康体检、捐赠药品。

加快薄弱医疗资源建设,加大送教上门力度。"基层医疗乃民生之本,而乡村医生则是发展之基。"上海各级党委、政府和对口支援部门针对万州区农村基层医疗机构现状和基层卫生人员的实际情况,提出了"大力培训基层卫生人员素质刻不容缓"的目标,他们在万州区移民局、万州区卫生计生委、万州区卫生干部进修学校等有关部门的协助下,积极落实培训项目、资金,拟出了分批轮训基层卫生人员计划、培训内容,精心组织,分类指导,落实责任,形成强大的工作合力。

为此,万州区基层卫生人员的培训工作迎来了"蝶变"之路,一场精准培训的攻坚战迅速展开。

一流的师资队伍、一流的教学成果、全新的人才培训模式,为培训之路注入了生机与活力。2013 年至 2016 年,万州区卫生干部进修学校开展培训 12 期,渝东北片区已有 2000 多名基层卫生人员受益,二级以上医疗卫生单位受训 3000 多人次。通过培训,乡村医生业务能力得到了充实,知识结构显著增强。他们扎根基层,不辱使命,成为最贴近群众的健康守护者。

引领科学管理,增强技术创新。上海对口援建单位从深化医改的大局出发,切实帮助万州区卫生干部进修学校附属医院提高管理水平、技术水平和服务能力,着力推进医院标准化、规范化建设,使医院呈现出在管理上科学创新,在业务上亮点不断,在服务上特色鲜明。形成一个"以人为本,仁爱守信,大医精诚,追

求卓越"的良好氛围,并不断向前推进。

通过上海的精准帮扶,万州区卫生干部进修学校办院规模由小变大,住院环境由差变好,医疗设备由无变有、由旧变精,综合实力由弱变强。

如果说,上海市对口支援的精准帮扶是万州区卫生干部进修学校的一次"破局",那么,乘上海援建的强劲东风,求真务实,开拓创新,则使万州区卫生干部进修学校真正跃上了跨越之路。

万州区卫生干部进修学校将上海人民的深情厚谊转化为发展动力,进一步强化内部管理,从"找差距,提内涵,重管理,强外联"全方位着力,努力实现"单位发展,社会满意"的目标。一系列改革的举措相互交织、相互支撑,形成跨越式发展的合力,催生倍增效应,为一级医院提档升级积累了丰富的经验,起到了示范带动作用。

精准帮扶促"破局",跨越发展亮点纷呈。通过帮扶,改善了居民的公共卫生服务条件及就医环境,增强诊治疾病能力、满足基本的医疗服务需求。较大程度解决了常见多发病的检查、诊断,普通病不需外出、部分标本不再外送,病员得到就地治疗,避免了小病住院甚至小病上大医院,百姓称赞:对口帮扶就是"天降及时雨,雪中来送炭"。截至2016年底,医疗业务较2012年帮扶前增长了600万元,减少病员外出就诊费用100万元,我中心的就诊人次比帮扶前的2012年增长了53%,门诊输液率提高了30%,均次费用减少了13%,病员满意度达95%。同时,实现了"小病不出村,普通病、常见病不出乡镇,多数疾病不出区县"的既定目标,基本医疗保障制度从扩大范围向提高质量转变,老百姓在万州构建多层次、立体化的幸福健康大格局中,真真切切感受到了基层卫生的发展、变化,就医获得感、满意度显著增强。

在上海援建工作的强力支撑下,万州区卫生干部进修学校附属医院基层设施建设、医疗服务能力和管理水平强力推进,民生问题得到有效改善,发展后劲显著增强。

2015 年,万州区双河口街道社区卫生服务中心被重庆市卫生计生委授予重庆市全科医生规范化培训社区实践基地;2017 年,万州区卫生干部进修学校附属医院被万州区急救中心指定为万州经济开发区区域性 120 急救分站;2017 年,万州区委、区政府拟将万州区卫生干部进修学校附属医院打造成渝东北片区示范性医养一体医院。

如今,在美丽的万州区双河口移民新区,一所集医疗、教学、科研、预防、保健为一体的综合性医院——万州区卫生干部进修学校附属医院拔地而起,熠熠生辉,医疗区、行政区、绿化区、生活区,构成生机盎然的画面,释放出医学文明的芳香。

2014 年 6 月,乡镇基层医疗卫生人员业务技能培训班在万州举行

　　2015 年至 2016 年,上海市人大常委会主任殷一璀,上海市委副书记应勇,副市长时光辉,上海市合作交流办秘书长潘晓岗,黄浦区常委、副区长曹金喜与原重庆市委副书记张国清,市委常委、万州区委书记王显刚,区长白文农等领导先后到万州区卫生干部进修学校视察援建工作,总结成绩,给予了高度赞扬。

　　"悠悠不尽援建情",面对援建工作结出的丰硕成果,精准帮扶、真情奉献的上海人民没有止步,他们义无反顾地在援建路上继续前行。

　　大言无语,大美无痕,让我们与历史一起铭记:上海!

　　文传华，1961 年 7 月生。1996 年在沪开创养老服务业。自 2003 年起，在三峡库区先后成功创办了万州区上海文华移民福利院、万州区上海文华医院、文华福利院分院等养老服务连锁机构。现任上海田泽文华敬老院院长。

回报家乡
在三峡库区创办"夕阳工程"

口述：文传华

整理：殷正明

时间：2017 年 2 月 8 日

骑着"老坦克"艰难起步

我从南昌大学毕业后在南方电动工具厂工作。1995 年"军改民"后我被派往上海开拓市场。在上海，我身临其境站到了全国改革开放的前沿，仿佛看到了上海未来的辉煌前景，萌生了要在上海创业、立足的想法。我向单位提出利用空余时间再到上海大学、同济大学进修，充实自己。在教授们的讲学中，我第一次听到了麦德龙、家乐福，听到了中国、外国许许多多公司在现代市场经济中竞争的故事。进修班安排学生进行社会调查，给我的课题是老年市场。于是我到工厂、商店、图书馆搜集了大量背景资料，走访了 10 多位专事老年保健、老年旅游、老年用品、老年文娱服务的行家。那时上海人口已出现高龄化趋势：60 岁以上老人已有 260 万人，其中还有 17 万老人因病，生活不能自理。我想起了因中风生活不能自理的妈妈,想到社会上许许多多年逾古稀、却因子女工作繁忙未得到应有照顾的老人,由此萌发了办个养老院的念头。

　　社会需要是开启机遇大门的一把钥匙。我鼓起勇气,在单位办了停薪留职,骑上上海人俗称"老坦克"的破旧自行车寻寻觅觅,寻找合作单位,试着"开门"。在一家设施齐全的大医院里,我刚开口讲自己的构想,就遭到冷冰冰的拒绝:"这里是医院,不是福利院。"我又到街道医院去洽谈合作,不料这些小医院虽然床位空余很多,但对福利院项目都没有兴趣。我一家接着一家地登门寻求合作,跑了10多家医院。每每身心疲惫之际,我彷徨,我苦恼,而投身新兴公益事业的信念始终未动摇。1996年春暖花开时,我终于在沪北某武警部队医院觅到了知音,军医们伸出援助之手,办起了医院附属的老年护理院,由我出任院长。短短半年中,护理院便在周边社区声名鹊起,预约进院的老人越来越多。但好景不长,1997年3月,部队停办三产。为了安顿好老人,我决定自己干! 于是我再次骑上"老坦克"到处寻房,在保德路找到了一栋待售的六层楼商品房,命名为"川华老人养心园",把护理院的老人安置好后我便再次骑上"老坦克"继续寻房。找到了共康路651号的一栋二层办公楼房,当时最大的困难是一个"钱"字,只好东拼西借80多万元,1999年1月,装修一新的文华敬老院开业,川华老年养心园的老人又搬到了这个新家。

　　由于受到政府相关部门的多方支持,1999年秋,受宝山区淞南镇政府之邀,我又在宝山区淞南九村开办了宝山区文华淞南安养院,12月28日举行了隆重的开业仪式,朱达副区长为安养院剪彩。

　　文华敬老院由于老人没有活动空间,路边噪音严重影响老人休息,我的心里很是不安。同年秋天,为了给老人营造一个更加舒适的环境,我又开始踏上了寻房之旅,于是我再次骑上那辆"老坦克",奔波数月后,终于在闸北区找到一处风水宝地。这里原本是一所托儿所和一所幼儿园,占地5500平方米,有两个相连

的院子和两栋三层楼房,环境十分宽敞,我决心在这里"高起点、高品位、高标准、高要求"进行建设和管理"老年之家"。但是几番折腾下来,我早已入不敷出了。在进行施工改造的过程中,因为缺钱,工程队曾三番五次停工催钱,我急得吃不下饭,睡不着觉。已经用掉了父母的卖房钱和养老钱,多次向哥嫂、姐妹借钱,他们再也拿不出钱来支持我了。在杂乱的工地,我一个人默默地流泪,创业之艰难,谁人能懂?

我无计可施,痛苦万分,多次想要放弃。当想到养老院里那么多老人慈祥的面容和母亲期待的目光,我咬了咬牙,决定还要坚持下去。但屋漏偏逢连夜雨,在一天天的操劳中,我的心脏出了毛病,经常突然昏倒,不得不住院进行治疗。就在我最为困难的时候,得到了国际友人田泽丰弘40多万元的资助,解了燃眉之急,工程得以顺利进行。我创建的连锁养老机构引起了社会各方关注,市老年基金会、市慈善基金会、平安保险等单位纷纷出手相助。

2001年7月8日,位于闸北区的田泽文华敬老院开业了,原文华敬老院的老人又搬进了这个更好的新家。2003年,闸北区田泽文华敬老院与宝山区文华淞南安养院同时被评为"全国尊老敬老助老示范单位"。我先后被评为闸北区"三八红旗手"、区第九届妇联执委、第十一届政协委员和"全国尊老敬老助老先进个人"。中央电视台以及国内70多家新闻媒体曾对我的连锁养老机构进行了200多次采访报道。

在上海艰苦创业、办起养老服务连锁机构的实干经验,使我有了敢于把"夕阳工程"延伸到三峡库区的勇气。

"夕阳工程"在三峡库区展开

2003年,我从电视里看到三峡工程正式开始蓄水。长江三峡工程是世界水利史上移民最多的水利枢纽工程,我的家乡万州就位于三峡库区的腹地,成了移民城区。三峡工程百万移民中,近四分之一是我家乡的父老乡亲。家乡是我魂牵梦绕的地方,我深深被家乡父老"舍小家、顾大家、为国家"的牺牲精神所感动,一直想尽自己所能回馈家乡。

我在参加区政协会议时,得知上海对口支援我的家乡万州。于是我通过区政协领导与上海市合作交流办取得了联系,时任对口支援处方城副处长热情接待了我。当了解到我想回报家乡,到万州创办社会福利事业时,他十分支持,说宝山区正好对口万州,希望宝山区文华安养院能够对口支援三峡库区的社会福利事业。我当即表态愿去考察。为此,方城同志很快就把我的情况向重庆有关部门作了介绍,并专门向万州五桥对口办发去了传真,这份传真至今我还保留着:"上海闸北政协委员,宝山区文华安养院院长文传华一行2人拟于7月31日(星期四)赴万州五桥考察,计划在万州招收赴上海务工人员,并准备在万州发展养老事业,请予安排接待。"

那天,在万州五桥机场下了飞机,五桥移民开发区对口办主任向毓与上海干部李舫举着写有"文传华"名字的牌子,在出口热情迎候。随后,万州民政局派出专车,并由副局长程万禄全程陪同考察,走遍了万州的长江两岸,走进了乡镇的大山深处,走访移民老人和养老机构。在考察中,我发现万州有一个庞大而特殊的弱势群体——留守老人,由于子女常年在外务工,他们在生活上缺少照顾,亲情上缺少慰藉,有的年老体衰,有的虚弱多病,有的行动不便,有的甚至生活不能自理。而当时万州的养老机构无论是硬件还是软件,都与上海等沿海地区有不小的差距。

我迅速采取行动,首先招收20多位移民妇女前来上海就业,同时决定改造装修位于富民花园23号一栋六层楼开办福利院。对于这个"小"项目,当地政府十分重视,8月15日五桥移民开发区专门召集了由16个部门负责人参加的协调会,会后还专门下发了会议纪要。我们还争取到宝山区对口支援经费20万元

安装了电梯,并与上海两院实行统一的管理模式。在此期间,宝山区挂职干部雷曙光多次来现场指导。2004 年 8 月 11 日,作为上海宝山区对口支援项目,位于当地上海大道附近的万州区文华移民福利院开业,宝山区区委书记薛全荣和万州区委副书记方仁发到现场同为福利院揭牌致贺。

那一天我感慨万千:我对口支援家乡的"夕阳工程"梦终于变成现实了。

万州区文华移民福利院

我心里像吃了蜜一样甜

我注重"外树形象、内抓管理",努力打造"文华品牌",以"我们真诚奉献爱心,带给老人晚年幸福"为理念,要求员工"把老人当父母,做儿女尽孝心",做到"我们尽心,老人安心,家人放心"。不久,改造装修后的六层楼就住满了子女常年在外务工的留守老人。其中乐观、硬朗的老人有之，但更多的是体弱多病者。有瘫痪的、有痴呆的，还有身患绝症的，蹒跚着行走人生最后一段旅程。我带动员工们用爱心营造安详、欢愉的氛围，真心把老人当作自己的亲人，力图每一个细节都让老人感到温馨。在我们的努力下，福利院树起了很好的口碑。

为了让老人享受配套的医疗保健服务，我又着手筹办非营利性的老年护理医院。宝山区合作交流办获悉后，与宝山区卫生局协调，给我们送来了心电图机、B超仪、X光机、化验设备等价值近60万元的设备。2005年5月，宝山区派员到万州专门协调相关事宜。万州区卫生局决定特事特办，批准我们建立拥有100张床位的万州区上海文华医院，万州区人社局也把该医院作为万州区医保定点医院，"养医结合"新模式由此在万州开创。

万州五桥城区万川大道400号有一个占地六亩的独立院子和建筑面积6000多平方米的九层大楼，为了让更多老人入住养老机构，2009年，我又在两地政府部门的支持下，在那里筹建文华福利院分院，并被列入对口支援项目。浦东新区派驻当地干部谭月楠、万州区副秘书长兼对口办主任陈文刚、副主任向毓葱先后多次实地考察，又得到了专项资金支持，用于安装电梯和设施改造。分院建成后，新增床位300多张。

经中共万州区百安坝街道党工委批准，2005年，文华福利院党支部建立。党支部发挥党员的模范作用，且帮助住养老人实现入党夙愿。78岁的刘德厚与79岁的张朝凤都是有三十多年教龄的老教师，都在福利院光荣入了党。万刚年轻时就成为地下党，但由于战争年代入党介绍人离散，新中国成立后无法证实自己的党员身份而成为历史问题，经常受到打击，但他始终不改对党的信仰，不放弃入党追求，六十多年后，82岁的他才在文华福利院正式成为一名中共党员，他激动得流下了热泪。

我替单身老人当"红娘"，先后帮助16位老人喜结良缘。我还发挥沪渝连

锁养老机构的优势,开展旅游养老。上海的老人可到万州区小住,参观三峡风光,同时当地的老人也可到沪休养,看看大上海的现代化风貌。我承担老人们乘坐火车、飞机等旅游养老的一切费用,并安排医生全程陪同。2011 年金秋十月,三峡老人一行 11 人头戴红帽子,身穿红马甲,高高兴兴到万州机场登机飞赴上海,其中 90 多岁的张和凤老人生平第一次乘上了飞机。他们到东海大桥观光,到南京路、外滩、东方明珠电视塔、世博园游览,还到了苏州、杭州、乌镇、绍兴等地玩耍,老人们个个都非常开心。

每当看到老人们发自内心的笑容,我心里也像吃了蜜一样甜。

引领行业向规范化发展

2012 年,我利用福利院分院负二层的楼房开办了万州区文华护理职业培训学校,面向库区移民培训就业技能,提供就业机会。2014 年,我又开办了万州区五桥街道莲花社区养老(日托)服务站。至此,我在三峡库区开办的养老服务连锁机构床位总数已近 700 张,安排包括移民在内的各类人员就业 60 多人。在服务和管理方面形成了自己的风格和特色,在三峡库区有较高的知名度和美誉度。

重庆市民政局非常重视我们的进展,他们向各区县相关部门建议,在开办社会福利养老机构时,先到文华移民福利院取经。那时,文华移民福利院经常接待来自四面八方的参观人员。重庆市民政局还举办全市各区县的养老机构经验交流,邀请我们去介绍经验,由于当时我不在那里,我让爱人曹景恒副院长代表我前去介绍,结果反响相当热烈,与会者都说学到不少宝贵经验。

由于万州地区需要进入养老院的老人很多,参照文华移民福利院模式的民办养老机构接二连三涌现。万州区民政局领导与时俱进,着手筹办行业协会,希望我们能出任会长,以带动全区养老机构健康发展。2012 年在"万州区养老服务联合会"成立大会上,曹景恒副院长被选为首任会长。联合会成立后,他经常深入各会员单位调查研究,提出完善设施、改进服务的切实建议,并适时组织召开专业会议,研究和制定行规行约与自律宣言,引导全区社会福利养老行业朝着规范化方向发展。

上海专家赴万州开展业务技术培训

　　为了提升全区养老机构的服务和管理水平,2012 年 10 月,我们出资邀请上海市社会福利行业协会副会长张履贵以及医护专家赵婉华赴万州开展业务技术培训,在三峡库区社会福利养老机构推广上海同行的经验。2013 年 4 月,由曹景恒会长出面,组织万州区 20 多家会员单位负责人到上海学习考察,参观了亲和源老年公寓、颐和养老院、庙行敬老院、高境敬老院、文华敬老院等养老机构,开阔了大家的眼界,拓宽了大家的思路,提升了大家的境界。目前,万州区养老

行业的规范化水平已经跻身重庆市同行前列。

　　我们创办的连锁养老机构就像一株幼苗,在沪渝两地政府、社会各界的呵护下茁壮成长。文华移民福利院被评为重庆市"二星级福利机构",当地政府将文华移民福利院所在地的道路命名为"文华巷"。我本人被评为万州区"创业标兵"和万州区社会福利机构"十佳院长",并当选为万州区第四届政协委员。我心里很清楚,这些荣誉是来自社会主义大家庭对养老事业的关爱、支持,我要进一步为建设中国特色社会主义和谐社会作出新的更大的贡献。

　　王均金，1968 年 12 月生。现任均瑶集团董事长、上海吉祥航空股份有限公司董事长，江苏无锡商业大厦集团有限公司董事长，上海市世界外国语中学、小学董事长。第十二届全国人大代表、中国光促会副会长、全国工商联常委、上海市总商会副会长、上海市浙江商会轮值会长等。

接力光彩事业　实施精准扶贫

口述：王均金

整理：徐建军

时间：2017 年 1 月 17 日

中国有句古话叫作"授人以鱼不如授人以渔"。其意不言自明：直接送人钱物毕竟是暂时和短暂的，要可持续发展，最好的办法便是让人自我造血，自己创业或就业，使之源源不断地产生财富。

从 20 世纪 90 年代起，我们均瑶集团便响应党中央、国务院关于开展中西部地区对口支援的战略部署，在不断调研考察中，确立了湖北宜昌为开发中西部地区对口支援的重点城市。

支持三峡建设　创新支农模式

1992 年 4 月，第七届全国人民代表大会第五次会议通过《关于兴建长江三峡工程的决议》，1993 年，随着三峡工程进入正式施工准备阶段，库区移民开始有计划地实施搬迁，移民安置、移民就业问题成了事关国家决策成功与否的关键。

在此背景下,1999年,中国光彩事业促进会组织了"光彩三峡行",带领民营企业家支援三峡库区建设。作为"光彩三峡行"成员,我们均瑶集团到宜昌当地进行实地考察,发现当地耕地较少,不利于农耕种植农作物或经济作物,而发展养殖业却有一定的潜力,于是,便产生带动移民发展养殖业、养奶牛脱贫致富的想法。我们在考察后当即决定在三峡坝区的宜昌市投资兴建乳业基地,打通上下游供应链,重点帮助解决库区移民就业难题。这样,一方面可以扶贫帮困,另一方面,更可以解决三峡移民就地就业,增加收入、走共同富裕的康庄大道,更主要的是可以替国家分忧。

2000年,均瑶集团在宜昌建设总投资1.2亿元的大型乳品加工基地,重点帮助解决库区移民的就业难题。随着乳业基地的建成,均瑶集团在三峡库区实施了"万户奶牛养殖计划",奶农生产的牛奶由基地包收,养牛全程跟踪服务。在奶农缺钱无法启动的时候,由均瑶集团给予担保,说服银行提供贷款,以后每月从奶农的奶款中扣除还贷;同时还采取用政府的税收补助为奶牛买保险等惠农措施。

举一个活生生的案例:48岁的冉以权是宜昌市夷陵区晓溪塔镇官庄村的农民。1996年,他从巫山移民到官庄村,成为我们均瑶集团在三峡库区实施"万户奶牛养殖计划"的第一代养殖户。从2000年的16头牛起步,到2007年拥有40多头改良后的优质奶牛,冉以权年收入超过了10万元。

奶户合作社另一个典型的案例是湖北省宜昌市夷陵区小溪塔街梅子垭村的汪家华夫妇。2000年,由于原来就职的服装厂改制重组,曾是该服装厂管理人员的汪家华下岗回到了离宜昌市区不远的老家。听说我们均瑶集团在三峡库区实施"万户奶牛养殖计划",从小就喜欢搞养殖业的他与妻子丁学凤商量后,在我们均瑶乳业的扶持下,筹集16万元购买了10头奶牛,开始养殖奶牛。一晃十二年过去了,他们从最初的10头发展到最多时有70头,每年产值达到40万元

左右。受益于均瑶集团"万户奶牛养殖计划"的汪家华、丁学凤夫妇,凭借自己的辛勤劳动走上了致富之路。

2012 年,我们均瑶集团又在宜昌地区兴建了总投资超过 1.1 亿元的乳业新厂房,这是均瑶集团在三峡库区投资的又一重要项目,该项目是均瑶集团乳业股份有限公司"十二五"规划的重点工程。分为一期和二期建设。项目一期建设总投资 1.1 亿元,为占地面积 6 万平方米的乳业新厂房;二期投入 2 亿元建设均瑶乳业研发中心和扩大生产线。项目一期于 2012 年 10 月完成并投入试产。二期的厂房设有 12 条生产线,日均产能超过 200 吨,完全按照现代化工厂规范建造,对牛奶安全生产有更高的保障。该项目的建成直接解决了 600 余人就业,带动当地奶牛规模养殖 100 余户及奶业合作社致富。

2012 年 10 月,均瑶集团在宜昌兴建的乳业新工厂投入使用

十多年来,我们均瑶集团通过推行创新性的"公司+基地+农户"模式,将公司、基地、农户三者密切联系起来,形成了有效的支农措施,并逐步发展成为集养殖、深加工、销售于一体的农业产业化龙头企业。不仅带动了当地的奶牛养殖业,从事玉米等农作物种植的农户,通过调整种植结构,发展牧草种植,也实现了创收增效。项目的推进打通了上下游产业链,让1000多位移民直接就业,带动产业链就业人数5000多人,长期稳定解决了众多移民的就业难题。该项目的建设还盘活国有资产近千万元,间接带动和盘活各类配套企业10多家。均瑶集团的一系列举措创新了支农模式,解决了奶农的后顾之忧。这种打通上下产业链的供给模式及运用,让众多三峡移民从中受益。

投资基础设施　展现库区新貌

我们均瑶集团对三峡库区的支援建设,不是一蹴而就,而是长期坚持,持续不断。三峡库区拥有丰富的旅游资源,但是由于配套设施如酒店、商场等不足,导致景区留不住游客,旅游资源白白流失了。2006年,根据当地的需求,我们均瑶集团把投资的重点放在改善投资环境方面。在三峡库区投资7亿元建造总面积10万平方米的"宜昌均瑶国际广场",为宜昌市的商业提升和旅游服务配套作出了示范,该广场成为宜昌城市地标型建筑。该广场兼具商场、剧院、酒店等多项功能,吸纳1300多人就业,为100多户当地人提供了创业平台。其中均瑶锦江国际大酒店于2011年4月正式通过国家旅游局评定,成为宜昌首家挂牌五星级酒店,对提升宜昌城市形象再作贡献。尽管宜昌均瑶国际广场投资财务收益并不明显,企业界的朋友也经常跟我开玩笑,比较上海均瑶国际广场与宜昌均瑶国际广场两座"姊妹楼"投入产出的经济账,投入的时间差不多、投资额差不多,投入产出的经济收益悬殊:一个是黄金,一个是白铁。但我始终这么认为:不能做这样的简单比较。做企业也好,做人也好,要感恩社会,懂得回馈社会,所以

我们均瑶集团这些年来在光彩事业方面尽己所能。

国务院三建委第十八次会议号召企业要深入推进对口支援三峡库区的工作,作为上海的对口支援单位,我们均瑶集团一如既往,不遗余力地融入"后三峡时代"中,支持宜昌城市建设,接轨国家三峡工程后续支援帮扶规划。我们均瑶集团从 2014 年起投入 80 亿元参与库区棚户区旧城改造,在宜昌学院街、环城南路和沿江大道合围片区兴建历史风貌街区,以宜昌明清时期的建筑风格为基础,融入宜昌八景,复建包括尔雅台、古戏台、中书坊、天宫牌坊、墨池书院等宜昌标志性古建筑。该项目建设占地 291 亩,总建筑面积 60 万平方米。设计风格上保留宜昌本土历史文化,同时吸取上海新天地、成都宽窄巷子、福州三坊七巷特色街等的设计精华,挖掘巴楚文化、三峡风情,将旧城打造成一个既蕴含历史文化精髓,又体现城市时代感的风貌街区。该项目于 2015 年 3 月开工建设,将为改善人居环境、提升城市功能、建设三峡库区宜居城市再作贡献。

搭建空中桥梁　培养优秀人才

2010 年,我们均瑶集团协调优势航空资源,把参与老少边穷地区航线建设作为援建库区的一项创新方式。当年 11 月,我们均瑶集团旗下的吉祥航空开通了上海至宜昌的往返航线,这条航线不仅连接起沪宜两地文化交流、带动招商引资、拉动当地旅游及地区经济,而且具有较强的公益性,其社会效益远大于经济效益,对促进地区和谐发展、社会稳定具有重要意义,成为集团援建三峡、发展宜昌的又一个新亮点。近年来,我们均瑶集团又将这一创新的支援方式拓展到其他地区,截至 2016 年底,吉祥航空先后开通了毕节、遵义等 15 个老少边穷地区的航线。

均瑶集团除了投入资金,还将先进的管理理念、模式带到三峡库区,有效地促进了与中西部的经济和人才互动,并实现了本土化管理,从而带动了库区管理人才的成长,这成为均瑶集团奉献给库区的最宝贵的财富。

1999 年 5 月,宜昌夷陵区三斗坪镇高家村男青年高发俊怀着脱贫致富的愿望,通过公开招聘到均瑶乳业当工人。十多年过去了,如今的高发俊已经成为均瑶集团乳业股份有限公司宜昌生产基地采购经理。

像高发俊这样来自三峡库区、现在企业担任重要职务的优秀人才还有很多。均瑶集团副总裁尤永石、宜昌均瑶国际广场商场管理公司副总经理叶全、宜昌均瑶锦江国际大酒店财务副总监童章久等,他们不仅在三峡库区建设中成就了自己的事业,也成为推动当地经济发展的最强劲的"生产力"。

对接全球契约　实施精准扶贫

多年来,我们均瑶集团在援建三峡库区发展的同时实现了自身事业发展,其改善移民生存状态的创新行动得到广泛传播,受到各方好评。2001 年 10 月,我们均瑶集团受邀作为案例在联合国全球契约论坛上予以介绍;2002 年 1 月,我们均瑶集团作为中国企业联合会推荐的唯一一家民营企业代表到英国伦敦参加"联合国全球契约论坛",并当场递交了包括就业、环保等内容的联合国"全球契约"承诺书;2005 年 11 月,全球契约峰会在上海召开,我受邀代表均瑶集团在论坛上作了"关于践行企业社会责任"的发言。联合国"全球契约"于 1999 年 1 月由联合国秘书长安南提出,并于 2000 年 7 月在联合国总部正式启动。安南宣称:"'全球契约'是企业诚信的全球通行证。我们认为,中国的光彩事业与'全球契约'具有相同的理念。"

2013 年,均瑶集团在原有光彩事业的基础上,继续投入到"千企帮千村、脱贫奔小康"的活动中,与宜昌市五峰土家族自治县采花乡白鹤村、英山县杨柳湾镇丝茅岭村结对共建,结合两个村的村产业发展实际,瞄准茶叶产业项目,为白鹤村内茶企(长茂茶业公司)和丝茅岭村茶业加工龙头企业(华发茶业有限公

2005 年 11 月,王均金在联合国全球契约论坛(中国)上发言

司)各注入资金。我们将资金提供给村委会,村委会用该资金入股茶企,通过股份合作分红的方式来支持村级产业发展,实现了企业发展、农民增收、集体经济壮大三方共赢的良好局面。

经过三年的发展,2016 年长茂茶业的销售额比 2013 年增长近 30% ,企业发展态势良好。长茂茶业一直以较高的价格和长期的收购惠及白鹤村以及周边村的村民,激活了村民采摘夏秋茶的热情,使得茶农的收入快速增长,甚至很多外出务工的村民都回乡采茶,为茶产业发展带来了生机。村里用这些收入解决了部分"因病致贫,因病返贫"人员的生活问题,进一步赢得了群众对我们帮扶工作的认可,为下一步工作的开展奠定了坚实的基础。同时,我们还将在夷陵、长阳注入资金用来帮扶村办企业或回乡创业者。

为帮扶村企健康发展,拓宽企业管理思路,我们帮助村企完善管理体系,助其提升管理水平。一是帮助村企业成立三人以上董事会,发挥更多的管理优势解决村企发展问题;二是提供交流、学习、培训的平台,让村委会和村企业选派专人到我们公司考察,提供财务管理、内部管理方面的交流,两个村和两家村企之间可以互学互鉴,共同提高;三是在营销方面提供建议,比如我们建议在茶叶包装上印制"精准帮扶茶叶"字样,促使更多爱心人士喝"精准扶贫"茶,间接投身到精准扶贫事业中,为精准扶贫贡献力量。对于如何解决"因病致贫,因病返贫"现象,我们的做法是,帮助村里将我们提供的资金的投资收益分红优先用于已公示确认的村内"建档立卡"贫困户,特别是因病致贫返贫对象的帮扶。村每年将"建档立卡"帮扶明细报告我们,发挥监管作用;剩余收益用于村内的各项福利事业、产业发展和基础设施建设。

我们还通过均瑶的品牌影响力,精准帮扶与光彩事业相结合,开展了"光彩事业精准扶贫行"活动,带领上海浙江青年企业家走进贫困地区,捐助成立"产业帮扶基金",并且倡议青年企业家认捐长阳当地建档立卡的174名贫困家庭的大学生、高中生,帮助他们顺利完成学业。在宜昌的帮扶活动中,均瑶宜昌公司带动了数十名企业家加入到扶贫帮困行列。"授人以鱼不如授人以渔",只有当这些贫困大学生掌握了知识技能,才能帮助他们家庭告别贫困,才能做到可持续发展。

我一直以来提倡"均瑶是我们的,更是社会的"的企业社会责任理念,积极认同"义利兼顾、以义为先"的光彩精神。做企业也好,做人也好,都要感恩社会,均瑶集团的社会责任、光彩理念不是阶段性的,而是持续性的。

【口述前记】————

　　李祖铭，1971 年 10 月生。1989 年 7 月毕业分配到夷陵区妇幼保健院工作，先后担任检验科技师、检验科主任、门诊部主任、团总支部书记、副院长，2006 年 1 月起担任院长。现任宜昌市夷陵区卫生和计划生育局党组成员、副局长，夷陵区妇幼保健院党总支书记、院长。

不忘初心思进取　常怀感恩待花开

口述：李祖铭
时间：2017 年 3 月 31 日

　　面对这个话题，还没有张嘴，从心底里涌出来的温暖和感动便溢出了眼角。我对于主办方组织这样一次具有特别意义的口述活动感到由衷的欣喜，为能作为一名亲历者参加讲述而倍感荣幸。习近平同志在庆祝中国共产党成立 95 周年大会上要求全党同志一定要"不忘初心、继续前进"，我认为这次口述活动就是对习总书记讲话的最好诠释与解读。我想就感怀、感动、感恩、感佩这四个方面分享一下个人的深切体会。

感怀——雪中送炭见真情

　　2006 年元月，我接任夷陵区妇幼保健院院长，当时的妇幼保健院，虽然说不上满目疮痍，但至少给人年久失修、破旧不堪的感觉。当我每天清晨早早来到单位的时候，看到的尽是霉烂脱落的墙土，阴暗潮湿的环境，简陋斑驳的病房和陈旧落后的仪器设备。因条件限制，医院近 10 个必设科室无法开设，正常医疗保健业务无法开展，医护人员士气低落，病人和家属怨声载道，群众意见很大。面

对现状,我急切地想为自己所热爱的妇幼保健事业做出一点成绩,但是300多万元的固定资产、200多万元的业务收入,还有因历史原因产生的债务实在叫我无从下手,我深深地感受到了无奈——巧妇难为无米之炊呀!

就在我最困难、最迷茫的时候,我听说了三峡办有上海对口支援的项目资金,并且我们单位可以申报。听到这个消息,我振奋不已,连夜组织召开院委会,研究、准备申报材料,在得到消息后的24小时之内,在所有项目申报单位中第一个将申报材料报送到三峡办,随后我就多方汇报,来回奔走,或许是被我的诚心所打动,或许是对我区30多万妇女儿童呼唤的眷顾,终于在我接任院长的第一年争取到了上海对口支援我院的50万元业务楼改造资金。然而当这笔钱到账的时候,闻讯赶来要账的人把我堵在办公室里,逼着我用这笔钱还欠账,我眼含热泪,动情地说:"这笔钱,是上海人民援助单位搞建设的钱,我一分都不会用到别处去,因为我坚信,好钢要用在刀刃上,只有把保健院建设好了,我们自己才有出路,欠你们的钱才有着落,请给我们一点时间。"就这样,我抓紧组建专班,迅即启动业务楼改造项目,每天精打细算,恨不得把每一分钱都掰成两分来用,三个月后,前来视察调研的上海领导对我们的工作给予了高度评价,决定连续扶持并追加资金,区委、区政府的领导听说了我们的情况以后,也根据项目评估的情况配套了一部分资金、添置了一部分设备,自此,老旧的夷陵妇幼保健院逐步增添了生机与活力,外部环境和职工精神面貌同步改善,奠定了我院向好发展的基础。

感动——大爱无言春风暖

经年累月,在上海市的倾力帮助和大力支持下,我院诊疗环境发生了翻天覆地的变化。自2006年开始,我院利用上海分期援助的950万元资金,撬动投资2000多万元,相继实施了业务楼改扩建及配套建设项目、医用仪器设备更新改造项目、街景立面改造和"两大中心"(妇女保健中心和儿童保健中心)建设项目,改造旧业务楼 2650 平方米,新建业务用房 1000 平方米,配套建设医院食堂、洗衣房、锅炉房、中心氧站等 300 平方米,购买并改造"两大中心"业务用房 600 平方米,建设医院中央供氧、中心呼叫、太阳能热水供应、电子监控、电算化管理局域网五大系统,建设标准化病床(包括病床、床头柜、空调、电视、电话、宽带网等)120 张,购置进口 GE730PROV 高档全数字化彩色多普勒超声诊断仪、程控 500mA 遥控医用诊断 X 射线机、PIANMED 型钼靶、WATOEX － 50 麻醉机、BS － 300 全自动生化分析仪、QL800 微量元素分析仪等先进高档医用仪器设备 30 多台。建设过程中,我们坚持"钱用好、事办好、院建好"的原则,做到项目建设与医疗保健业务两手抓,两不误,确保项目进度与质量;建设结束后,我们立足实际,结合职能,加强综合利用,推进科学管理,最大限度地发挥项目效益。项目的顺利实施极大地改善了我院的诊疗条件,提升了服务功能。

2008 年冬天,一场铺天盖地的雨雪冰冻灾害肆虐夷陵大地,全区交通几近瘫痪,各乡镇卫生院停水停电,若孕产妇在家待产,不能得到及时救治,后果将不堪设想。危急关头,我院利用上海对口援建成果,启动雨雪冰冻灾害天气下孕产妇保健应急预案,分期分批将临近分娩的 102 名孕产妇接转到我院免费住院待产,当准妈妈们住在新改造的宽敞明亮的病房里等待新生命降临的时候,她们每次看见我都会一个劲儿跟我道谢。我深深地知道,如果没有上海的支持,没有实施业务楼改造,没有增容病房和病床,我院不可能容纳如此大规模人员的住院待产,于是我告诉她们,你们最应该感谢的人不是我,应该是夷陵区妇幼保健院门口悬挂的那一块长方形的不锈钢牌子,牌子上面写着四个大字——上海援建。雨雪终将过去,一个又一个新生命与春天一同到来,而我院接送孕产妇免费住院待产的事迹,也先后在《中国妇女报》《湖北日报》《三峡日报》《三峡晚报》及中央电视台、湖北电视台、三峡电视台、夷陵电视台和三峡夷陵网等 10 多家新闻媒

体上广为宣传。面对媒体记者,我们更加深刻地懂得:我们是爱的传播者,是上海人民的深情厚谊让我们更加明白了职责的神圣,使命的光荣。

2008 年冬天,雨雪冰冻天气下接送孕产妇

感恩——锦上添花强后劲

不言春作苦,常恐负所怀。上海人民在援助真金白银的同时,更是不忘从根本上帮助我们扶智扶力。为了提高我院医护人员队伍综合素质,上海市坚持每年为我院免费培训专业技术人员,安排医疗专家团来我院进行教学查房和现场指导,全面提升我院内涵建设和专业技术水平,确保了软硬件建设同实施、相配套。据初步统计,上海十年来累计为我院免费培训专业技术和医院管理人员 50

多人,这些人学成归来,学以致用,通过上海专家的后续指导,开展和带动新业务新项目 20 多项,通过源源不断的培训和指导,帮助我院干部职工不断更新理念,锤炼队伍,健全体系,完善制度,有效促进了管理和服务提档升级。

上海帮扶项目的接连实施有效改善了我院诊疗环境,拓展了服务空间,产生了明显的社会和经济效益,十年来,医院业务用房总面积由 2650 平方米增加到 8455 平方米,住院病床由 30 张增加到 200 张,固定资产由 323 万元增加到 9849 万元,门诊人次由 20000 多人增加到 180000 多人,住院人次由 1000 多人增加到 9000 多人,业务收入由 200 多万元增加到 6000 多万元,各项公共卫生和妇幼保健工作指标跃居全市全省前列,群众满意度调查达 99.8% 以上。先后荣获省妇幼健康优质服务示范单位、省依法治理示范医院、省健康教育示范医院、省"法律六进六个一百"先进单位、省爱国卫生先进单位、省妇女健康行动先进单位、市先进基层党组织、市价格诚信单位、市巾帼示范岗、市三八红旗集体、市红旗团总支、市优秀志愿者服务集体、市学雷锋先进集体、市慈善工作优秀单位、市卫生系统文明创建先进单位、区红旗单位、区双文明单位、区妇女儿童工作先进单位、区卫生工作先进单位、区党建工作先进单位、区文化体育工作先进单位、区工会工作先进单位、区女职工工作先进集体、区社会公益先进集体、区五好基层党组织、区先进团总支、区三八红旗集体、区医德医风建设先进单位、区新农合工作先进单位、区医疗质量管理先进单位、区继续医学教育工作先进单位、区卫生宣传工作先进单位等荣誉称号。2010 年元月顺利通过了"二级优秀妇幼保健院"评审,2011 年荣获全省十佳优秀妇幼保健院,2012 年跻身全国妇幼保健机构运营与发展状况综合指标排名县区级前 100 强,2013 年荣膺中国县市级优秀妇幼保健院,2014 年获得全省群众满意的窗口单位,2015 年荣获中国妇幼保健协会县级工委常委单位,2016 年荣获中国妇幼保健协会理事单位,妇幼卫生绩效考核连续五年全市第一,医疗质量检查连续三年位居全市同级妇幼保健机构之首,卫

生综合目标考核连续三年全区第一,单位综合实力、核心竞争力、社会影响力实现了质的跨越。

感佩——不忘初心自前行

这是一段特别的缘分,每每想起都会倍加珍惜。这是一份难得的情谊,"上海对口支援"这六个字已经在我们每一个夷陵人,特别是每一个夷陵妇幼人的血脉里留下印记。如今,虽然我院已逐步拥有了造血功能,基本步入了持续健康发展快车道,但是随着经济发展、社会进步和人们生活水平的不断提高,我院现有服务能力与人们健康期待相比,依旧存在很大差距。为帮扶我院更好保障妇

新建宜昌夷陵妇女儿童医院效果图

女儿童身心健康,切实从根本上解决妇女儿童看病难、住院难问题,上海人民决定扶上马,送一程,继续援助我院实施夷陵妇女儿童医院建设项目:项目按照全国先进、全省标杆、全市一流三级专业妇幼保健机构设计,拟新建住院楼、门诊医技楼、行管后勤保障用房以及地下停车场,总建筑面积82277.95平方米,建设总床位500张。项目已于2016年6月1日正式开工建设,预计建设时间3年,项目建成后将有效拓展服务半径,为大宜昌市乃至川东鄂西广大妇女儿童提供专业化、人性化、特色化的医疗保健服务,满足不同年龄、不同层次妇女儿童日益增长的医疗保健需求。

而我个人,也在单位进步、发展的同时,得到了锻炼和成长,几年来,先后荣膺全省、全国优秀妇幼保健院院长称号,多次代表区级妇幼保健机构在全市、全省、全国妇幼保健专业会议上做典型经验交流,2010年10月被委任为区卫计局党组成员,2015年11月担任区卫计局副局长。我的点滴成绩和进步,离不开组织培养,也离不开上海人民的关怀。站在全区卫生和计划生育工作的层面来看,上海援建的夷陵医院、妇幼保健院、妇女儿童医院、各乡镇卫生院等,更像一粒粒充满希望的种子,我们期待着它茁壮成长,开花、结果,惠及更多的人民群众。因为,我们光荣而又伟大的妇女儿童医疗保健事业,永远在路上!

【口述前记】————

　　李文红,1953 年 2 月生。1983 年 9 月至 2014 年 11 月,先后担任宜昌市夷陵区太平溪镇许家冲村村党支部书记、村党支部书记兼村委会主任职务。被授予宜昌市优秀共产党员、移民先进工作者、县级特等劳模、优秀基层党组织书记等荣誉称号。

精准帮扶用真情　移民新村换新颜

口述：李文红

整理：罗宗军

时间：2017 年 2 月 7 日

　　我叫李文红，曾担任宜昌市夷陵区太平溪镇许家冲村支部书记近四十年，我是三峡工程建设亲历者、参与者、受益者，也是上海对口支援项目在我村的实施者、受益者。宜昌市夷陵区太平溪镇许家冲村是一个坝库区移民村，地处三峡大坝坝首，全村 607 户 1402 人，其中移民占 90%。我们村占地面积 6.8 平方公里，其中，耕地 300 亩，人均占有耕地仅 0.2 亩。

　　我们许家冲作为三峡工程建设的首批移民村，坝首第一村，见证着三峡工程的昨天、今天和明天。草木情深，故土难离，许家冲村整村征迁后靠安置在昔日荒凉的山坡。为支援国家建设，许家冲村民舍小家、为大家，为三峡工程建设作出了巨大的奉献和牺牲。如今，雄伟壮观的三峡大坝就在我们身边，作为三峡移民，我们感到光荣和自豪。许家冲村从搬迁后的一无所有发展到现在家家户户住楼房、人人生活有保障，与上海的无私援助分不开，与历任上海援夷干部辛勤的工作分不开。我们许家冲村移民得到了上海市各级领导的关心关怀。2014

年9月,时任上海市静安区委书记孙建平来到许家冲村,与村干部沟通交流,到移民家庭与群众交心谈心,详细询问对口支援情况,这一情景让我至今难忘。

抓环境改善　促文明新风

许家冲村有着紧靠三峡大坝的天然优势,三峡工程建设期间,大量的工程建设者进驻三峡,一时间许家冲村繁华如市,绝大部分移民围绕服务三峡工程建设,生活条件得到改善。随着三峡工程建设逐步结束,曾经热闹繁华的许家冲村渐渐冷清下来,部分失去生活来源的移民一下子变得迷茫。移民就业困难,基础设施无钱维修建设,时有移民上访。2006年底,上海市援夷干部陈锋深入许家冲村进行了全面调研,决定从改善移民基础设施环境做起,逐步提升移民生活条件。从2007年起至今,上海对口支援累计为许家冲村投入援建资金110万元,不仅为我村修建了集电教室、图书室、卫生室、老年活动室、便民服务室等功能于一体的党员群众服务中心,使我村群众办事不出村,村内办好大小事;整修村级道路,基本做到了户户通上水泥路,村民出门不再是晴天一身灰,下雨一身泥;对村内公共活动场所及道路两旁进行绿化美化,并安装了路灯,村里环境像城里公园一样优美。

村里环境改变后,群众的精神面貌也发生了翻天覆地的变化。开展经常性群众文化娱乐活动的愿望越来越强烈。在上海的援建下,我村修建了400平方米的村文化活动中心,3000多平方米的群众文化活动广场,为群众购买了篮球、羽毛球、乒乓球,安装健身器材。村里还组建腰鼓队、门球队、龙狮队、地花鼓等民间文化艺术团队。村里组织了一系列活动,大力培育新型移民,充实移民精神生活。通过开展"大坝建在家门口、安稳致富靠双手"为主题的群众文化教育活动,用一些群众喜闻乐见富有乡村氛围的文化节目,让移民积极参与其中,增强"爱三峡、爱家乡"的意识。

上海市援建的太平溪镇许家冲村综合服务中心

抓产业发展　促移民增收

　　产业发展一直是我村的短板,特别是三峡工程大规模建设结束后,解决移民就业问题,提高移民生活水平一直是我的一块心病。我曾多次跑去找领导,希望解决我村产业空心化,移民就业困难的问题。我们的问题得到了上海挂职领导的重视,通过调研,针对我村临近三峡大坝,荒山较多的现状,决定把发展本地茶叶作为我村的支柱产业并进行大力支持。先后投入资金940万元,对我村现有的荒山荒地进行整治复垦,整治复垦山地500亩。我村已建成高效茶叶基地2000多亩,其中高标准设施茶园500亩。茶叶种植起来了,茶叶深加工也是亟待解决的实际问题。在上海挂职干部多次奔走呼吁下,国家级农业龙头企业萧

氏茶业集团落户到村,投资7500万元建成了穴盘育苗温控联动大棚和木本油料加工厂,增加移民就业岗位100多个。省级龙头企业龙峡茶叶集团,先后投资5000多万元将村集体资产大坝宾馆、信用社旧楼和村养猪场改建成龙峡茶博园,安置移民就业人员50多人。通过茶产业发展,带动企业投资我村办厂,盘活了我村的闲置资产,带动了移民就业,同时带动了外来企业来我村办厂和我村村民的创业热情。楚旺农业机械有限公司投资1000多万元在原快餐面厂建起了农机产品生产企业,实现当年建厂,当年投产,当年见效,年上缴税收30万元。村民望运平,一家六口人,过去靠吃低保维持生活,在上海挂职干部的鼓励和帮助下,自主创业,办起了宜昌双狮岭茶叶有限公司,组建了茶叶专业合作社、茶叶机械化服务专业合作社。通过几年发展积累,现新投资500多万元建起了4500平方米的标准化厂房,拥有固定资产1500多万元,茶叶种植基地4045亩,带动本村及周边村农户1011户依靠茶产业致富,实现农产品加工年销售收入6000多万元。望运平在自己富了后,不忘担负社会责任,主动帮扶我镇省级贫困村古村坪村,为该村修通公路2公里,赠送茶叶机械设备10余台套,为贫困户免费送去化肥5吨,主动联系帮扶全镇9个村的100多户移民困难户,还帮助一名困难学生完成了大学学业。

抓扶智造血　促提档升级

我们的产业逐步得到发展,脱掉了产业空心村的帽子。如何充分利用坝首第一村地理位置,发展生态旅游绿色产业,让村级产业提档升级,让移民生活得更有信心成为重点问题。借助对口支援平台,在上海市静安区合作交流办和挂职干部、区委副书记张峰的联系协调下,上海市静安区社会组织联合会、上海市乐创益公平贸易来到我村开展调研,走家串户,挨家走访,掌握我村第一手详细资料,为我村制订了产业规划。特别是乐创益发展中心总干事陈乐丛,连续5天吃住在移民家中,实干精神令全村人民感动。宜昌沁涓民俗文化有限公司是一家从事文化旅游产品的企业,企业刚起步,由于没有专业人员指导,发展方向还不明确,没有拳头产品推向市场。在得知该企业现在最渴望的是开发市场、拓展产品销售后,陈乐从组织他的团队,专门为这个企业制订发展规划,明确产业发展方向,要求企业结合本地实际充分挖掘利用本地资源,发展具有三峡特色的旅游产品。并从上海请来设计师,为宜昌沁涓民俗文化有限公司量身设计了注册三峡·艾旅游产品商标,开发出一系列具有浓郁三峡地方文化的"峡江绣女""三峡·艾"系列旅游产品。专门从上海、湖南湘西等地请来专业技师在沁涓公司开展培训,培训人员达 300 多人,扶持其成立国内首家公平贸易旅游合作社——"三峡移民公平贸易旅游合作社",新建了民宿基地,大力发展农家乐和家庭旅馆。宜昌沁涓民俗文化有限公司旅游产品不仅打开了本地旅游产品市

2014 年 7 月,静安区社会组织联合会组织企业到许家冲村考察交流

场,还畅销上海市场,且多次参加上海市茶文化艺术节、上海旅游节、深圳文博会等活动,2016 年,"三峡·艾"系列产品被评为"夷陵十大特色旅游商品","中华鲟艾草挂饰"在湖北省旅游局发起的"湖北礼道"旅游产品比赛中获得金奖。

"乘风破浪潮头立,扬帆起航正当时",在上海的支持和帮助下,许家冲村正以饱满的热情,满怀信心,大步前进,以一个崭新的许家冲村呈现在我们面前。许家冲村先后被评为市、区、镇"先进基层党组织""文明村",并荣获全国模范人民调解委员会、全国民主法治示范村、全国综合减灾示范社区、湖北省最佳调解委员会、湖北省卫生村、湖北省美丽村庄建设示范村、湖北省移民安稳致富示范村、湖北省宜居村庄、湖北省安全社区、湖北省绿色示范村等荣誉。

面对未来,许家冲村提出打造"三峡茶文化民俗村"的战略构想,把许家冲村建成三峡茶文化的展示窗口,三峡区域性的旅游服务中心,三峡水利枢纽工程的安全屏障区和全省移民安稳致富的示范村。我们相信,有了上海人民真心真情的无私支援和帮扶,许家冲村的构想在不久的将来一定会实现,人民生活会越来越幸福。

口述前记

徐继波,1961年7月生。三峡移民。2000年8月,从云阳县搬迁到崇明县城桥镇鳌山村,2001年4月至2014年2月,在上海能仁机械有限公司务工。2014年3月在上海环宏保洁服务有限公司任道路保洁领班。崇明县第十三届政协委员,崇明区第一届政协委员。

我的移民生活

口述：徐继波

整理：曹佳慧

时间：2016 年 12 月 16 日

　　十六年前,举世瞩目的三峡大坝动工在即,100 多万人为了国家重点建设,怀揣对未来生活的憧憬,离开祖祖辈辈生息的那片土地,人类文明史上一场罕见的大迁徙拉开了序幕。

　　在整个三峡外迁移民中,迁往上海崇明岛的是第一批,我是第一个报名迁移上海的三峡移民。2000 年 8 月 17 日,第一批三峡移民落户上海,我也是第一个踏上崇明土地的人,因此有人称我为"三峡外迁移民第一人"。

　　从 2000 年 8 月到 2004 年 8 月,上海共接收安置了 7500 多名来自三峡库区的移民,分布在 7 个区县、405 个村子。其中,崇明岛安置了 1500 人左右。

　　距离第一次踏上这片土地已经十六年了。时光会带走记忆,但有些往事在岁月变迁里越发夺目。十余年移民生涯,惜别故土,再创新业,无法忘怀的是长江三峡旁的美丽故乡,欣慰骄傲的是见证了高峡出平湖的沧桑巨变,见证了祖国的建设发展。

崇明，你好！

1999 年 12 月，镇政府开始宣传移民外迁，自愿报名，外迁试点移民安置地为上海崇明岛。当时觉得这个地方听着很陌生，和家人一商量就没考虑外迁。时至 2000 年春节，上海《文汇报》记者到我家采访，把外迁宣传和我的家里情况刊登后，上海一位退休老人按报纸上的地址给我写了一封信，整整三页，给我介绍上海的生活习俗及上海话和四川话的区别，我对这封信的到来感到惊讶，也被这位老人的真诚关怀所感动。4 月，我又随家乡政府组织的移民代表去安置地崇明岛实地考察，回家后心里非常挣扎，想要报名却实在是难舍故乡。几天的辗转反侧，想着三峡大坝的建设，又回想起上海老人的关心和崇明百姓的热情，我还是决定站出来，做第一个报名的人。报完名后，镇里邀请我为乡亲们召开动员大会。很多乡亲都过来询问我的想法，其实我心里是非常忐忑的。但想着这是为了三峡大坝的建设，为了祖国的发展，就觉得背井离乡也是值得的。我一直告诉身边的家人乡亲："有梦就别怕痛，只要我们勤劳、肯干，就一定能在大城市落地生根，一定会活出幸福。"

直到现在，我还清楚地记得那一天。2000 年 8 月 13 日上午，我们夫妻带着两个女儿和乡亲们来云阳港。那一天，父母和几个兄弟姐妹都来港口送我。天色阴沉，下着淅淅沥沥的小雨，仿佛在为我们的离别伤心。父亲在旁边含着泪不说话，母亲抱着我哭得喘不上来气，弟弟和几个姊妹也都红肿着眼眶，哭着不停地叮嘱我："一定要多回家看看，要把日子过好点，照顾好自己和家里。"这一幕被当时的记者用相机记录了下来。十六年来，手机更新换代，这张照片却始终被我存在手机相册里。多年后的今天，看到这张照片的我依旧动容。

10 点 30 分，我们登上了"江渝 9 号轮"。在船上，我手里一直捧着一盆黄桷树，那是父亲亲手交给我的，装着家乡的土壤，种着老家最常见的树。父亲希望我能带着它在崇明一起好好生活下去，不忘故土，创建新业。"江渝 9 号轮"一

船载着 150 户移民,共 600 人。船上的乡亲们,有的和我一样,心中思绪万千,既有对故土的依依不舍,也有对未来的殷殷期许。有的年轻人却是踌躇满志,他们一定下定了决心,要在上海闯出一片天。在船上的日子里,我常常望着奔腾的长江发呆。我一次又一次地告诉自己,已经没有回头路了,我能做的只有在新的家乡崇明好好生活。想到我们千里迢迢到崇明,一是响应政府支援三峡建设的号召,二就是为了子女有个好前途。为了这,我们这一辈再苦再累也心甘!

2000 年 8 月,徐继波手捧着一盆黄桷树离开故乡

历时四天后,8 月 17 日早上 8 点 40 分,"江渝 9 号轮"到达第二故乡崇明,停泊在南门港码头。我手捧着黄桷树,忐忑地迈出脚步,第一个踏上了崇明的大地。迎接我们的上海市政府组织的欢迎仪式和崇明人民的热情,在船上漂泊时对未知生活的忐忑,好像就在随着脚踏实地的那一瞬间不翼而飞了。

热情的崇明老乡一路领着我们到分配的房子,我们一家四口分到了侯家镇横河村一幢两层楼房里。迎接我们的已不仅仅是崭新的楼房,还有上海各中心城区市民们集资为我们准备的不少于 1 个月的基本生活资料,包括大米、油盐酱醋、电饭煲、洗漱用品,甚至连我们喜欢吃的辣椒酱也考虑到了;自留地内,早在 5 月份,附近的农民和干部就自发利用业余时间,提前为我们种上了粮食和蔬菜,确保到 10 月就能收割,真是实实在在的"拎包入住"啊!更令我感到惊叹和感动的是,我的两个女儿初来乍到,转眼到 9 月 1 日就能"无缝对接"顺利进入本地学校。

看见房子后,最令我安心的是宅前屋后的自留地。我是农民,见到土地心就踏实。全家安定后,我就开始琢磨那些地了。根据政策,我们三峡移民每人分到了一亩责任田和一分自留地。从三峡库区到上海,从山地到平原,种植的农作物从地瓜、苞米到水稻、果树,差别不是一点点。人说故土难离,更何况是要舍弃一部分世代传承的耕作、饮食和风俗习惯呢!刚到崇明,农活儿不会干。这里和四川山区农活劳作习惯方式完全不同。我先学会用崇明的耙锄地,先后种过粮、种过菜,种过葡萄。虽然崇明的农作物品种跟老家不完全一样,但我有种田的天赋,村里人又手把手教,在邻里帮忙下,短短几个月,我种植的蔬菜,完全能自给自足,还受到了周围邻居的夸奖。照顾到我农活不熟练,村里还安排我当上了乡村道路的护路员,每月 500 元收入。我兢兢业业,不管刮风下雨都把这条路护理得井井有条,平整通畅。

安定下来后,我的大女儿进入城东中学就读,小女儿也进入侯家镇中心小学读书。我常常对她们讲,在这里有更多的发展机会,起点也更高。我的愿望就是,全家人都能在上海安家置业。两个女儿上学后,家里的开销变大了,除了务农,我必须找一份固定的工作才能真正"立足"。2001 年 4 月,在私企老板顾平的关心下,我到上海能仁机械厂找到了一份技术活。虽然我人长得矮小,体力活做不过人家,但技术活我在行。从进入厂里开始,顾老板就给我找了师傅,刚开始两天我跟着师傅观摩学习,后面师傅就开始让我上手从最简单的做起,打牢基

础,一步步往后进行工作。先是做临工、杂工,什么活都干,任劳任怨,赢得了工友和厂长的信任。后来厂里专门为我添置了一台六角车床。为此,我刻苦学习钻研,很快掌握了车床操作技术。过了没多久,我便成了厂里的技术骨干。渐渐地,除了本职工作外,我还兼做厂里的党务工作。尽管当时在厂里收入也仅有1000元左右,而且没有订单就停工,但我珍惜这份来之不易的工作,珍惜这份自给自足的简单的幸福。

再一次成为移民

2004年,我再一次成了"移民"。因居住地所在的城桥镇鳌山村被划为崇明新县城所在地进行开发,家里的小楼和土地被政府征用。起初得知这个消息的时候,我的心里又起了波澜,好不容易安定下来的生活难道又要遭遇变故了吗?一把年纪的我,感觉力不从心,人生还经得起几次"折腾"?但我回想起崇明乡亲们的热情关怀,回想起政府对我们的帮助,心里一点都不慌了,我相信政府会妥善地安置我们。拆迁后政府分配给我家2套安置房。在新房修建期间,政府为我们提供了免费的临时过渡房,等待新房交付。

靠着拆迁补偿款,我们一家买了"海岛星城"这套104平方米的三居室。两年后,我们一家住进了"海岛星城"三居室的新家,我和妻子住大房间,两个女儿各住一间。装修是老乡帮着我一起弄的,前后用了四五万元,我的女儿还在墙上贴上了梅花的墙贴。虽然没花什么大价钱装修,但是整个家里都透着温馨。后来,我们一家也转成了城镇户口。

我的生活看似一波三折,却是让不少移民老乡羡慕的。那时候,许多移民老乡都说我徐继波发财了。确实,和我一起移民到崇明岛的乡亲们,没有几个和我一样住进了公房,户口也转成了城镇户口。我感谢命运,在跌宕起伏中让我获得了更多,我觉得自己是幸运的。当然,这份幸运离不开政府对我们的关怀。

舒适的新家让我们更爱上了崇明这块土地

　　搬进新的小区后,我的妻子廖庆兰被纳入了"万人就业项目",在自家小区担任保洁员。我们一家很快就和当地老乡打成了一片,我还被大伙儿推举为楼组长。由于经常为了租客登记、养犬登记等事儿挨家挨户地跑,我跟大家也越来越熟悉,大伙儿都很信任我。2012 年,我被推荐为崇明第十三届政协委员。这对于我来说,是何等的荣幸和责任啊!

为崇明岛的发展尽绵薄之力

　　2014 年,我工作的机械加工企业效益越来越差,原因是很多合作企业纷纷关停倒闭。这就不得不提到崇明在生态岛建设中大力推进的落后产业调整政策。截至 2016 年底,共有 235 家"两高一低"(高污染、高耗能、低效益)企业关停并转。不少和我同龄的崇明人失业了。摆在我们面前的是两条路:要么衣食无忧,提前过上惬意的退休生活;要么在相关就业扶持政策下,走上新的工作

岗位。

　　毫无疑问,我选择了第二条路,成为崇明环宏保洁公司的一员。有位采访过我的记者这样写道:"用互联网时代时髦的语言来表述,徐继波这叫敏锐地离开了夕阳产业,投身于朝阳行业。"其实,农民出身的我可想不到这些,我只是务实地认为,技术含量高的工种我老徐也干不了呀,崇明既然在搞生态岛建设,环境整洁总需要人维护的。如果说重庆是我的娘家,上海就是我的婆家。能为家乡的发展作出贡献,我老徐心甘情愿!

　　从机械加工企业到环卫公司,许多人都问我,心里有没有落差感?不管是在工厂还是环卫公司,同事们都对我热情相待,并没有看不起我。而我,也不辜负同事们的情谊,认认真真干好手上的活。我老徐不追求大富大贵,这种平平淡淡、勤勤恳恳的生活也是一种幸福。

　　现在,我在崇明环宏保洁公司清扫组担任工业园区班组组长,每年都被评为先进个人。城市的整洁卫生离不开我们,再苦再累也值得。作为一名政协委员,在履行职责时,这份基层劳动者的工作也能"助我一臂之力"。有一阵子,我在崇明工业园区巡查时,经常发现路上有石子,这对市民来说无疑是个安全隐患,市民骑车时如果扎到石子可能会摔倒受伤,汽车扎到后石子可能会飞起伤人。这些石子究竟是哪来的?经过我一段时间的观察后发现,原来这些石子是从周边超载的沙石运输车、土方运输车上掉落下来的。我将这一情况反映到县公安局,建议对超载现象严加管理,形成长效管理机制,做到发现一起处罚一起,从根本上解决超载行为。此后,交警部门加强了监管,超载现象得到遏制,路上的石子也不见了。我的《关于加强重型车辆安全行驶监管的建议》还被评为县政协年度优秀社情民意信息呢!

　　这几年来,身为一名政协委员,我履职尽责,相继提交了关于政府机关大门保安工作的建议等提案,2016年被评为2014—2016年度优秀政协委员。面对荣誉,我不敢自满,作为政协委员,我很荣幸,也感到责任重大,我将一如既往建言献策,为家乡的发展贡献自己的绵薄之力。

吾心安处是吾乡

昔住长江头,今居长江尾。十六年前,我们和"崇明乡亲"还相隔千里、素不相识;十六年后,我们这些"三峡乡亲"都已经成了地道的崇明人。数以千计的三峡移民在上海有了自己的新家。我们的新家不光有故土的温情,还有变迁带来的新希望。

如今,我老徐也在崇明结交了不少好朋友,逢年过节,家里好不热闹!我的大女儿在崇明的一家公司从事文员工作,更是和崇明小伙结下了姻缘。小女儿从西南财经大学毕业后,独自在上海打拼。这几年,妻子常常劝小女儿早点找个伴,电视新闻里的"催婚"场景常常在我家里上演。我却并不担心,小女儿在上海工作,眼界开阔,她一定清楚自己想要什么样的生活。不管如何,我希望我老徐家的每一个人都能在这里过得幸福和开心。毕竟,大家好,才是真的好嘛!这十六年里,远在重庆的家人亲戚们也走出大山,来到崇明看望我们一家。看到我在崇明的生活现状,他们也都放心了。

在我家里有一本记事本,其实和普通的记事本没有什么区别,但在我心里却是意义深刻。这本记事本,是我用来专门记录离开重庆云阳县河口村老家以后的事情,登上"江渝9号轮"、踏上崇明岛、搬进新家……每一个人生的转折点都被我记录在册,这是难以磨灭的回忆,也是我这个小人物在历史变迁中的印记。

你一定也很好奇,当初那棵从重庆来的黄桷树,现在怎么样了?

其实,那棵千里迢迢带来的黄桷树早就死了。那么热的天,种下去,季节不对,水土又不服,没过冬天就死了。后来,重庆市政府也给我送过几株黄桷树苗,但最终都没能在崇明岛上存活下来。但树挪死,人挪活,十六年了,我们在这里

都好好的！我们一家在崇明这片土壤上生根、发芽，为家乡奉献一点"绿"。

十六年前，我捧着一株家乡的黄桷树第一个下船，踏上崇明这片土地；十六年后，"他乡"变"家乡"，从最初的忐忑不安，到现在和所有乡亲在崇明安居乐业，我们所有人用亲身经历证实了国家和政府带领着我们一直在向"搬得出、稳得住、逐步能致富"的移民目标努力前进，而且我们都坚信，未来，一定会更好！

　　蒲自云,1971 年 4 月生。三峡移民。曾经是一名军人。2001 年 7 月,从云阳县双江镇蜀光村搬迁到奉贤区四团镇。现任四团镇新拾村党支部书记。2007 年 2 月,当选奉贤区第三届人大代表。

脚踏实地办实事　续写移民新风采

口述：蒲自云

整理：贺梦娇

时间：2016 年 12 月 16 日

从山区到平原，15 口之家落户四团

三峡工程对于我们国家来说，是个相当重要的战略，而对于我们这些移民而言，也改变了我们以及后代的命运。我的家在山区，教育、工作资源稀缺，年轻人们都要外出工作谋生。回一次老家，车辆甚至开不到家门口，只能停在山脚下再步行上山，平时喝水也需要自己去挑。因此，当听到三峡工程的时候，我们当地人的心情很复杂，一方面对家乡有不舍，而一方面却也充满期待。

三峡移民的数量不少，因此必须循序渐进。到我们那一批的时候，政府给我们的目的地选项是江苏上海等地，并安排我们前往亲身体验，再决定去不去。我和父母、兄弟姐妹们的心愿很简单，就是找一个平原地区，让家里的孩子们不用再感受山区的不便，同时也能获得更好的教育、就业资源。因此，无论是江苏还是上海，对我来说都很不错，而最后，我们选择了发展空间更大的上海。

2001 年 7 月 24 日,为了支持三峡工程的建设,我们全家老少 15 口人背离故土,踏入了奉贤这片温暖的土地,开始了新的生活。操着一口四川话,我和家人来到了奉贤区四团镇的拾村(原南十家村)。整理好心情,我们首先要想的就是怎样谋生。对于三峡移民,当时的政策是,给予一个人 1 亩土地,然后可以优先安排每家一个人的工作岗位。不久之后,我的家人都在企业中找到了一份工作。那我干什么呢? 在此之前,我先是在广东当了几年兵,后回到家乡重庆云阳县又搞起了运输业,从来没碰过农业种植。就在此时,我看到了村民在种西瓜,心里有了想法:去做农业。我了解到,当时在奉贤种田亩产值可达 5000 元,最高竟有 8000 元。我很惊讶,原来在上海种田也可致富。

在家人的支持下,我承包了分配给家里的全部土地共 15 亩,筹集资金 15000 元准备了 5.5 亩西瓜大棚设施,开始了种植生涯。说实话,当时压力也很大,主要是投资很大,而我不懂技术,在老家根本就没有看见过这种又小又甜的西瓜,很担心、很忧虑。好在上海奉贤的各级领导,特别是村委会对我的种植业都很支持,村领导也明确了帮扶责任人,这样我才放开手脚搏一搏。

于是,我诚心拜村里一位 60 多岁的老农为师。先是参加镇里的农业技术培训,再在老农周小明手把手的指导下,我尽全力学种起了大棚西瓜。我很感动,师傅老周真是敬业,从最初专门跑来帮忙播种,到最后田里结出西瓜,老周逮着空就往我的田里跑,耗费了很多心血。而我也算不负师傅厚望,种出的西瓜又大又甜,比当地老农种的瓜还要好。

当时,全村种植西瓜达到了 300 多亩,而初来乍到、毫无经验的我,种植西瓜的亩产效益居然位列前茅,当年总利润达到 2.3 万元。在 2002 年,我又种植了 9.5 亩水稻,收获了 0.8 万元,再利用这片土地种植了 10 亩桃树,又向村租了 2.5 亩土地种植了葡萄,效益也不错。在我看来,在上海种田并不比打工差,我每年大概能有 3 万多元的纯收入。

而我的父母和三位兄弟也渐渐习惯了上海的生活。我的两个哥哥和一个弟弟都从事第二第三产业,那一年,弟弟在市区一个集装箱公司工作,每月收入有4000多元;两个哥哥在镇上的工业园区上班,大哥每月收入有1200元,二哥是厂里的车间主任,月收入不少于2000元。兄弟们说:"每月都发工资,真开心。"

同样开心的,还有我们家的四位妯娌。从前在家乡,妇女们都在家里务农、操持家务,从不出门工作。现在,她们都在镇里的企业上班,2002年的时候,月收入都在1000元左右,也算不错了。我爸爸曾参加过抗美援朝,在家乡他每月能拿到70多元的优抚金,迁出之前听说到上海每月能拿到400多元,爸爸还不相信。后来他每月领到的优抚金竟有500多元,老人真正体会到了生活在上海的幸福。

融入当地,新奉贤人供职于村委

从入住奉贤开始,无论是当地政府还是村干部们都对我很关心。我也在考虑今后的发展,是作为一个普通农户生活下去,还是作为一个移民,为大家作更大的贡献?我最终选择了后者,2003年1月1日,我进入了原南十家村委会担任民兵、治保、团支部书记、合作医疗结报员工作,当年5月份被选为村党支部支部委员。同时,我也开始担任起四团镇移民信息协管员,为移民提供一些帮助服务。

村民是淳朴的,但说话也是直爽的。"我们村里是没年轻人了吗?小蒲不会说本地话,他怎么做村里的工作呢?"刚开始工作初期,我遇到一些这样的言论,大家没有坏心,只是当我听不懂当地话的时候,会多问他们几句,几次三番,他们也逐渐接受了我。而我也下定决心,要继续在村里工作,真正成为村里的一分子,融入大家。

很快,一件事情让大家对我有所改观,认识到我为大家服务的决心。原来,

蒲自云（右三）与村民深入交流，听取群众意见与建议

村里有两户人家存在多年的矛盾，村民们开玩笑说他们有"世仇"。在我进入村委会工作后，两家人家也爆发过几次冲突，幸好没有造成什么伤害。是什么样的情况造成两家邻居关系如此恶劣？其实，在我们农村，大多数的矛盾都源于土地和房屋，我从大家嘴里了解到，这两家人家最早相处也很和谐，只是一户人家在造房子时把公共部分划入了自己的"地盘"，却没有和对方协商好。因此，矛盾一触即发，甚至影响到了两户人家的儿孙辈。明明是邻居，偏偏见面如同仇人。村委会的村干部们试过多次，却调解未果，他们把目光放在了我身上。"新人有新办法，你要么去试试？"我仔细听了村干部的话，决定挑战下这个矛盾。

　　两户人家对我一开始并不认可，觉得你一个外来人干什么来管我的事情。我也不急，每一次我就去两家坐坐，家长里短地聊，不涉及他们的矛盾。一段时

间后,我们的关系越来越好,有一天,他们中的一人主动提起了这件事,我就知道时机到了。我和他们不存在利益关系,我的话他们觉得很公正,也乐于听。最后,两家人家各退了一步,将公共部分让了出来重新修复了关系。

而这件事也让村民们对我更亲近了。

在之后的工作期间,我都认真干好自己的本职工作。2005 年 7 月,我开始担任原南十家村党支部副书记。让我没想到的是,2006 年 7 月 5 日,通过海选,大家把我选为村主任。当时,我的心情异常激动,也很感动,激动的是能被选为村主任,感动的是村民没有把移民当作外人,我真正融入到了他们当中,得到了全村村民的信任与肯定。同时我心里产生了非常大的压力,有压力才有动力,所以我鼓起勇气,提起干劲,一定要全心全意地为群众办实事办好事,不辜负全村人民对我的期望。我暗暗下定决心,当村主任了要尽快为群众做好三件事情。

首当其冲,就是大力招商引资,促进村级经济增长。原南十家村是一个经济相对薄弱且还负债的村,条件十分艰苦,又无别的经济收入,村年可支配收入不到 20 万元。只能用招商引资壮大经济后才能为村民做实事,并把原村办企业关闭欠村民的几万元工资还掉。

其次是做好基础设施建设。当时我们的部分道路还是泥泞路,村民出行很不方便。2006 年 11 月,经村两委班子讨论决定,把村里所有农户到家和主要的机耕道路全部筑成白色水泥路,由书记牵头,我负责分工,全面展开了建设。在建设过程中,我们碰到了许多困难和阻挠,部分村民成了"拦路虎",他们有的是为了自己的利益,有的是和别人有纠纷,都互不相让,这让我们村干部十分头疼。通过多方面的努力和沟通,我们给村民们反复做工作,终于完成了此项工程。在此期间,我们共花费资金几十万元,最终让群众进出家门和经营种养殖行业的道路交通更加畅通,得到了全体群众的一致认可。

随着生活条件的改善,村里文化设施的建设也被提上了议程,我们希望全面提高村民的人文素质。市区的居民们可能想不到,我们平时看电视也并不是很方便,因此,有些年轻人到了周末、国定假日就更加不愿意回来,而老人们在村里也感到无聊。因此,2007 年 3 月,为了充实群众的业余生活,为了让更多的孙子、孙女逢节假日能来到老人身边,经村委会决定,自筹资金几十万元安装有线电视户户通工程,让所有的村民看上好的电视节目,提升了他们的生活幸福指数。

而这两年,作为保留村,我们村通过住建部一个项目,申请到了上海地区唯一的一个村庄改造计划,由上海市规划设计院负责设计,将我们全村的道路等硬件设施进行重新改造。这对于我们村而言是件大好事,但我也明白,也会有很多村民有所顾虑,担心会损失自家的土地面积等,需要我们做大量的工作。其实村民的担心完全没有必要,这次设计本就是为了修正村里杂乱的道路走向,以及老旧的管道线路和硬件设施,经过洽谈,大多数村民都十分认同,表示支持村里申请到的这项工程,目前,我们预计到明年就能完工,等待上级部门来验收。

"一分耕耘,一分收获",我作为一个三峡移民,以自己的实际行动得到当地村民的充分信任,为村民所做的一系列实事,得到了上级党委政府和群众的肯定与称赞。我决心带领全村老百姓为新拾村(原南十家村和拾村合并而成)的新农村建设再创佳绩,共同创造美好家园。

同时,作为移民,我也清楚,我是当地人和移民之间的纽带。这两年,在移民工作中,我主动配合主管部门,只要用得上,不管是本镇还是外镇,都积极参加协调工作,几年来,配合政府主管移民部门处理移民事件数起,得到了移民和移民办的好评。

当选人大代表，为区域发展出谋划策

2007年，我被选为奉贤区人大代表。当选的心情，紧张而激动，同时感觉责任很大。我能为当地老百姓做些什么，又要如何去做？我问了自己一遍又一遍。

自任职以来，我一方面不断加强自身学习，努力提高履职能力。另一方面，依法行使代表职权，认真履行代表职责。每年都会在会前调查研究，深入选区，走访选民，广泛听取选民意见，并认真提出议案和建议。其中，三峡移民就业难、创业难，要帮助就业及创业资金贷款倾斜扶持的建议，得到了区政府及有关部门的重视。

走马上任，我选择先从"充电"学习开始。我很注重法律、法规的学习，自觉学习各类报告和文件精神，认真阅读"上海人大"，借鉴前辈经验。通过各方面的学习，不断增强自身代表意识和法制观念，工作方法、调研能力、议案水平逐步提高，履行代表职务的能力得到锻炼和增强。

我明白，我要为民办实事，善于为民排忧解难，自当选代表以来，我需要做的是在政府和选民之间搭建起一座"桥梁"，积极发挥代表作用，沟通协调，努力调解矛盾纠纷。有一年，在全区开展畜禽整治的工作中，部分村民有些小情绪，毕竟涉及自家的利益。例如金汇镇有9户三峡移民养殖户，有关部门在开展整治中遇到了问题，移民不愿意与当地政府合作，整治工作一度陷入僵局。我通过区人大得知这一情况后，也很着急，主动要求前往做协调工作。在了解具体情况后，我选择了9户移民中比较有威望、能起带头作用的一户上门开展调解工作。一开始，我以老乡的身份来到移民家中和他们拉拉家常，谈谈工作，两个多小时后才进入正题，把有关畜禽整治的有关政策、利弊都和他们讲清楚。之后又通过四五次的上门做思想工作，频繁的电话联系进行协调，终于打开了一个缺口，这户移民愿意签订协议进行整改停养。后来，在这户移民的带动下，其他几户也在与政府进行协商,畜禽整治工作得到了有效推进。

　　人大代表履行职责的一个重要方面就是提交代表书面意见,这是履行代表职务的重要内容之一。在每次参加区人代会之前,我需要做的是认真地作好准备,广泛听取镇代表和选民的意见建议。从大局着眼,将涉及全区的群众意见、人民群众关心的普遍问题,整理成书面材料,带到区人代会上。当选代表以来,我共向大会提交有关三峡移民、道路交通、农田设施等方面的代表书面意见约 10 份。这些意见与建议,都受到了区人大和区政府有关委、办、局的重视,有的已被采纳并付诸实施,如《关于解决三峡移民就业难的建议》《关于 50 万伏高压铁塔占用农民土地补偿的建议》等,对推进全区经济社会各项事业发展发挥了作用。

蒲自云(左一)在现场帮助村民解决实际问题

多年在奉贤的生活经验,让我对农村越来越了解和喜爱。任职人大代表后,我发现村里以及附近几个村的农田设施老化严重,由于都是20世纪70年代建设的,因此每年村里都要花10多万元去修复这些设施才能使用,对村里来说这笔费用很不值得。经过调查,我发现不光是我们村,在奉贤东部很多村都是这样的状况,而西部早些年已经统一换过这批设施,不存在这样的现象。因此,我提议在东部更换这批设施,让农民更加便利地进行农业生产。这个提案很快得到了区里的重视,将东部村庄的农业设施整体更换,让农民们省却了不少麻烦。这样的提案,我想对本地农业发展是有利的。

时光流逝,岁月更迭。转眼间,我当选奉贤区人大代表已有三届了,我以自己的实际行动,实现了不当"挂名代表""哑巴代表"的心愿,用自己的一言一行践行着"人民选我当代表,我当代表为人民"的诺言。在奉贤这片土地上,我将以三峡移民的身份书写着自己的新篇章。

后　记

　　三峡工程的建成,是中华民族的骄傲。中国人开发长江水电资源的梦想,可以追溯到百年前。1919 年,孙中山先生在《建国方略之二——实业计划》中就提出建三峡大坝的设想。新中国成立后,党和国家领导人都非常关怀三峡工程和长江水利建设,纷纷专程深入三峡视察,毛泽东主席在武汉还写下了“更立西江石壁,截断巫山云雨,高峡出平湖”的诗句。在建设者艰辛探索和反复论证的基础上,1992 年 4 月 3 日,经第七届全国人民代表大会第五次会议投票表决,三峡工程建设议案被正式通过,也拉开了全国对口支援三峡工作的序幕。

　　1992 年,国务院发出了《关于对三峡工程库区移民工作对口支援的通知》,举国上下积极响应,上海市也积极行动。“动真情、办实事、求实效”,上海用实际行动逐渐摸索出一套行之有效的对口支援做法。黄浦区、静安区、嘉定区、宝山区、闵行区和浦东新区派出的 14 批 46 名挂职干部,用实际行动架起了一道道伸向三峡库区的友谊桥梁,为三峡工程建设作出了重要贡献。二十五年来,上海市、区财政和社会各界累计为对口地区提供无偿援助资金 10.2 亿元,援建项目1300 多个,援建标准厂房 20 多万平方米,签订经济合作项目近 200 个,协议资金近 300 亿元,为解决移民生产生活问题、实现坝库区和谐稳定提供了强力支援和有效保障。

　　长江截流之后,百万移民面临着大规模搬迁。按照“全国一盘棋、长江一条链、三峡一个点”的全局战略,上海开辟了 520 个安置点,分 4 批安置三峡移民7519 人,帮扶“新上海人”安稳致富。

2017年是上海响应党中央、国务院号召,开展对口支援三峡工作二十五周年。政协上海市委员会文史资料委员会会同中共上海市委党史研究室、上海市人民政府合作交流办公室、上海市农业委员会等单位共同组织、编撰的《口述上海——对口援三峡》与大家见面了。

随着对口支援三峡工作进入"后三峡"时期,移民安稳致富已成为当前首要任务,总结过去,展望未来,征编、出版对口支援三峡"三亲"史料,对于充实上海对口支援史料,激发上海援外干部的"精、气、神"具有重要意义,也有助于上海对口支援三峡工作更好地"作示范、当标杆、走前列"。"十三五"期间,上海将继续按照"优势互补、互惠互利、长期合作、共同发展"的思路,充分利用长江经济带和"一带一路"建设带来的机遇,支援三峡库区产业发展,实现合作双赢。

本书征稿工作开展以来,得到了许多口述者的高度重视和积极配合。国务院三峡办和上海市、重庆市、湖北省有关方面负责人,各批次援三峡干部代表及部分受援单位领导和移民安置的群众代表等,他们或自己执笔回忆当年,或精心准备访谈内容,每个细节都力求翔实,真实反映了对口支援三峡工作的非凡历程。《解放日报·上观新闻》和东方城乡报社部分记者在日常工作相当繁忙的情况下,参与本书的采访、整理工作。上海教育出版社的领导和编辑也倾注了大量心血。史料征集工作历时一年多,在各方的鼎力支持下终于顺利完成,在此一并表示衷心的感谢!

因编者能力所限,书中难免存在错漏之处,敬祈读者不吝指正。

编　者
2017 年 9 月